# 荒漠与生态环境研究

胡孟春　著

中国环境科学出版社·北京

**图书在版编目(CIP)数据**

荒漠与生态环境研究/胡孟春著. —北京：中国环境科学出版社，2011.12

ISBN 978-7-5111-0797-8

Ⅰ. ①荒…　Ⅱ. ①胡…　Ⅲ. ①荒漠—生态环境—文集　Ⅳ. ①X144-53

中国版本图书馆 CIP 数据核字（2011）第 244205 号

**责任编辑**　葛　莉　沈　建
**责任校对**　扣志红
**封面设计**　玄石至上

---

**出版发行**　中国环境科学出版社
（100062　北京东城区广渠门内大街 16 号）
网　　址：http://www.cesp.com.cn
联系电话：010-67112765（编辑管理部）
发行热线：010-67125803，010-67113405（传真）

**印　　刷**　北京中科印刷有限公司
**经　　销**　各地新华书店
**版　　次**　2011 年 12 月第 1 版
**印　　次**　2011 年 12 月第 1 次印刷
**开　　本**　787×1092　1/16
**印　　张**　16.25
**字　　数**　350 千字
**定　　价**　56.00 元

---

# 序

胡孟春研究员多年矢志不渝，辛勤笔耕，成果颇丰。论文选编出版，谨此祝贺。

综观 32 篇代表作，每一研究主题均有其精髓及值得称道之处。在荒漠环境研究中，将系统动力学应用于土地沙漠化、土壤风蚀及沙漠铁路防护体系研究，这种方法对于荒漠自然-社会复合系统的研究，具有普遍的适用性。生态环境由于结构复杂性、边界模糊性，综合定量评价是研究的难点，胡先生在研究中提出基于遥感、地理信息系统多因素综合评价与制图的方法，对于生态环境监测、预测可供借鉴。工程规划生态环境影响评价方法，城市修复河道近自然程度综合定量评价体系与方法，有一定的实用价值。风、光清洁能源运用于水质改善，进行技术研发，在水环境研究领域倡导了新的技术途径。

细读每篇论文，观点明确，论据充分，数据翔实，结构紧凑，反映了胡先生严谨的治学态度，扎实的专业功底。

论文选集是胡先生科研足迹的实录，是多年心血的凝结。所倡导的新观点、新方法，对年青一代成长，具有重要参考价值。

# Preface

As a research fellow, Mr. Hu Mengchun has been doing academic research and writing academic theses diligently for many years, with a lot of academic achievements. Some of his theses have been selected for compilation and publication, as a form of congratulation to him.

The research theme of each of his 32 masterpieces has something essential to recommend itself. During the research into desert environment, he applied system dynamics to the research into land desertification, soil erosion and the protection system for railways on deserts. His methods are universally applicable to the research into the natural-social compound system of deserts. Due to the complicated structure and vague boundary of ecological environment, comprehensive quantitative appraisal has become a difficult point of research. In his research, Mr. Hu put forward methods of comprehensive assessment integrated multi-factors and drawing based on remote sensing and geographic information system which can be used as reference during the monitoring and prediction of ecological environment. Both the method for appraising the impact of project planning on ecological environment and the system and method of comprehensive quantitative appraisal of the near-nature degree of river courses renovated in cities are of some practical value. By applying wind-solar clean energy to improve water quality and conducting technological research and development, he has been advocating new technological approaches in the research field of water environment.

By carefully reading each of his theses, you will find out that it has an explicit viewpoint, full evidence, detailed and accurate data and a compact structure, which reflects the rigorous learning manner and the solid professional foundation of Mr. Hu.

This collection of selected theses serves both as the actual record of Mr. Hu's footprints of scientific research, and the epitome of his painstaking efforts of many years. New viewpoints and methods advocated by Mr. Hu are very valuable as a reference for the growth of the young generation.

Gao Jixi

# 目　录

## 荒漠环境研究

奈曼旗土地沙漠化系统动态仿真研究 ........ 3
土壤风蚀的自然-社会复合系统动态过程模拟研究 ........ 14
沙坡头铁路防护体系防护效益系统仿真研究 ........ 19
沙坡头铁路防护体系阻沙效益风洞实验研究 ........ 27
西部沙漠化防治技术与模式 ........ 34
科尔沁沙地土壤风蚀的风洞实验研究 ........ 39
全新世科尔沁沙地环境演变的初步研究 ........ 46
科尔沁草原土地荒漠化图说明书 ........ 53
科尔沁土地沙漠化分类定量指标初步研究 ........ 64
关于 desertification 汉译的浅见 ........ 68
独联体利用有机黏合剂固定流沙研究现状 ........ 71

## 生态环境研究

海南省生态环境综合评价制图方法 ........ 79
张家口市坝上地区生态足迹初步研究 ........ 87
张家口市坝上地区生态承载力阈值研究 ........ 94
江苏省规划高速公路网生态环境影响研究 ........ 102
城市河道近自然修复评价体系与方法及其在镇江古运河的应用 ........ 112
黑河流域生态功能区划及其保护 ........ 123
黑河流域生态功能区划遥感制图方法 ........ 130
腾格里沙漠东南缘沙坡头地区环境本底系列图编制中的几个问题 ........ 138
江苏省自然保护系列图的编制方法 ........ 143
俄罗斯 1∶4 000 000 生态地理图编制方法 ........ 151
甘青宁类型区土地利用现状遥感调查研究 ........ 161

## 水环境改善新技术开发应用研究

瘦西湖风光电能驱动的曝气生物接触氧化水净化系统结构与功能 ........ 171
风光电能驱动的曝气生物接触氧化水净化系统的研发 ........ 180
反渗透膜在分散型农村饮用水深度处理中开发应用研究 ........ 187

Application of Reverse Osmosis Membrane to Drinking Water Treatment in Rural Areas of Taihu Drainage Basin ........ 196
太湖源水深度处理直饮的技术工艺 ........ 203

## 其他研究

渭河盆地的地质构造与构造地貌类型 ........ 215
废纸再生及造纸业循环经济激励政策研究 ........ 223
江苏省发展农业循环经济途径的初步探讨 ........ 227
以沙产业为基础的生态工业园——沙区经济发展的新模式 ........ 232
长江中下游地区湿地生态农业开发模式 ........ 237

主持与参加科研活动成果 ........ 247

# CONTENTS

## Desert Environment Research

Research on the Dynamic Simulating of Land Desertification in the Naiman Banner, Inner Mongolia ........ 3
Dynamic Process Simulating on the Complex System of Society-Nature of Wind Erosion Soil ........ 14
System Simulation on Benefit of Railway Protection System in Shapotou ........ 19
Sand-trapping Efficiency of Railway Protective System in Shapotou Tested by Wind Tunnel ........ 27
Technique and Model for Combating Desertification in West Part of China ........ 34
A Experimental Study in Wind Tunnel on Wind Erosion of Soil in Korqin Sandy Land ........ 39
Preliminary Research on the Holocene Environmental Changes in Korqin Sandy Land ........ 46
Specification of Map Desertification in Korqin Sandy Land ........ 53
A Primary Research about the Quantitive Classification Indexes of Desertification—prone Land, Korqin Sandy Land ........ 64
Preliminary Opinions on Chinese Translation of the Desertification ........ 68
Research on the Situation of Use Organic Binder for Fixed Quicksand in Commonwealth of Independence States ........ 71

## Ecological Environment Research

Study on the synthetic assessment cartography of eco-environment in Hainan ........ 79
Preliminary Study on Ecological Footprint in Bashang Region of Zhangjiakou City ........ 87
Study on Threshold Values of Ecological Carrying Capacity in Bashang Region of Zhangjiakou City ........ 94
Impacts of Planned Expressway Network on Eco-environment in Jiangsu ........ 102
System and Method for Appraisal of Near-natural River Restoration and Its Application to the Grand Canal in Zhenjiang ........ 112
Eco-Functional Regionalization and Protection of Eco-Functions in Heihe River Basin ........ 123
Cartographic Method with RS for Eco-functional Regionalization in Heihe River Basin ........ 130

About the Mapping Problem on Reserve Maps of Environment Background in Sapotou Area of Southeastern Edges the Tengeer Desert ........ 138
Compiling Series of Nature Reserve Maps of Jiangsu Province ........ 143
Mapping Methodology of Eco-geographic Map 1：4 000 000 in Russian ........ 151
Research of Current Land Use by Remote Sensing in Typical Area Gansu, Qinghai and Ningxia Province ........ 161

## New Technologies Applied Research to Water Environment for Improve and Development

The Structure and Functions of a Water Purification System of Aeration Biological Contact Oxidation Powered by Photovoltaic/Wind Hybrid Power System In Slender West Lake ........ 171
The Study and Design of System of Aeration Biological Contact Oxidation by Photovoltaic/Wind Hybrid Power ........ 180
The Applied Research of Reverse Osmosis Membrane on Advanced Purifying of Drinking Water in Decentralized Rural Area ........ 187
Application of Reverse Osmosis Membrane to Drinking Water Treatment in Rural Areas of Taihu Drainage Basin ........ 196
The Art of Technique in Advanced Treatment on the Source Water of Taihu Lake ........ 203

## Other Research

The Relationship Between the Tectonic Landforms and Structures in the Weihe River Basin ........ 215
Researches on Incentive Policy of Waste Paper Regeneration and Circular Economy of Papermaking Industry ........ 223
Preliminary Study on Develop Channel of Agriculture Circular Economy in Jiangsu Province ........ 227
Eco-industrial Park Based on Deserticulture—New Model for Economic Development in Sand Desert Area ........ 232
Wetland Eco-Agriculture Exploitation Mode in the Lower and Middle Reacts of the Yangtse River ........ 237

Achievements made in scientific research ........ 247

# 荒漠环境研究

- 奈曼旗土地沙漠化系统动态仿真研究
- 土壤风蚀的自然-社会复合系统动态过程模拟研究
- 沙坡头铁路防护体系防护效益系统仿真研究
- 沙坡头铁路防护体系阻沙效益风洞实验研究
- 西部沙漠化防治技术与模式
- 科尔沁沙地土壤风蚀的风洞实验研究
- 全新世科尔沁沙地环境演变的初步研究
- 科尔沁草原土地荒漠化图说明书
- 科尔沁土地沙漠化分类定量指标初步研究
- 关于 desertification 汉译的浅见
- 独联体利用有机黏合剂固定流沙研究现状

# 奈曼旗土地沙漠化系统动态仿真研究

**摘要：**应用系统动力学理论建立了奈曼旗土地沙漠化动态仿真模型。奈曼旗土地沙漠化系统由种植业、林业、畜牧业、草地和人口 5 个动态子系统构成。根据土地沙漠化系统中正负反馈关系，建立了系统流图和构造方程，并经仿真运算，就农林牧土地利用构成的 3 种不同方案，对到 2040 年该旗沙漠化发展趋势分别作了预测。

**关键词：**土地沙漠化系统；动态仿真；预测

奈曼旗位于科尔沁沙地南缘，范围在 120°19′40″—121°35′40″E，42°14′40″—43°32′20″N，总面积 1 223.88×10$^4$ 亩*，人口 36.29×10$^4$。南部为低山丘陵，北部为沙地，沙地占总面积的 60%以上。经济以农牧业为主。该旗境内土地沙漠化非常严重，是科尔沁土地沙漠化代表性地区。

## 1 沙漠化动态仿真基本思路及研究步骤

土地沙漠化发生和发展是一个复杂的系统过程。这一系统的边界不仅包括不同沙漠化土地类型随时间变化这一子系统，而且包括种植业、林业、牧业等动态子系统。在这一系统边界范围内形成许多正反馈环和负反馈环，它们相互促进与制约，使这一复杂系统状态、行为发生复杂的变化。

根据反馈动力学中“行为结构”定理，即不同类型结构的反馈系统其行为特征不同，同类型结构的反馈系统其行为特征对应一致。土地沙漠化这一复杂系统的行为由其内部的结构决定。土地沙漠化的发展与农林牧土地利用结构密切相关，土地利用结构决定着土地沙漠化这一复杂系统的功能，因此调整土地利用结构是控制沙漠化发展的重要手段。

基于以上思路，本文以奈曼旗为典型样地，利用 Micro-DYNAMO 语言在计算机上进行沙漠化动态仿真研究。主要研究包括农林牧等动态子系统的土地沙漠化复杂系统及不同结构的系统响应。将该系统的仿真模型在计算机上进行仿真实验，可对到 2040 年不同时段沙漠化发展动态及相应的经济、生态效益作出预测。

仿真研究可分 3 个步骤进行：

（1）研究沙漠化发展与农、林、牧业土地利用结构的因果关系，在此基础上构造沙漠化动态系统流图。

（2）根据奈曼旗 40 年统计资料及奈曼旗沙漠化动态系列图量算的数据，建立仿真模

---

本文发表于《地理学报》，1991，46（1）：84-92。

* 1 亩=1/15 公顷。

型，编写仿真程序。

（3）仿真实验，检验模型的有效性，然后调整参数多方案运行，选取 3 个对比方案，打印沙漠化动态仿真结果。

## 2 沙漠化系统动态仿真模型

动态仿真模型由系统流图和构造方程组成，二者相辅相成。

系统流图反映复杂系统中各变量间的因果关系及反馈关系。奈曼旗沙漠化动态系统流图如图 1 所示。

这一系统包括种植业、林业、畜牧业、草地、人口 5 个动态子系统。为了比较不同调整方案的经济效益，增加了农业总产值（以 1980 年不变价计）辅助子系统。

建立了奈曼旗沙漠化发展模型系统动态流图之后，根据该旗统计资料及沙漠化动态图上量算的数字，可建立构造方程，即数学模型。该模型包括 78 个方程，主要反映系统流图中各个不同反馈环中正负反馈关系。根据方程的不同性质和作用，分为：状态方程（L 方程）11 个，速率方程（R 方程）16 个，辅助方程（A 方程）27 个，常数方程（C 方程）9 个，初值方程（N 方程）12 个，表方程（T 方程）3 个。

状态方程属一阶微分方程，DYNAMO 语言采用欧拉法取其差分形式积分求解。程序中主要状态方程的差分形式及流率方程、辅助方程如下：

**1．状态方程**

（1）人口

$$POP.K = POP.J + POR.JK \times DT$$

式中：POP——人口；

POR——人口增长率。

（2）牲畜存栏数

$$BRD_1.K = BRD_1.J +（RB_1.JK - RB_2.JK）\times DT$$

式中：$BRD_1$——牲畜存栏数；

$RB_1$——牲畜增长率；

$RB_1$——牲畜出栏率。

（3）潜在及正在发展沙漠化面积

$$DES_1.K = DES_1.J +（DES_A.JK - DE_1.JK）\times DT$$

式中：$DES_1$——原有潜在及正在发展的沙漠化面积；

$DES_A$——增长的沙漠化面积；

$DE_1$——强烈及严重沙漠化增长面积。

（4）强烈发展的沙漠化面积

$$DES_2.K = DES_2.J +（DE_1.JK - DE_2.JK）\times DT$$

式中：$DES_2$——强烈发展的沙漠化面积；

$DE_2$——严重沙漠化增长面积。

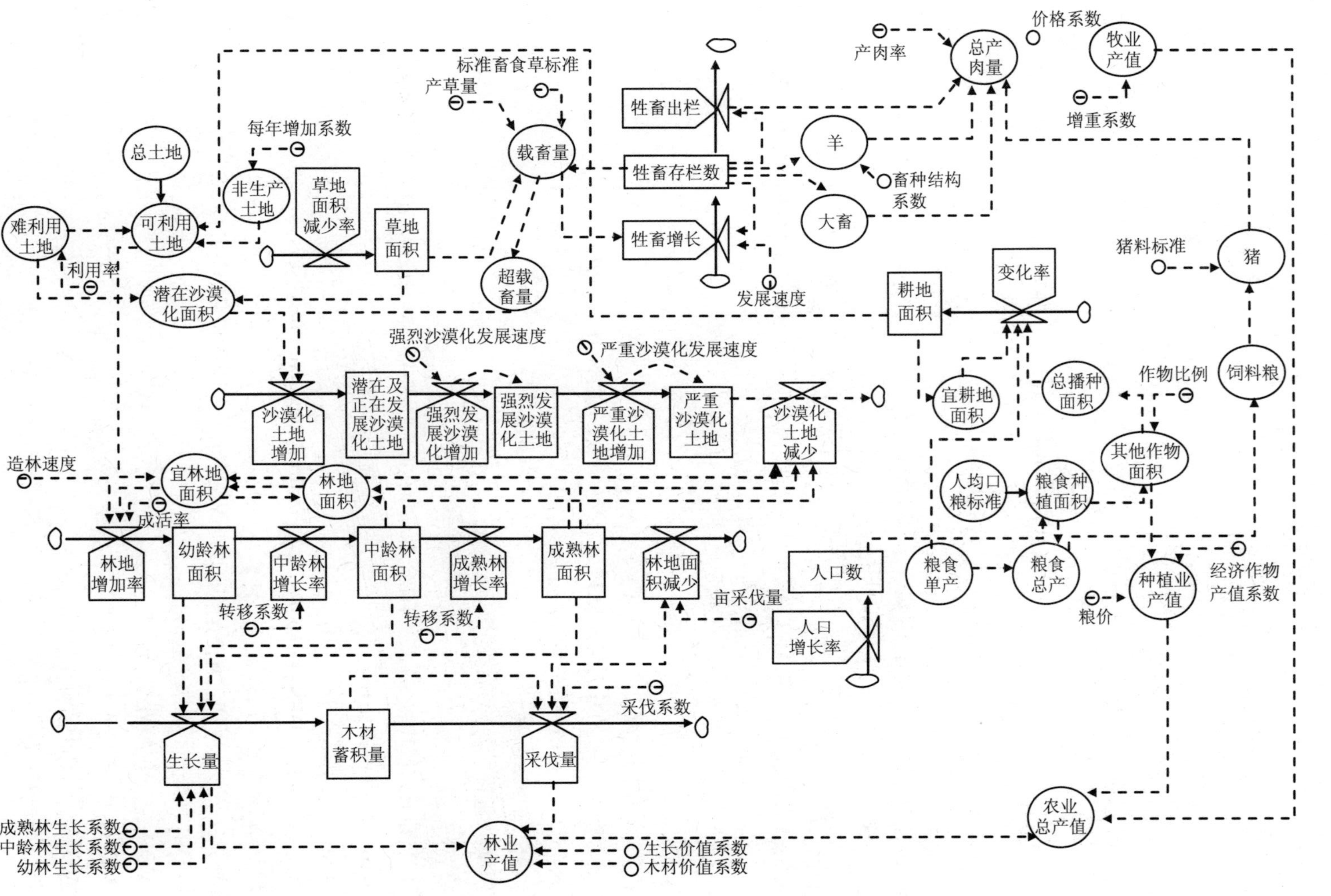

图 1　内蒙古奈曼旗沙漠化发展模型系统动态流图

（5）严重沙漠化面积

$$DES_3.K = DES_3.J + （DE_1.JK - DES_2.JK）\times DT$$

式中：$DES_3$——严重沙漠化面积。

**2．速率方程**

（1）牲畜增长率

$$RB_1.KL=CLIP（1.008\times RB_2.JK，1.05\times RB_1.JK，BRD_1.K，BRED.K）$$

式中：BRED——载畜量；

CLIP——逻辑函数。

（2）造林率

$$RF_1.KL=FOR_1.K \times CLIP（PP，PPA.K，LAN_1.K，AFO.K）+0.25\times RF_1.JK$$

式中：$RF_1$——造林率；

$FOR_1$——幼林面积；

$LAN_7$——林地面积；

AFO——宜林地面积；

$RF_2$——林地减少面积。

（3）沙漠化面积增加

$$DES_A.KL=（LAN_1-LAN_2.K-LAN_6.K-LAN_7.K）\times 0.007\times （RF_2.JK/RF_1.JK）$$

式中：$LAN_1$——总土地面积；

$LAN_2$——非生产用地；

$LAN_6$——牧业用地。

（4）沙漠化面积减少

$$DES_B.KJ=0.17\times （RES_1.JK+RES_2.JK）\times DT$$

式中：$RES_1$——幼林转移率；

$RES_2$——中龄林转移率。

**3．辅助方程**

（1）载畜量

$$BRED.K=\{[118\times 0.4\times （TIME.K-1\,960）]\times LAN_6.K+1.5\times GRAI.K\}/1\,400$$

式中：118——饲草亩产；

1 400——饲草标准；

1.5×GRAI——秸秆饲料。

（2）农业总产值

$$VOU_5.K = VOU_1.K+VOU_2.K+VOU_3.K+VOU_4.K$$

式中：$VOU_5$——农业总产值；

$VOU_1$——种植业产值；

$VOU_2$——牧业产值；

$VOU_3$——林业产值；

$VOU_4$——副业产值。

（3）粮食总产

$$GRA_1.K=(0.1\times YY.K+0.9)\times CRO_1.K\times GMU.K$$

式中：$GRA_1$ ——粮食总产；

$CRO_1$ ——种植业面积；

GMU ——粮食单产；

YY.K——随机函数。

（4）耕地面积

$$LAN_5.K=1.05\times CRO_3.K$$

式中：$LAN_5$——耕地面积；

$CRO_3$——总播种面积。

（5）牧地面积

$$LAN_6=LAN_4.K-LAN_5.K-LAN_7.K-0.3\times DES_3.K$$

式中：$LAN_4$——可利用土地面积。

（6）林地面积

$$LAN_7=FOR_1.K+FOR_2.K+FOR_3.K$$

式中：$FOR_2$——中龄林；

$FOR_3$——成熟林。

（7）沙漠化面积

$$DES.K=DES_1.K+DES_2.K+DES_3.K$$

## 3 仿真结果分析

仿真运算分两步进行。第一步仿真时段为1960—1985年，主要目的是检验模型，将仿真结果和奈曼旗统计资料、沙漠化动态资料对照，检验仿真的有效性。抽样选取1960年、1975年、1985年的人口、农业总产值、粮食总产、羊、猪、大畜数、耕地、牧地、林地面积实际值和仿真值共26对作比较。其中偏差低于3%的占34.8%，偏差低于6%的占24%，偏差低于10%的占7.6%。所统计数字中偏差低于10%的占70%。检验表明仿真模型有效性较好，可以用来进行趋势预报。第二步仿真时段为1985—2040年，步长5年，目的是进行趋势预报。采用调整方程参数办法作多方案预报，选取其中3种对比方案作比较。

### 3.1 现有土地利用结构状态下沙漠化发展趋势

第1种方案是在不改变奈曼旗现有土地利用结构的前提下，保持农林牧现有发展速度，沙漠化土地、农地、林地、牧地、牲畜、人口及农业产值的动态变化见图2、图3和表1。

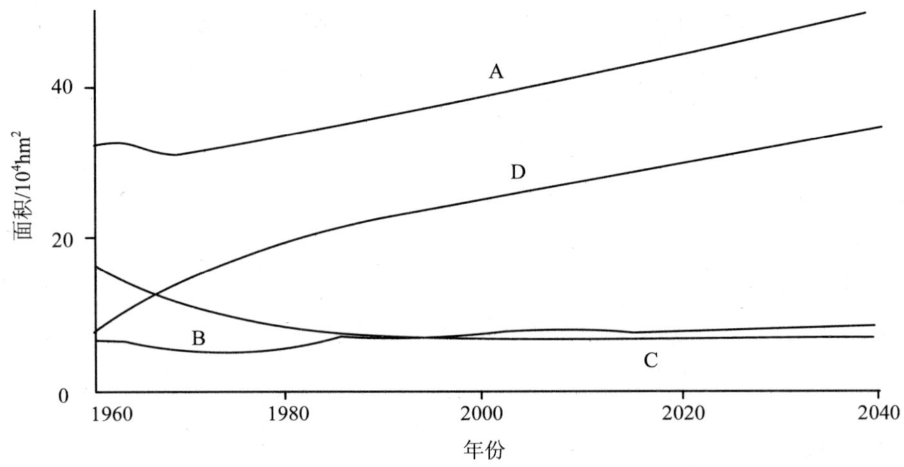


A—沙漠化面积；B—潜在正在发展沙漠化面积；C—强烈发展沙漠化面积；D—严重沙漠化面积（以下图同）

**图 2　沙漠化面积动态变化趋势**

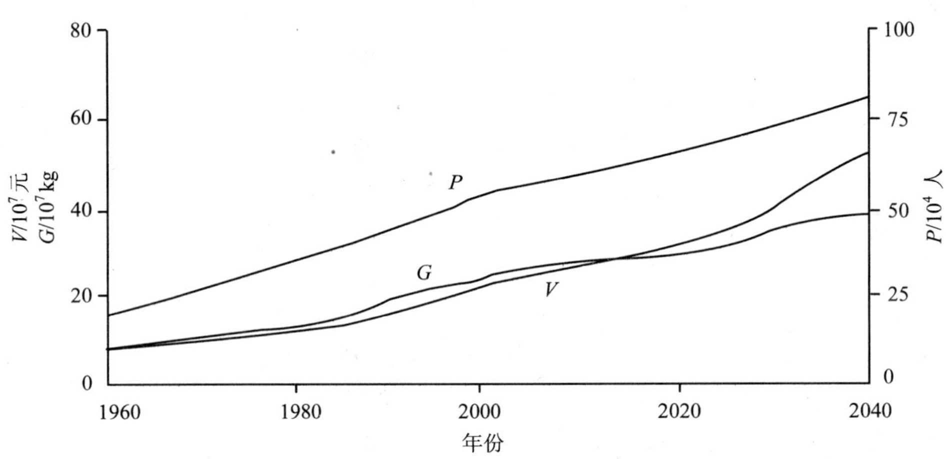


*P*—人口；*V*—农业总产值；*G*—粮食总产值（以下图同）

**图 3　人口、粮食、产值动态变化趋势**

**表 1　动态仿真结果**

| 年份 | 人口/$10^4$人 | 农业总产值/$10^7$元 | 粮食总产/$10^7$kg | 产肉量/$10^4$kg | 大畜/$10^4$头 | 羊/$10^4$只 | 猪/$10^4$头 | 载畜量/$10^4$只羊 | 木材蓄积量/$10^4m^3$ |
|---|---|---|---|---|---|---|---|---|---|
| 1960 | 21.020 | 7.880 | 7.670 | 537.000 | 14.697 | 30.015 | 5.100 | 58.260 | 395.00 |
| 1980 | 34.290 | 10.675 | 9.679 | 709.300 | 15.664 | 31.989 | 8.860 | 69.230 | 558.200 |
| 2000 | 48.131 | 19.211 | 20.123 | 993.900 | 16.694 | 34.093 | 15.392 | 81.180 | 777.000 |
| 2020 | 63.623 | 30.609 | 28.893 | 1 472.700 | 17.792 | 36.335 | 26.740 | 95.660 | 925.500 |
| 2040 | 80.845 | 52.655 | 35.626 | 2 287.800 | 18.962 | 38.725 | 46.453 | 106.940 | 1 027.800 |

| 年份 | 沙漠化增加面积/$10^4$亩 | 沙漠化减少面积/$10^4$亩 | 耕地面积/$10^4$亩 | 牧地面积/$10^4$亩 | 林地面积/$10^4$亩 | 沙漠化面积/$10^4$亩 | 潜在及正在发展沙漠化面积/$10^4$亩 | 强烈发展沙漠化面积/$10^4$亩 | 严重沙漠化面积/$10^4$亩 |
|---|---|---|---|---|---|---|---|---|---|
| 1960 | 2.157 5 | 3.155 2 | 216.050 | 593.760 | 125.400 | 478.800 | 105.600 | 249.400 | 124.800 |
| 1980 | 5.477 7 | 2.153 9 | 123.120 | 654.010 | 198.650 | 491.750 | 86.740 | 124.120 | 280.900 |
| 2000 | 6.344 7 | 1.928 1 | 187.390 | 622.91 | 210.100 | 574.840 | 109.600 | 95.590 | 369.640 |
| 2020 | 6.229 3 | 2.309 8 | 210.400 | 637.89 | 217.710 | 659.410 | 120.370 | 96.890 | 442.150 |
| 2040 | 5.916 3 | 2.699 8 | 239.280 | 641.850 | 230.700 | 731.050 | 120.830 | 99.800 | 510.410 |

可以看出，2000—2040 年，沙漠化土地将增加 12.77%，净增 156.21×$10^4$ 亩；林地面积增加 20.6×$10^4$ 亩；覆盖率增加幅度仅为 1.65%；牧地面积净增 18.9×$10^4$ 亩，增长幅度为 1.55%；农耕地增加 51.89×$10^4$ 亩，增加 4.24%；牲畜超载量 2000 年为 36.383×$10^4$ 羊单位，2020 年为 29.635×$10^4$ 羊单位，2040 年为 26.95×$10^4$ 羊单位，40 年减少 9.433×$10^4$ 羊单位。农业总产值增加 33.444×$10^7$ 元。

按现有农林牧土地利用结构发展，2000 年农林牧土地构成为 18∶21∶61，2020 年为 20∶20∶60，2040 年为 21∶21∶58。

## 3.2 合理调整土地利用结构后沙漠化发展趋势

农林牧土地利用构成由 2000 年的 15∶23∶62 调到 2020 年的 16∶31∶53，再调到 2040 年的 18∶44∶38。在这种较大幅度的调整下，仿真结果见图 4、图 5 和表 2。

可以看出，2000—2040 年，沙漠化面积将减少 33.21×$10^4$ 亩，减少 2.72%；林地面积增加 250.27×$10^4$ 亩，覆盖率增加 20.1%；牧地减少 197×$10^4$ 亩，减少 16.09%；农耕地增加 45.32×$10^4$ 亩，增加 3.7%；2000 年牲畜超载 35.487×$10^4$ 羊单位，2020 年超载 36.067×$10^4$ 羊单位，2040 年超载 46.34×$10^4$ 羊单位，超载量增加 10.853×$10^4$ 羊单位；农业总产值将增加 35.111×$10^7$ 元，增加约 2 倍。

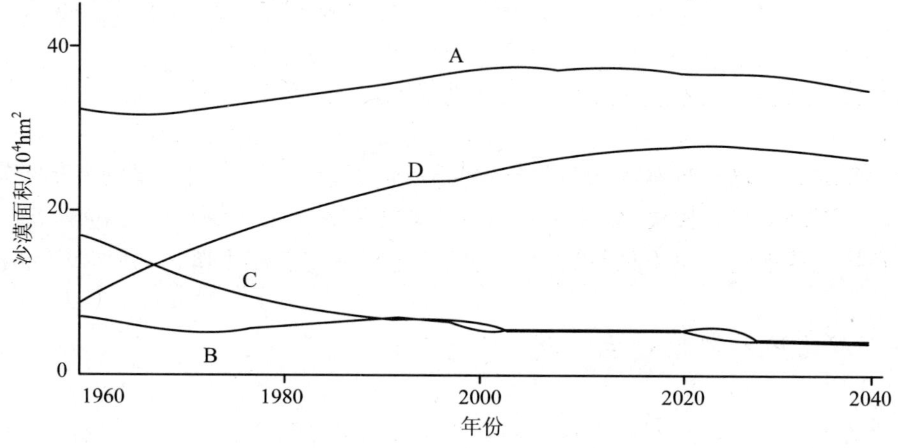


图 4　沙漠化面积动态变化趋势

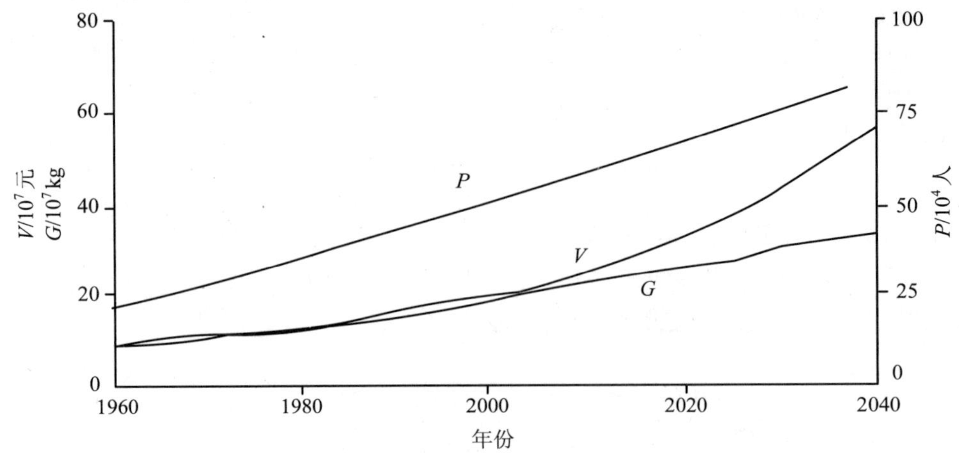


图 5　人口、粮食、产值动态变化趋势

表 2　动态仿真结果

| 年份 | 人口/$10^4$人 | 农业总产值/$10^7$元 | 粮食总产/$10^7$kg | 产肉量/$10^4$kg | 大畜/$10^4$头 | 羊/$10^4$只 | 猪/$10^4$头 | 载畜量/$10^4$只羊 | 木材蓄积量/$10^4m^3$ |
|---|---|---|---|---|---|---|---|---|---|
| 1960 | 21.020 | 7.873 | 7.670 | 534.100 | 15.380 | 26.496 | 5.100 | 58.263 | 395.000 |
| 1980 | 34.290 | 10.653 | 9.679 | 700.100 | 16.110 | 27.753 | 8.860 | 69.231 | 558.200 |
| 2000 | 48.131 | 17.844 | 16.545 | 977.800 | 16.874 | 29.069 | 15.392 | 77.952 | 787.700 |
| 2020 | 63.623 | 29.669 | 23.975 | 1 448.900 | 17.674 | 30.448 | 26.740 | 82.751 | 1 046.700 |
| 2040 | 80.845 | 52.955 | 29.688 | 2 074.700 | 18.513 | 31.893 | 41.935 | 78.118 | 1 447.600 |

| 年份 | 沙漠化增加面积/$10^4$亩 | 沙漠化减少面积/$10^4$亩 | 耕地面积/$10^4$亩 | 牧地面积/$10^4$亩 | 林地面积/$10^4$亩 | 沙漠化面积/$10^4$亩 | 潜在及正在发展沙漠化面积/$10^4$亩 | 强烈发展沙漠化面积/$10^4$亩 | 严重沙漠化面积/$10^4$亩 |
|---|---|---|---|---|---|---|---|---|---|
| 1960 | 2.157 5 | 3.155 2 | 216.050 | 589.760 | 125.400 | 479.800 | 105.600 | 249.400 | 124.800 |
| 1980 | 5.477 7 | 2.153 9 | 123.120 | 654.010 | 198.650 | 491.750 | 86.740 | 124.120 | 280.900 |
| 2000 | 4.144 8 | 2.582 9 | 154.080 | 629.220 | 237.420 | 548.000 | 92.370 | 91.260 | 364.370 |
| 2020 | 3.233 0 | 4.087 6 | 174.590 | 562.600 | 331.340 | 556.330 | 79.420 | 76.960 | 399.950 |
| 2040 | 2.496 9 | 6.016 4 | 199.400 | 432.220 | 487.690 | 514.790 | 64.660 | 64.280 | 385.860 |

需要说明的是，这一方案载畜量是根据草场产草量计算的，由于草场面积大量减少，致使载畜量呈下降趋势。如果将 40 年林地面积增加 $250.27\times10^4$ 亩这一因素考虑进去，将树木枝叶和林间草地的饲草也估算进去，则牲畜超载量将急剧下降。

## 3.3 适当调整土地利用结构后沙漠化动态变化

第 3 种方案是建立在对农林牧结构做较小幅度调整基础上，在这种方案中，农林牧土地利用构成由 2000 年的 15∶22∶63 调到 2020 年的 16∶24∶60，再调到 2040 年的 18∶

27∶55。仿真结果见图 6、图 7 和表 3。

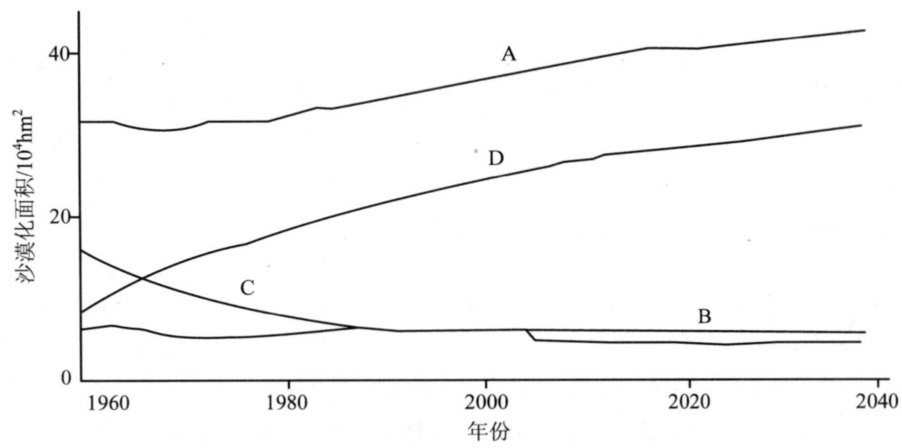


**图 6　沙漠化面积动态变化趋势**

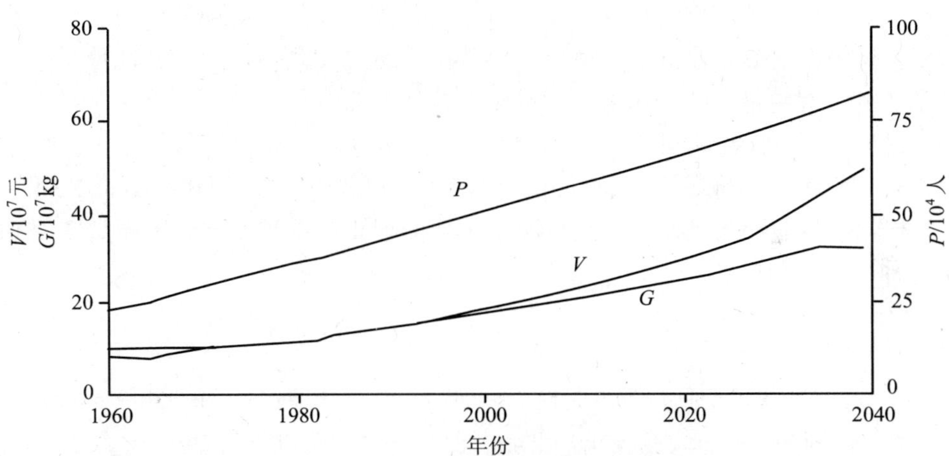


**图 7　人口、粮食、产值动态变化趋势**

**表 3　动态仿真结果**

| 年份 | 人口/$10^4$人 | 农业总产值/$10^7$元 | 粮食总产/$10^7$kg | 产肉量/$10^4$kg | 大畜/$10^4$头 | 羊/$10^4$只 | 猪/$10^4$头 | 载畜量/$10^4$只羊 | 木材蓄积量/$10^4m^3$ |
|---|---|---|---|---|---|---|---|---|---|
| 1960 | 21.020 | 7.873 | 7.670 | 534.100 | 15.380 | 26.496 | 5.100 | 58.263 | 395.000 |
| 1980 | 34.290 | 10.653 | 9.679 | 700.100 | 16.110 | 27.753 | 8.860 | 69.231 | 558.200 |
| 2000 | 48.131 | 17.751 | 16.545 | 977.800 | 16.874 | 29.069 | 15.392 | 79.596 | 781.100 |
| 2020 | 63.623 | 28.965 | 23.975 | 1 448.900 | 17.674 | 30.448 | 26.740 | 90.341 | 967.600 |
| 2040 | 80.845 | 50.789 | 29.688 | 2 074.700 | 18.513 | 31.893 | 41.935 | 96.970 | 1 162.300 |

| 年份 | 沙漠化增加面积/$10^4$亩 | 沙漠化减少面积/$10^4$亩 | 耕地面积/$10^4$亩 | 牧地面积/$10^4$亩 | 林地面积/$10^4$亩 | 沙漠化面积/$10^4$亩 | 潜在及正在发展沙漠化面积/$10^4$亩 | 强烈发展沙漠化面积/$10^4$亩 | 严重沙漠化面积/$10^4$亩 |
|---|---|---|---|---|---|---|---|---|---|
| 1960 | 2.157 5 | 3.155 2 | 216.050 | 593.760 | 125.400 | 479.800 | 105.600 | 249.400 | 124.800 |
| 1980 | 5.477 7 | 2.153 9 | 123.120 | 654.010 | 198.650 | 491.750 | 86.740 | 124.120 | 280.900 |
| 2000 | 5.373 3 | 2.163 2 | 154.080 | 646.390 | 220.050 | 563.360 | 102.050 | 93.700 | 367.610 |
| 2020 | 4.902 7 | 2.866 1 | 174.590 | 637.430 | 254.920 | 616.730 | 102.250 | 88.100 | 426.390 |
| 2040 | 4.439 4 | 3.627 4 | 199.400 | 608.180 | 306.950 | 645.810 | 96.170 | 84.130 | 465.510 |

可以看出，2000—2040 年，土地沙漠化面积增加 6.74%，净增 82.45×$10^6$亩；林地面积增加 86.9×$10^4$亩，覆盖率增加 7.1%；牧地面积减少 38.21×$10^4$亩，减少 3.12%；农耕地增加 45.32×$10^4$亩，增加 3.7%；农业总产值增加 33.038×$10^7$元。

比较以上 3 种预测结果，可明显看到，农林牧土地利用结构调整对于土地沙漠化发展有着非常强烈的影响。防治沙漠化的土地利用结构调整总方向是，稳定增加农耕地，减少牧草地、难利用土地，大量增加林业用地，提高森林覆盖率。

奈曼旗农林牧土地利用结构如保持现状不变，则沙漠化发展强烈，生态效益差，经济效益偏低。采用以上第 2 种方案，2040 年沙漠化土地将比现状减少，林地覆盖率、农业生产总值是 3 种方案中最高的。如果将大量树木枝叶作为饲草来源，超载量也是 3 种方案中最低的。这种土地利用结构可作为该旗控制沙漠化发展的土地利用优化结构，它带来的未来生态效益、经济效益将最佳。采用第 3 种方案，到 2040 年沙漠化土地将增加 114.61×$10^4$亩，林地覆盖率为 25.08%，虽然沙漠化土地面积比第 1 种方案有所减少，但农业生产总值是 3 种方案中最低的。

## 参考文献

[1] 朱震达，刘恕. 中国北方地区沙漠化过程及其治理区划[M]. 北京：中国林业出版社，1981.

[2] 王宝琛，等. 动态系统仿真语言及其应用[M]. 北京：光明日报出版社，1986.

[3] 张汉雄. 通渭县农林牧结构优化动态仿真模型的探讨[J]. 水土保持通报，1987（7）.

[4] 王正中. 系统仿真技术[M]. 北京：科学出版社，1986.

[5] 杨士尧. 系统科学导论[M]. 北京：农业出版社，1986.

# Research on the Dynamic Simulating of Land Desertification in the Naiman Banner，Inner Mongolia

**Abstract**: A dynamic simulating model of land desertification in the Naiman Banner, Inner Mongolia was established by means of system dynamic theory. The land desertification system in the Naiman Banner consists of five subsystems, i.e., farming, forestry, animal husbandry, grassland and population. According to positive-negative feedback relations in the land desertification，75 equations were built and carried out schematic prediction with IBM PC/XT computer by using Micro-Dynamo language. With farming, forestry and animal husbandry forming three different landuse schemes, the desertification developmental trends in the banner up to 2040 were predicted. Predictions showed that the best landuse structures for farming, forestry and animal husbandry in the banner will be 15：23：62 in 2000; 16：31：53 in 2020 and 18：44：38 in 2040. Such a dynamic change of landuse structure will effectively control the desertification process and gain the best economic and ecological benefits.

**Key Words:** Land Desertification System; Dynamic Simulating; Prediction

# 土壤风蚀的自然-社会复合系统动态过程模拟研究

关键词：土壤风蚀；自然-社会复合系统；模拟研究

我国土壤风蚀的研究，已发表了一些重要研究成果[1-2]。

土壤风蚀是一个自然-社会复合系统过程。影响土壤风蚀的自然因素主要有风速、植被、土壤粒度、土壤含水量。影响土壤风蚀的社会因子主要有土地翻耕、放牧牲口践踏等，它们本身是土壤风蚀的基本因子，又相互影响、制约。依照系统动力学原理，利用计算机仿真技术，对这一自然-社会复合系统进行动态模拟，对于在更高层次上认识土壤风蚀规律有重要意义。我们以科尔沁沙质草地为例，对土壤风蚀的自然-社会复合系统动态过程进行了模拟研究。

## 1 仿真模型

土壤风蚀自然-社会复合系统模型包括系统流图和仿真程序两部分。

在深入研究土壤风蚀因子间关系的基础上，采集了不同试样，在风洞进行土壤风蚀量与植被、沙土含水量，沙土粒度关系的定量实验，取得大量参数[3]。同时，也吸收了前人风洞模拟的部分结果作为补充，编绘了土壤风蚀自然-社会复合系统流图，根据流图编写了仿真程序。

系统流图（图 1）如下：

参数集的正确选用是编写仿真程序的首要问题，对大量的风洞实验数据筛选出下列基本参数：

（1）起沙风速 6.7 m/s（科尔沁中细沙，风洞实验测得）。

（2）植被盖度每增加 1%风蚀增量：盖度 10%时，203.600 kg/（a·h）；盖度 20%时，70.346 kg/（a·h）；盖度 30%时，58.700 kg/（a·h）；盖度 40%时，48.180 kg/（a·h）；盖度 50%时，44.025 kg/（a·h）；盖度 60%时，11.049 kg/（a·h）；盖度 70%时，8.314 kg/（a·h）。

（3）不同土壤含水量风蚀增量：1%时，1 083.900 5 kg/（a·h）；2%时，240.710 5 kg/（a·h）；3%时，135.630 5 kg/（a·h）；4%时，88.100 5 kg/（a·h）。

（4）粒度每变 1$\varphi$ 值，风蚀量变化值：1.454 kg/（a·h）。

（5）翻耕面积每增加 1%，风蚀增量：19.315 kg/（a·h）[2]。

（6）牲口践踏面积增加 1%，风蚀增量：0.558 kg/（a·h）[1]。

（7）翻耕地与未翻耕地风蚀量比 14∶1，牲口践踏与未践踏地风蚀量比 1.144∶1。

本文发表于《科学通报》，1994，39（12）：118-121。署名的还有：王周龙。

模拟精度检验是仿真程序的第 2 个重要问题，以植被盖度风蚀模数为例，从模拟数值与实验数值中随机抽出 7 对，累积正差 5%、负差 19%，平均每组数值偏差 3.4%。其他各要素仿真值与风洞实验数值拟合度达 80%以上，符合模拟精度要求。

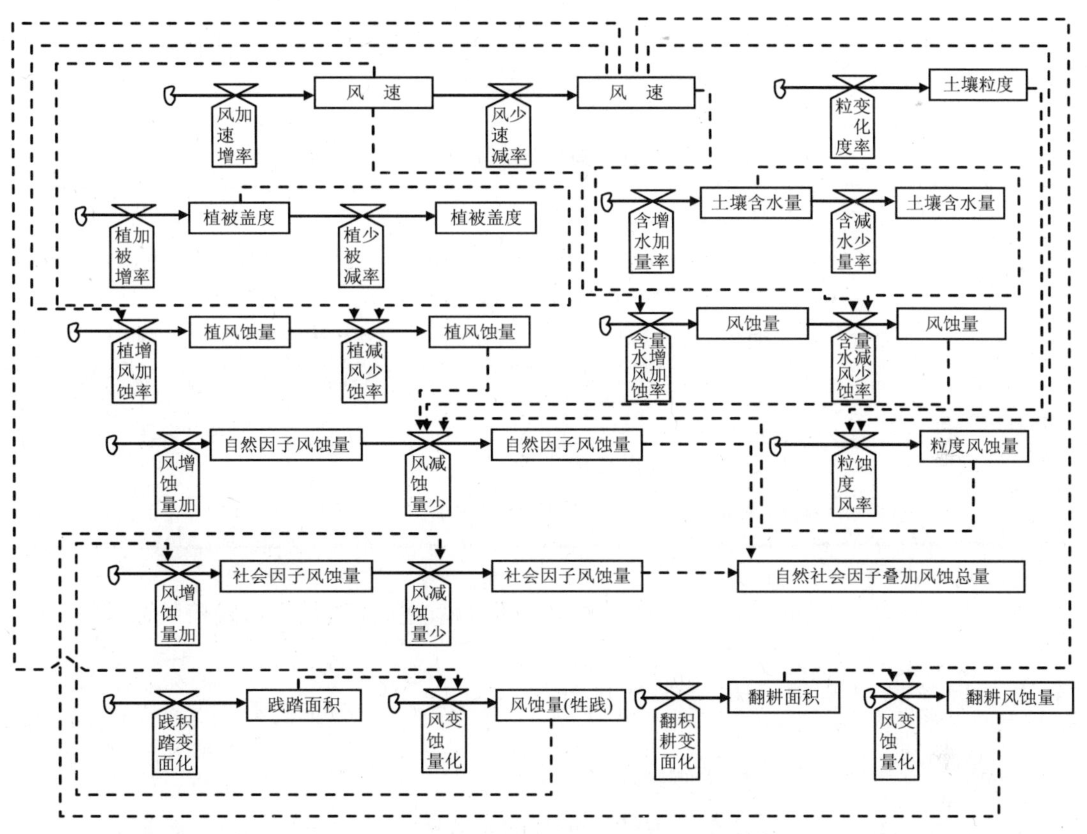


图 1　土壤风蚀自然-社会复合系统动态流图

## 2　模拟结果分析

系统模型运行后，可输出风蚀的社会、自然各个因子动态变化曲线，还可输出与之相关的 32 个变量的动态数值。利用模型对土壤风蚀的自然-社会复合系统的下列问题进行了模拟研究。

### 2.1　自然因子影响土壤风蚀动态强度对比研究

植被盖度、沙土含水量、沙土粒度是影响土壤风蚀量的三大自然因子，它们各自在系统中的作用是不同的。系统运行中三大自然因子在风力作用下风蚀量动态模拟结果表明，三者抗风蚀强度，植被盖度作用＞沙土粒度作用＞沙土含水量作用。

## 2.2 社会因子对土壤风蚀影响量对比研究

草地翻耕及牲口放牧践踏是影响土壤风蚀的两大社会因子。系统运行后，这两个因子影响风蚀强度动态曲线见图 2。

从图 2 可知，随着草地翻耕面积百分比及牲口践踏面积百分比的同步增大，土壤风蚀增长量，翻耕要远远大于牲口践踏。模拟的动态数据见表 1。

**表 1 社会因子对土壤风蚀影响量动态模拟结果** 单位：kg/a

| 仿真时间/h | 1 | 2 | 3 | 4 | 5 | 6 | 7 | 8 | 9 | 10 |
|---|---|---|---|---|---|---|---|---|---|---|
| 牲口践踏风蚀量 | 0.041 0 | 0.043 5 | 0.048 8 | 0.057 7 | 0.072 0 | 0.094 4 | 0.130 1 | 0.187 9 | 0.284 2 | 0.449 6 |
| 草地翻耕风蚀量 | 1.417 3 | 1.502 7 | 1.685 4 | 1.995 3 | 2.488 7 | 3.264 7 | 4.497 | 6.495 2 | 9.824 1 | 15.543 |
| 仿真时间/h | 11 | 12 | 13 | 14 | 15 | 16 | 17 | 18 | 19 | 20 |
| 牲口践踏风蚀量 | 0.743 3 | 1.282 8 | 2.309 7 | 4.335 5 | 8.479 9 | 17.277 | 39.564 | 88.143 | 204.71 | 495.76 |
| 草地翻耕风蚀量 | 25.695 | 44.348 | 79.848 | 149.88 | 293.15 | 597.25 | 1 367.7 | 3 047.1 | 7 076.9 | 17 140 |

从表中对比数字可知，在仿真动态过程中，翻耕风蚀量大约是牲口践踏风蚀量的 34 倍。

## 2.3 自然因子与社会因子相叠加的风蚀系统效应

系统论一个重要观点是系统要素在系统中相互作用，会产生整体新质。社会因子叠加于自然因子后，土壤风蚀复合系统会产生强烈的系统响应，土壤风蚀量急剧增大。

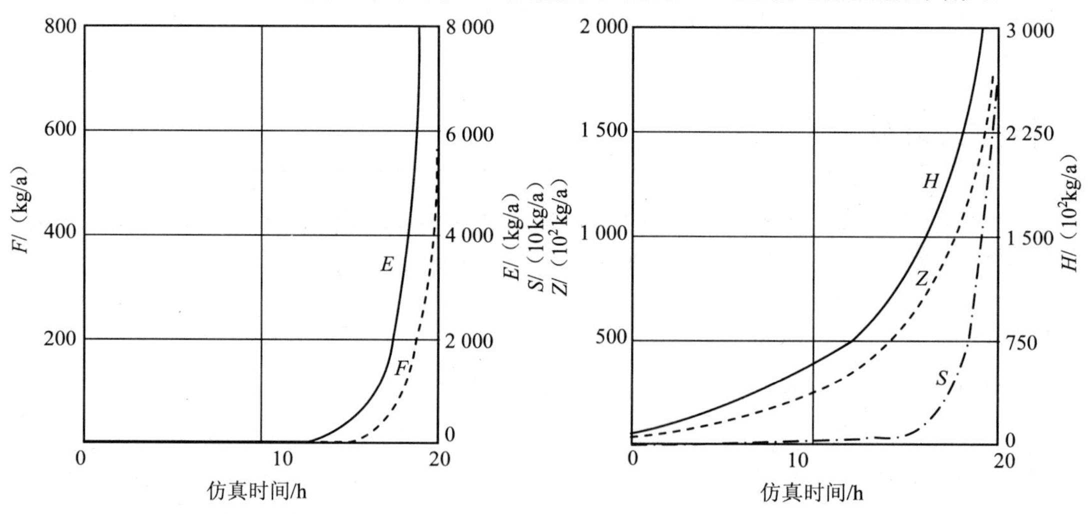


*E*—翻耕风蚀量；
*F*—牲口践踏风蚀量

图 2 翻耕、牲口践踏风蚀量动态曲线

*H*—社会因子、自然因子复合后风蚀量；
*Z*—自然因子风蚀总量；*S*—社会因子风蚀总量

图 3 自然因子、社会因子及其叠加后风蚀量动态变化曲线

如图 3 所示，自然因子风蚀总量曲线平稳上升，社会因子风蚀总量曲线具有突发性上升特点，二者叠加的风蚀量曲线大幅度上升。从动态模拟结果中选了自然因子风蚀总量、社会因子风蚀总量及二者叠加后风蚀总量，比较见表 2。

**表 2　自然因子、社会因子及其叠加后土壤风蚀量动态变化**

| 仿真时间/h | 1 | 2 | 3 | 4 | 5 | 6 | 7 | 8 | 9 | 10 |
|---|---|---|---|---|---|---|---|---|---|---|
| 社会因子风蚀总量/（kg/a） | 1.458 3 | 1.543 7 | 1.728 9 | 2.044 1 | 2.546 5 | 3.336 7 | 4.591 4 | 6.625 2 | 10.012 | 15.827 |
| 自然因子风蚀总量/（$10^2$kg/a） | 76.79 | 92.78 | 110.30 | 130.10 | 152.70 | 179.10 | 210.10 | 246.90 | 290.80 | 343.40 |
| 自然、社会因子叠加风蚀量/（$10^2$kg/a） | 146.8 | 182.3 | 220.3 | 262.0 | 308.9 | 362.6 | 425.1 | 498.7 | 586.1 | 690.4 |
| 仿真时间/h | 11 | 12 | 13 | 14 | 15 | 16 | 17 | 18 | 19 | 20 |
| 社会因子风蚀总量/（kg/a） | 26.145 | 45.091 | 81.130 | 152.190 | 297.490 | 605.730 | 1 385 | 3 086.70 | 7 165 | 17 340 |
| 自然因子风蚀总量/（$10^2$kg/a） | 323.60 | 377.50 | 440.50 | 519.40 | 618.60 | 743.70 | 972.60 | 1 201.00 | 1 457.00 | 1 730.00 |
| 自然、社会因子叠加风蚀量/（$10^2$kg/a） | 815.3 | 768.2 | 896.2 | 1 046.0 | 1 233.0 | 1 469.0 | 1 767.0 | 2 312.0 | 2 858.0 | 3 477.0 |

## 2.4 土壤风蚀调控研究

利用已建立的土壤风蚀自然-社会复合系统仿真模型，可以进行社会、自然因子不同组合方案调控研究。北方草原区农垦，一般采用条带法即草带与农垦带相间配置。在一定植被盖度下农垦带占总面积百分之几，防风效益最佳。为研究最佳配合比，我们分别将植被盖度、农垦面积百分比，由 10%～70%按 10%级差变化，进行了 49 种配合比模拟，49 种方案模拟所得 980 个数据，仅列出仿真时段为 12 时，不同配合比风蚀总量见表 3。

**表 3　不同配合比风蚀总量**　　单位：$10^2$kg/a

| 植被盖度 \ 风蚀总量 \ 翻耕面积百分比 | 10% | 20% | 30% | 40% | 50% | 60% |
|---|---|---|---|---|---|---|
| 60% | 118.5 | 121.2 | 123.9 | 126.6 | 129.3 | 131.9 |
| 70% | 116.1 | 118.8 | 121.5 | 124.2 | 126.9 | 129.5 |

从仿真结果可得以下结论：

（1）植被盖度是影响土壤风蚀最敏感的自然因子。土地翻耕是最敏感的社会因子。

（2）在土壤风蚀自然-社会复合系统中，社会因子叠加于自然因子将产生强烈的系统响应，加大土壤风蚀量。社会因子具有可调控性，调控人类活动将大大减少土壤风蚀。

（3）草带与农垦带相间配置的条带耕垦法是防风蚀的有效方法。耕垦面积取决于植被盖度，当植被盖度＞60%，耕垦面积不超过总面积的60%，其土壤风蚀量增长幅度基本稳定在一个不大的范围内。

## 参考文献

[1] 董光荣，李长治，等. 关于土壤风蚀洞模拟实验的某些结果[J]. 科学通报，1987，26（4）：299-301.

[2] 贺大良，邹本功，等. 地表风蚀物理过程及风洞实验的初步研究[J]. 中国沙漠，1986，6（1）：25-31.

[3] 胡孟春，刘玉章，等. 科尔沁沙地土壤风蚀的风洞实验研究[J]. 中国沙漠，1991，11（1）：22-29.

# 沙坡头铁路防护体系防护效益系统仿真研究

**摘要：**在风洞实验、野外观测的基础上，采用系统仿真方法，对沙坡头铁路风沙防护体系防护效益、结构配置、防护宽度进行了研究。风洞实验测定了流沙输沙率、栅栏阻沙率、草方格阻沙率、植被阻沙率。与风洞实验模型相似的野外观测，确定了风洞实验数据与野外观测数据转换系数。以风洞实验、野外观测数据为基础，对防护体系 3 种不同配置结构的防护宽度，进行了系统仿真研究。阻沙栅栏 + 草方格 + 植被的防护体系结构防护宽度 90 ~ 95 m，阻沙栅栏 + 草方格的防护体系结构防护宽度 100 ~ 105 m，2 道阻沙栅栏 + 草方格 + 植被的防护体系结构防护宽度 50 ~ 55 m，可以达到流沙输沙与防护系统阻沙量理论平衡。研究所得结论对风沙区交通线路防护体系设计具有借鉴意义，所采用的方法，对风沙工程研究有普遍适用意义。

**关键词：**沙坡头；铁路防护体系；风洞实验；系统仿真

中国科学院、铁道部、国家林业局的几代科技工作者通力合作，以固、阻、输、导的设计思想，在包兰铁路沙坡头段成功地设计建成“五带一体”的铁路防护体系，即阻沙栅栏带、草方格与植物固沙带为主体，辅以人工灌溉防护林带与砾石输沙平台带。40 多年来，这一防护体系在沙漠铁路风沙防护中发挥了重要作用，保障了包兰铁路的沙坡头沙漠路段畅通无阻。

中国的沙漠科技工作者从不同的角度，对沙坡头铁路防护体系防护效益做了研究，主要有：对防护体系的各个要素的阻沙效果做过野外实际观测；对草方格防护效应进行过风洞模拟实验；根据沙丘移动速度和铁路设计使用年限提出防护宽度经验计算公式[1-5]。

铁路防护体系结构、防护宽度一直是风沙工程科技工作者关注的问题。20 世纪 50 年代，前苏联专家曾提出沙坡头铁路防护宽度 5 500 m 设计方案。中国科技工作者三易方案，确定目前路北迎风面 350 m 宽，路南背风面 150 m 宽，路南、路北防护体系总计 500 m。这是经过几代人长期实践、摸索的结果[6]。

进行防护体系结构、防护效益综合定量研究，防护体系结构配置、宽度科学准确的设计，是风沙工程学急需解决的理论、实践问题。

在前人研究工作的基础上，以系统工程的思想为指导，通过风洞单要素实验、风洞模型与实地观测数据的转换、系统建模，对沙坡头铁路防护体系的防护效益、防护宽度进行了综合定量的动态仿真研究。

本文发表于《应用基础与工程科学学报》，2004，12（2）：140-146。署名的还有：屈建军，赵爱国，李宏，孙宏义。

## 1 风洞实验及结果

风洞实验是在沙坡头站野外风洞中进行的。该风洞的技术参数：洞体长 37 m，实验段长 21 m，横断面 1.2 m×1.2 m，最大设计风速 29 m/s。实验中利用微压计测风速，利用集沙仪测输沙量。

实验分 5 组进行，每一组统一设定 5 m/s、10 m/s、15 m/s、20 m/s、25 m/s 五个风速组，分别对流沙输沙量、栅栏模型的阻沙量、草方格模型的阻沙量、植被模型的阻沙量，按设定的时间，进行了测定。

风洞实验大量采集的数据经计算整理，流沙单宽输沙率与防护体系各要素单宽阻沙率见表 1。

**表 1 流沙单宽输沙率与防护体系各要素单宽阻沙率**

| 风速/（m/s） | 流沙输沙率/[g/（cm·m）] | 栅栏阻沙率/[g/（cm·m）] | 草方格阻沙率/[g/（cm·m）] | 植被阻沙率/[g/（cm·m）] |
|---|---|---|---|---|
| 5 | 2.797 67 | — | 0.039 52 | 0.087 21 |
| 10 | 23.084 9 | 9.767 67 | 0.397 59 | 0.431 |
| 15 | 218.022 | 83.273 3 | 3.862 9 | 3.158 3 |
| 20 | 579.325 | 176.753 3 | 7.897 48 | 6.533 5 |
| 25 | 1 357.02 | 471.091 | 14.104 1 | 10.888 8 |

注：输沙率即单宽输沙率，指在一定风速下单位宽度（cm）、单位时间（min）输沙量（g）；阻沙率即单宽阻沙率，指在一定风速下单位宽度（cm）、单位时间（min）阻沙量（g）。单宽输沙率、单宽阻沙率单位：g/（cm·min）。

## 2 风洞实验数据与野外观测数据转换

风洞实验的相似性问题，是风沙物理学重要的理论与实践问题[8-9]。风洞实验数据与野外实际观测数据的转换率，是通过下述途径解决的：

（1）在风洞统一标定用于野外风沙观测的多路联动式风速仪，以及用于风洞测风速的微压计，消除风速测定的系统误差。

（2）按相似比在风洞与野外布置相似的实验。按照相似比设风速梯度，在 10 m/s 风速下，分别在风洞模型及野外与风洞模型相似实验观测场，等距离布点测风速，分别计算风洞栅栏模型、野外观测场栅栏对风速的平均降低率，计算风洞草方格模型、野外观测场草方格对风速的平均降低率，计算得风洞植被模型、野外观测场植被对风速的平均降低率。

（3）根据风洞与野外风速降低率的对比，确定风洞实验数据转换为野外实际观测数据的转换系数。经计算整理如下：栅栏 0.595；草方格 0.873；植被 0.873[7]。

根据风洞实验数据与野外观测数据对比研究的结果，风洞实验的数据比野外实际观测数据大，风洞实验数据乘以转换系数，即为实际观测数据。表 1 中的输沙率、阻沙率乘以转换系数后，再由 g/（cm·min）单位换算成 kg/（m·h），用于防护体系系统仿真的参数。

## 3 仿真模型及结果

在风沙工程学研究中，风洞实验与仿真技术相结合，是一条有效的研究途径。风洞实验由于受实验条件限制，只能作单因素实验解析研究。计算机仿真可以将有限条件下的单要素风洞实验结果拓展、延伸，进行多方案、多因素综合定量研究。

### 3.1 建模的指导思想

沙坡头铁路防护体系是一项系统工程[10]。这一系统中，在一定的风速条件下，流沙的输沙量，与栅栏阻沙量、草方格阻沙量、植被的阻沙量总和相平衡，是沙坡头铁路风沙防护体系保持稳定防护效益的最基本条件。

输沙量与阻沙量的动态平衡是建立风沙防护体系仿真模型的重要指导思想。随着风速的增加，无防护的流沙单宽输沙量增加。栅栏单宽阻沙量随风速增加而增加。草方格、植被的单宽阻沙量，一方面随着风速增加而增加，另一方面随着延伸长度增加而增加。沙坡头铁路防护体系仿真模型，反映的是在风速变化条件下，流沙总输沙量与防护体系总阻沙量的动态平衡，研究在输、阻沙动态平衡条件下，风沙防护体系结构配置。

### 3.2 仿真模型

在上述建模思想的指导下，沙坡头风沙防护体系效益的系统仿真结构模型见图 1。

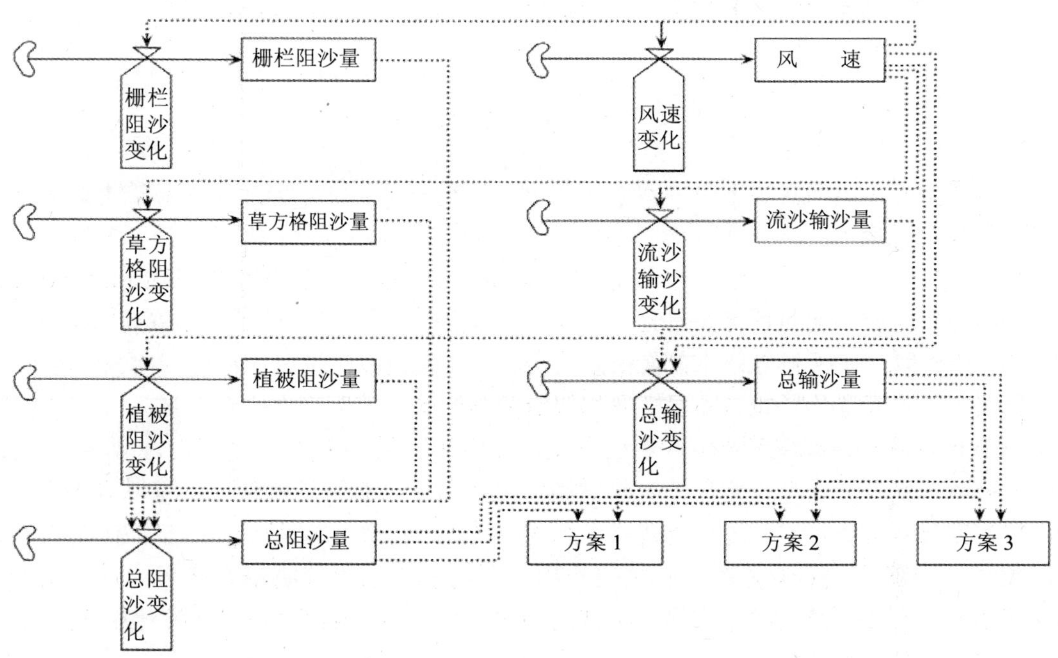


**图 1　沙坡头风沙防护体系防护效益系统仿真流图**

如图 1 所示，栅栏、草方格、植被阻沙量随风速变化而变化，决定总阻沙量动态变化。流沙输沙量也随风速变化，决定总输沙量动态变化。方案 1、方案 2、方案 3 是 3 种不同结构配置的防护体系，其防护功能的动态特征随上述因子变化。

## 3.3 仿真结果

根据上边结构模型，用 DYNAMO 语言编程序，风洞实验数据拟合检验后，对流沙单宽输沙量，栅栏、草方格、植被的单宽阻沙量，防护体系结构配置，进行了动态模拟。

（1）流沙单宽输沙量变化特征

流沙单宽输沙量随风速动态变化特征见图 2。

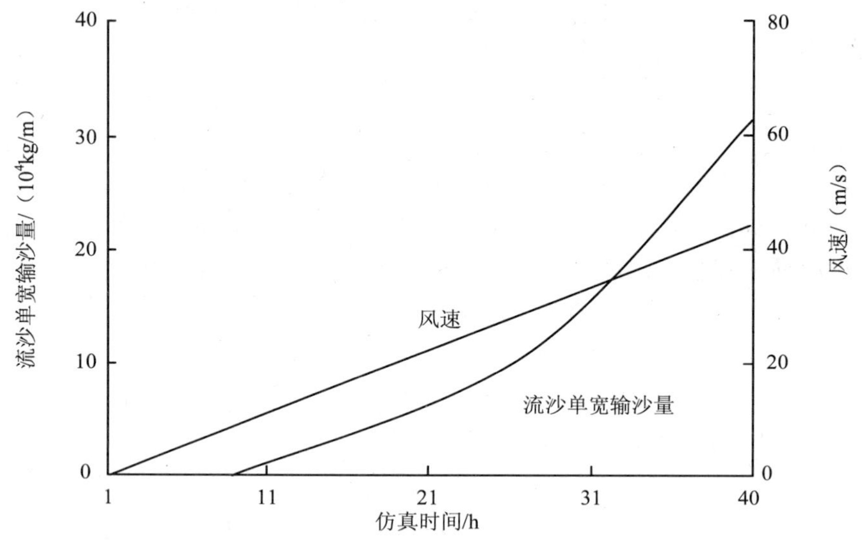


**图 2 流沙单宽输沙量动态变化**

图 2 反映了流沙单宽输沙量随风速、时间变化的特征。图 2 表明：无防护下的流沙输沙量随风速增大而增加；在 15 m/s 风速前后输沙量的增加特征不同，5～15 m/s 间输沙量呈缓曲线逐渐增加，大于 15 m/s 后线性急剧增加。主要是流沙输沙率与风速立方正相关。

图 2 反映了流沙单宽输沙量动态变化曲线，是根据风洞实验数据进行仿真的结果。实际使用时要经过当地实际观测数据验证。

（2）栅栏、草方格、植被单宽阻沙量变化特征

栅栏、草方格、植被单宽阻沙量动态变化如图 3 所示。

图 3 反映了栅栏、草方格、植被单宽阻沙量随风速、时间变化特征。可以看出：在不同的风速变化条件下，阻沙栅栏的阻沙量，是草方格阻沙量、植被阻沙量的 20 倍左右，阻沙栅栏在铁路风沙防护体系中起主要作用；数值模拟结果表明草方格阻沙效果大于植被；在 15 m/s 前后，栅栏、草方格、植被阻沙量变化与流沙输沙量具有相类似的特征。这是流沙输沙量动态变化特征所决定的。

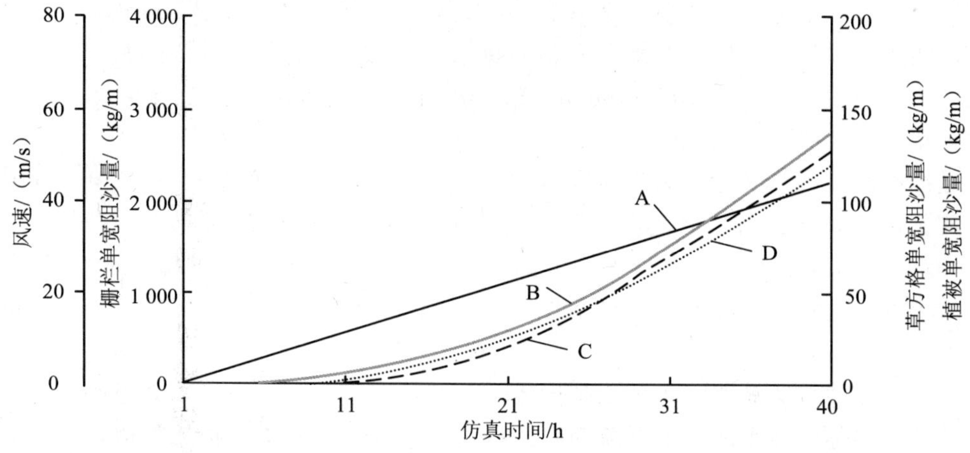


A—风速；B—栅栏单宽阻沙量；C—草方格单宽阻沙量；D—植被单宽阻沙量

**图 3　栅栏、草方格、植被阻沙量动态变化**

（3）防护体系结构配置及宽度

利用仿真模型，对沙坡头铁路防护体系 3 种不同的配置结构，即阻沙栅栏+草方格+植被的防护体系结构，阻沙栅栏+草方格的防护体系结构，2 道阻沙栅栏+草方格+植被的防护体系结构，就其防护宽度进行了系统模拟，结果见图 4。

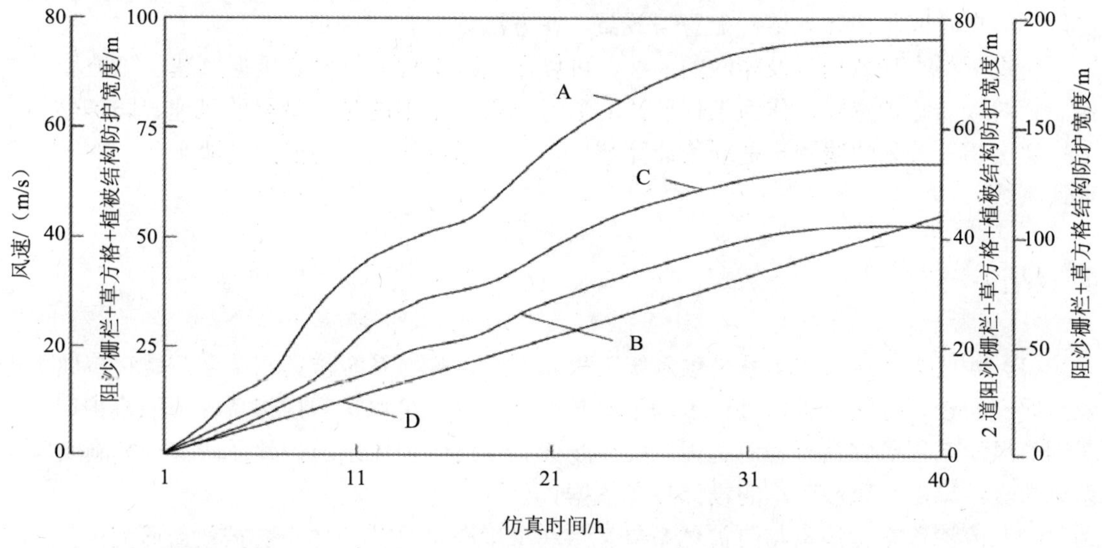


A—阻沙栅栏+草方格+植被结构防护宽度；B—阻沙栅栏+草方格结构防护宽度；

C—2 道阻沙栅栏+草方格+植被结构防护宽度；D—风速

**图 4　不同配置结构防护宽度**

从图 4 可得如下结论：① 3 种方案的共同特征是，防护体系的防护宽度随风速增大而增加。在小于 25 m/s 的风速段，防护宽度随着风速的增加波动性增加。大于 25 m/s 风速段，防护宽度增加趋于稳定，稳定在某一数值范围。② 不同的防护体系配置结构防护宽度不同，第 1 种配置方案，即沙坡头现在的防护体系结构，风速大于 25 m/s（大约 10 级风）后，随风速增加，防护宽度稳定在 90～95 m。第 2 种配置结构风速大于 25 m/s 后，随风速增加防护宽度稳定在 105～110 m。第 3 种配置结构风速大于 25 m/s 后，随风速增加，防护宽度稳定在 50～55 m。

上述结论的实际意义是，第 1 种配置宽度 90～95 m、第 2 种配置宽度 105～110 m、第 3 种配置宽度 50～55 m，其功能可以阻截 25 m/s 以上大风输沙。

### 3.4 仿真结果应用

我国学者对沙坡头铁路防护体系防护效益、防护宽度，进行大量研究工作。主要有：防护效益野外实际风沙观测；根据流动沙丘移动速率及铁路有效防护年限推算防护宽度。

在沙坡头铁路风沙防护宽度理论计算方面，前人根据沙丘每年移动 0.686 m，铁路设计有效使用 100 年，推算铁路风沙防护体系的宽度下限 68.6 m，加上砾石平台、前沿阻沙带，130 m 作为铁路有效防护宽度[2]。仿真结果，防护宽度略大于推算的下限宽度。前人在迎水桥至孟家湾（K701—K715）15 km 线路两侧，实测防护宽度。路北最窄处 180 m，最宽处 480 m，平均 241.1 m。路南最窄处 50 m，最宽处 300 m，平均 168.4 m（石庆辉研究员调查资料）。

吸收前人成果基础上，采用风洞实验—野外观测—系统仿真三位一体研究方法，综合、定量、动态研究防护体系结构配置与效益，在方法论上有所进步。

仿真所得大量数据以及相应的曲线，可以在风沙工程设计时，根据风速、防护体系结构，查对应的防护宽度，作为工程设计的参考。需要指出的是，所得的风速、防护结构、防护宽度相关关系曲线图，是理论计算结果，在实际设计中，要根据当地实际，乘以安全设计系数。

## 4 结论

（1）沙坡头铁路防护体系是项系统工程，风洞实验与系统仿真相结合，是对该项工程效益研究的较好方法，可以进行多因子变量综合研究，可以进行虚拟条件下的模拟研究。对同类风沙工程研究具有普遍适用意义。沙坡头铁路防护体系防护效益研究，风洞实验与系统仿真结果，是风沙工程的设计参考依据。

（2）流沙单宽输沙量与防护体系单宽阻沙量平衡，是防护体系防护效益研究的基础。沙坡头无灌溉条件下的铁路防护体系，主要由阻沙栅栏、草方格、固沙植被发挥阻沙、固沙功能。根据不同风速下各阻沙措施单宽阻沙量占流沙单宽输沙量份额，栅栏阻沙带防护效益最强，是草方格、植被防护带的 20 倍。草方格与植被相比较，草方格防护效益大于植被防护效益。

（3）风沙防护体系的结构决定其防护效益。阻沙栅栏+草方格+植被的防护体系结构，防护宽度 90～95 m 可以达到输沙与防护系统阻沙量理论平衡。阻沙栅栏+草方格的防护体系结构，防护宽度 100～105 m 可以达到输沙与防护系统阻沙量理论平衡。2 道阻沙栅栏+

草方格+植被的防护体系结构，防护宽度 50～55 m 可以达到输沙与防护系统阻沙量理论平衡。

## 参考文献


[1] 兰州沙漠研究所沙坡沙漠科学研究站. 包兰铁路沙坡头段固沙原理与措施[M]. 银川：宁夏人民出版社，1991.

[2] 凌玉泉. 铁路沙害治理体系风沙物理学原理——以包兰铁路为例[C]//腾格里沙漠沙坡头地区流沙治理研究. 银川：宁夏人民出版社，1988：297-308.

[3] 凌玉泉，金炯，甄计国. 腾格里沙漠东南缘的风沙活动规律[C]//腾格里沙漠沙坡头地区流沙治理研究. 银川：宁夏人民出版社，1988：309-317.

[4] 凌玉泉，金炯，邹本功. 栅栏在防止前沿积沙中的作用——沙坡头地区的栅栏阻沙试验研究[C]//腾格里沙漠沙坡头地区流沙治理研究. 银川：宁夏人民出版社，1988：318-325.

[5] 刘贤万. 草方格沙障的风洞实验[C]//腾格里沙漠沙坡头地区流沙治理研究. 银川：宁夏人民出版社，1988：326-334.

[6] 邹本功，丛自立，刘世建. 沙坡头地区风沙流的基本特征及其防治效应的初步观测[J]. 中国沙漠，1981（1）：33-39.

[7] 胡孟春，赵爱国，李宏. 沙坡头铁路防护体系阻沙效益风洞实验研究[J]. 中国沙漠，2002（6）：598-601.

[8] 吴正，等. 风沙地貌学与治沙工程学[M]. 北京：科学出版社，2003.

[9] 刘贤万. 实验风沙物理学与风沙工程学[M]. 北京：科学出版社，1995.

[10] 刘恕. 沙坡头铁路防沙工程的系统特征//中国科学院兰州沙漠研究所沙坡头沙漠科学研究站. 腾格里沙漠沙坡头地区流沙治理研究[M]. 银川：宁夏人民出版社，1988：8-12.

[11] 金德生. 地貌实验与模拟[M]. 北京：地震出版社，1995.


## System Simulation on Benefit of Railway Protection System in Shapotou


**Abstract**: The benefit，structure scheme and protection width of wind and sand protection system for railway in Shapotou are studied with the method of system simulation on the basis of wind tunnel experiment and field measurement. The ratio of moving sand transportation，ratio of stop sand by fence，ratio of stop sand by straw checkerboard，ratio of stop sand by vegetation are measured by wind tunnel experiment. Then the transformation coefficient from the data in wind tunnel experiment to the data in field observation is determined. Based on the wind tunnel experiment and field observation，the system simulation is applied to determine the protection width of three different structure scheme. The result from the study can help design the protection system of traffic roads in wind and sand region，and the methods used in the paper can be used universally to make the protection project of wind and sand.



**Key Words:** Shapotou; Protection System of Railway; Wind Tunnel Experiment; System Simulation

照片

草方格风洞阻沙实验

野外草方格风速梯度观测

栅栏风洞阻沙实验

# 沙坡头铁路防护体系阻沙效益风洞实验研究

**摘要**：利用野外风洞，对沙坡头铁路风沙防护体系各组成要素的阻沙率和流沙的输沙率进行了模拟实验研究。在同一风速下，分别测定了野外、风洞同一项目对应的风速梯度，确定了风洞实验数据与野外实测数据的转换系数，实现了数据转换。在此基础上，分析了防护体系各要素阻沙效益。以输沙率、阻沙率概念为基础，确立了风沙防护体系宽度计算公式。根据风洞实验转换数据，计算了不同风速下的防护宽度。研究结果对于我国荒漠区铁路、公路风沙防护体系的设计，具有一定的借鉴意义。

**关键词**：沙坡头；铁路风沙防护体系；阻沙效益

沙坡头经过几代人艰苦努力，建立了由阻沙栅栏、草方格、植物固沙带、防护林带、输沙平台组成的“五带一体”综合防沙体系，形成了完整的固、阻、输、导的系统功能。这一防护体系在 40 多年的铁路防沙中，发挥了重要作用。对于这一防护体系，国内的学者从风沙物理学的不同角度，做了很多的研究。概括起来，主要有以下方面：风沙防护体系的固沙原理[1-3]；防沙栅栏的阻沙效果[4]；草方格的固沙原理风洞实验[5]。

本研究在前人的工作基础上，以系统工程的思想为指导，对防护体系各组成要素的阻沙效果，在风洞模拟实验，并进行风洞实验数据与野外实际观测数据转换。在此基础上，对防沙体系的防护宽度，进行了探讨性研究。

## 1　防护体系各要素阻沙效益风洞实验研究

### 1.1 风洞实验方案

风洞实验是在沙坡头站野外风洞进行的，该风洞实验段长 21 m，实验段截面 1.2 m×1.2 m，最大风速 29 m/s。在该风洞进行了 5 组实验，分别对流沙输沙量，栅栏、草方格、植被、防护林带的阻沙效果做了定量数据的采集。

流沙输沙量实验布置，是将干沙平铺于洞体实验段，沿风洞轴线方向，在沙体表面从距实验段始端 9 m 处至洞体尾部 18 m 处等距离布设集沙仪。

栅栏阻沙实验布置，在洞体底部平铺干沙，在距实验段始端 12 m 处，用树枝做成 20 cm 高、120 cm 长、疏透度 35%的栅栏模型。模型前 2m 及模型后至实验段末端喷水，使其不起沙。集沙仪分别置于栅栏模型前、后，对比收集输沙量。

本文发表于《中国沙漠》，2002，6（增）：598-601。署名的还有：赵爱国，李宏。

草方格实验布置，在洞体实验段平铺干沙，从实验段始端至 10 m 处，作为沙源地，10～20m 扎 0.4m×0.4m 草方格。沿风洞轴线方向，在实验段 9～18m 处，等距离设集沙仪。

根据石庆辉教授 1986 年、1989 年、1992 年实际调查，铁路防护体系内植被总平均盖度 15.56%，其中，灌木平均盖度 11.04%，草本植物平均盖度 3.52%。按照这一平均盖度及灌草比例在实验段布设。植被阻沙效果实验布置同草方格实验。

林带阻沙实验布设，在铁路风沙防护体系林带乔灌结构及株行距调查的基础上。林带前半部灌木，宽 0.7 m，高 5 cm，株行距 5 cm×7 cm。后半部乔木，宽 1.3 m，高 30 cm，株行距 10 cm×7 cm。

为了对比方便，实验风速统一设计为：5 m/s，10 m/s，15 m/s，20 m/s，25 m/s。

### 1.2 防护体系各要素阻沙效果风洞实验结果

对以上 5 组实验中所获取的大量有关输沙量、阻沙量数据，整理归纳见表 1。

表 1 防护体系各要素阻沙率

| 风速/（m/s） | 流沙输沙率 | 栅栏阻沙率 | 草方格阻沙率 | 植被阻沙率 | 林带阻沙率 |
|---|---|---|---|---|---|
| 5 | 2.797 67 | — | 0.039 52 | 0.087 21 | — |
| 10 | 23.084 9 | 9.178 145 | 0.397 59 | 0.431 | 0.489 58 |
| 15 | 218.022 | 83.273 3 | 3.862 9 | 3.158 3 | 5.801 07 |
| 20 | 579.325 | 176.753 3 | 7.897 48 | 6.533 5 | 91.923 9 |
| 25 | 1357.02 | 471.091 | 14.104 1 | 10.888 8 | 114.904 9 |

注：输沙率即单宽输沙率，指在一定风速下单位宽度（cm）、单位时间（min）输沙量（g）；阻沙率即单宽阻沙率，指在一定风速下单位宽度（cm）、单位时间（min）阻沙量（g）。单宽输沙率、单宽阻沙率单位：g/（cm·min）。

## 2 风洞实验数据与野外观测数据转换

风洞实验数据与实际观测数据的转换关系，是风洞实验结果推广运用于实际的关键。在该项研究中，实现风洞实验数据向野外观测数据转换的途径，采用在同一风速条件下，对同一观测项目相同风速梯度，进行风洞与野外对比观测。为此，设计了草方格及阻沙栅栏的对比观测，通过对比确定转换系数，进行风洞实验数据的修订。

### 2.1 草方格风速梯度对比

在铁路北瞭望塔南新扎草方格场地，利用风速风向自动采集仪（赵爱国设计），设立 5 个观测点，设 15 cm、30 cm、60 cm 三个高度风速梯度，以及参照的 2m 高度风速，进行同步观测。从手记、自动采集的大量数据中，选取 2m 高度 10 m/s 风速条件下的各个测点风速梯度见表 2。

与上述草方格阻沙实验相对应，在风洞设计了与野外相似风速梯度场测试，结果见表 3。

表 2　野外实测草方格风速梯度

| 高度/cm | 风速/（m/s） | | | | | | | 相当 2 m 高风速比例 | 降低风速率 |
|---|---|---|---|---|---|---|---|---|---|
| | 1 测点 | 2 测点 | 3 测点 | 4 测点 | 5 测点 | 6 测点 2 m 高 | 梯度风速平均值 | | |
| 15 | 7.16 | 6.34 | 4.59 | 5.45 | 5.07 | 10 | 5.72 | 0.572 | 0.428 |
| 30 | 8.96 | 7.46 | 6.96 | 7.28 | 6.20 | — | 7.37 | 0.737 | 0.263 |
| 60 | 10.60 | 9.29 | 9.29 | 9.45 | 7.18 | — | 9.16 | 0.916 | 0.084 |

表 3　风洞测量草方格风速梯度

| 高度/cm | 风速/（m/s） | | | | | | | | | | | | 平均风速占轴线风速比例 | 降低风速率 |
|---|---|---|---|---|---|---|---|---|---|---|---|---|---|---|
| | 测点 1 | 测点 2 | 测点 3 | 测点 4 | 测点 5 | 测点 6 | 测点 7 | 测点 8 | 测点 9 | 测点 10 | 测点平均 | 实验段风洞轴线风速 | | |
| 15 | 4.2 | 4.3 | 4.3 | 4.1 | 4.3 | 4.2 | 3.9 | 3.8 | 4.0 | 4.2 | 4.13 | 10 | 0.413 | 0.587 |
| 30 | 6.6 | 6.7 | 6.8 | 6.8 | 7.1 | 7.0 | 6.9 | 7.0 | 7.0 | 7.0 | 6.89 | — | 0.689 | 0.311 |
| 60 | 7.0 | 6.8 | 7.1 | 7.3 | 7.3 | 7.9 | 7.7 | 7.9 | 7.7 | 7.9 | 7.46 | — | 0.746 | 0.254 |

从上述两表可以看出，在相似条件下，风洞实验草方格减低风速，比野外实际观测草方格减低风速平均大 12.7%。即草方格阻沙率风洞实验数据与野外观测数据转换系数为 0.873。风洞实验所得草方格阻沙率乘以 0.873，转化为实际阻沙率。

植被阻沙率风洞实验数据与野外观测数据转换系数，与草方格相同，也采用 0.873。

## 2.2 栅栏风速梯度对比

与草方格风速梯度对比研究相类似，栅栏风速梯度对比见表 4、表 5。

表 4　栅栏野外实际观测风速梯度

| 高度/cm | 风速/（m/s） | | | | | 栅栏减低风速与 2 m 高风速比 |
|---|---|---|---|---|---|---|
| | 测点 1（栅栏前流沙） | 测点 2（栅栏前流沙） | 测点 3（栅栏后 0.5 m） | 2 m 高风速 | 栅栏减低的风速 | |
| 15 | 8.60 | 8.08 | 4.41 | 10 | 3.93 | 0.393 |
| 30 | 8.63 | 9.43 | 4.54 | — | 4.49 | 0.449 |
| 60 | 9.51 | 9.53 | 9.51 | — | 0.01 | 0.001 |

表 5 栅栏风洞实测风速梯度

| 高度/cm | 风速/（m/s） | | | | | | | | | | 减低风速与轴线风速比 |
|---|---|---|---|---|---|---|---|---|---|---|---|
| | 测点1 | 测点2 | 测点3 | 测点4 | 测点5 | 测点6 | 测点7 | 测点8 | 平均 | 实验段轴线风速 | |
| 15 | 5.42 | 4.50 | 4.36 | 2.48 | 3.2 | 1.373 | 4.48 | 3.48 | 3.662 | 10 | 0.633 |
| 30 | 6.166 | 6.204 | 5.10 | 4.76 | 5.0 | 6.62 | 6.466 | 5.1 | 5.677 | — | 0.432 |
| 60 | 6.313 | 6.553 | 5.707 | 6.20 | 8.173 | 6.07 | 6.78 | 6.14 | 6.492 | — | 0.350 |

从以上两表数值计算，在相似的条件下，以 10 m/s 风速为基准，栅栏野外实际减低的风速仅相当风洞栅栏减低风速的 47.17%，即栅栏阻沙率风洞实验数据向野外观测数据转化系数为 0.472。

## 2.3 风洞实验数据转换计算

利用计算所得转换系数，对表 1 中风洞实验数据进行转换，转换为野外实际数据，结果见表 6。

表 6 转化后的输沙率、阻沙率

| 风速/（m/s） | 流沙输沙率/[g/(cm·min)] | 栅栏阻沙率/[g/(cm·min)] | 与流沙输沙率比/% | 草方格阻沙率/[g/(cm·min)] | 与流沙输沙率比/% | 植被阻沙率/[g/(cm·min)] | 与流沙输沙率比/% | 林带阻沙率/[g/(cm·min)] | 与流沙输沙率比/% |
|---|---|---|---|---|---|---|---|---|---|
| 5 | 2.797 67 | — | — | 0.034 594 | — | 0.076 13 | — | — | — |
| 10 | 23.084 9 | 4.332 08 | 18.8 | 0.347 09 | 1.5 | 0.376 26 | 1.6 | 0.489 58 | 2.1 |
| 15 | 218.022 | 39.304 99 | 18.1 | 3.372 31 | 1.5 | 2.757 19 | 1.3 | 5.801 075 | 2.6 |
| 20 | 579.325 | 83.427 55 | 14.4 | 6.894 5 | 1.2 | 5.708 75 | 1.0 | 91.923 93 | 15.8 |
| 25 | 1 357.02 | 222.354 9 | 16.4 | 12.312 89 | 0.9 | 9.505 92 | 0.7 | 114.904 9 | 8.5 |

## 2.4 防护体系各要素防护效益分析

从表 6 可知，沙坡头铁路风沙防护体系各要素阻沙效益是不相同的，栅栏阻沙率平均占流沙输沙率的 16.9%。草方格阻沙率平均占流沙输沙率的 1.3%。植被阻沙率平均占流沙输沙率的 1.2%。防护林带阻沙率平均占流沙输沙率的 7.3%。

从各要素防护效益在防护体系总效益中占的份额（图 1）可知。栅栏防护效益在防护体系总效益中占 63.4%，草方格防护效益在防护体系总效益中占 4.9%，植被防护效益在防护体系总效益中占 4.5%，林带防护效益在防护体系总效益中占 27.2%。

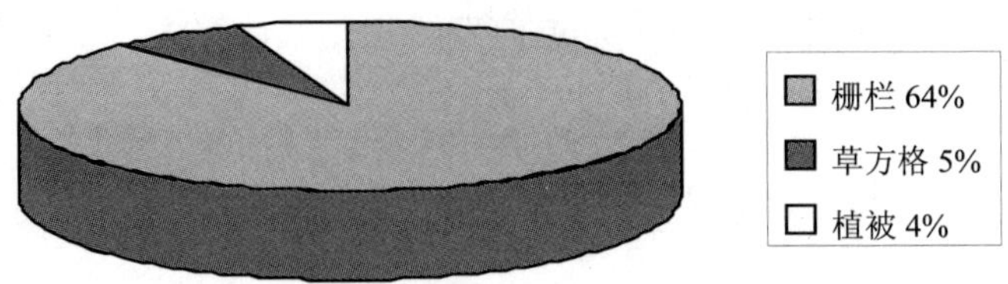


图 1　各要素阻沙效益所占份额

## 3　防护体系防护宽度计算

铁路防护体系各要素阻沙效益研究的应用目标，是为防护宽度设计提供依据，使其建立在科学基础上。

### 3.1 防护宽度计算公式

目前广泛使用的输沙率概念，是指单位宽度、单位时间的输沙量。一般用 g/（cm·min）表示。我们称之为单宽输沙率。风力侵蚀是面状侵蚀，输沙与阻沙均具有面状特征。在上述输沙率的基础上，引出单位面积输沙率，单位用 g/（$cm^2$·min）或者 kg/（$m^2$·h）。这两种输沙率的关系为：单宽输沙率×长度单位=单位面积输沙率。

与两种输沙率相对应的，建立两种阻沙率概念，即单宽阻沙率与单位面积阻沙率。

输沙量与阻沙量平衡是防护体系宽度计算的基础。运用上述两种输沙率概念，取单位宽度、单位时间，计算式可以表达为：

$$Q_s L_s = Q_z L_z \tag{1}$$

变换为另一种形式，即为：

$$\frac{Q_s}{Q_z} = \frac{L_z}{L_s} \tag{2}$$

如果输沙长度取单位 1，式（2）为：

$$L_z = \frac{Q_s}{Q_z} \tag{3}$$

式中：$Q_s$——单宽输沙率；
$Q_z$——单宽阻沙率；
$L_s$——输沙长度；
$L_z$——阻沙长度。

式（3）的物理意义是，一个单位面积的输沙量需要多少个单位面积阻沙量与之平衡。

沙坡头铁路防沙体系，阻沙栅栏只是阻沙断面，不像草方格、植被具有面状延伸的特点，阻沙栅栏的阻沙率从流沙输沙率一次性减去。林带是利用黄河水提灌栽植的人工防护措施，仅在有水源保证的条件下才能使用，在干旱荒漠区不具有普遍意义，防护宽度计算中未以计算。因此，沙坡头阻沙长度（即防护带的宽度）计算中，$Q_s$ 为流沙输沙率减去栅栏阻沙率，$Q_z$ 为草格阻沙率加上植被阻沙率。

## 3.2 铁路风沙防护体系宽度计算

### 3.2.1 防护宽度计算数据

防护宽度以 m 计算，相应的将表 6 数据换算成 kg/（m·h）单位表示，这些数据作为铁路风沙防护体系宽度计算依据。

### 3.2.2 铁路风沙防护体系宽度计算

根据防护体系宽度计算公式，采用风洞实验转换并进行单位换算的数据（表 7），铁路风沙防护体系宽度见表 8。表中列出了不同风速下，防护体系理论计算宽度以及实际设计中考虑安全系数（×4，沙坡头为 3～4，其他地区根据当地风况及工程设计经验而定）的防护宽度。

表 7　单位换算后的输沙率、阻沙率

| 风速/（m/s） | 流沙输沙率/[kg/（m·h）] | 栅栏阻沙率/[kg/（m·h）] | 草方格阻沙率/[kg/（m·h）] | 植被阻沙率/[kg/（m·h）] | 林带阻沙率/[kg/（m·h）] |
|---|---|---|---|---|---|
| 5 | 16.786 02 | — | 0.207 556 4 | 0.456 78 | — |
| 10 | 138.509 4 | 25.992 48 | 2.825 4 | 2.257 56 | 2.937 486 |
| 15 | 1 308.132 | 235.829 94 | 20.233 86 | 16.543 14 | 34.806 45 |
| 20 | 3 475.95 | 500.565 3 | 41.367 | 34.252 5 | 551.543 58 |
| 25 | 8 142.12 | 1 334.129 4 | 73.877 34 | 57.035 52 | 689.429 4 |

表 8　铁路风沙防护体系宽度

| 风速/（m/s） | 根据输沙率、阻沙率计算/m | 乘以工程设计系数 4/m |
|---|---|---|
| 10 | 22.136 10 | 88.544 40 |
| 15 | 29.156 89 | 116.627 56 |
| 20 | 39.346 79 | 157.387 16 |
| 25 | 52.003 99 | 208.015 96 |

## 参考文献


[1] 兰州沙漠研究所沙坡头沙漠科学研究站. 包兰铁路沙坡头段固沙原理与措施[M]. 银川：宁夏人民出版社，1991.

[2] 凌玉泉. 铁路沙害治理体系的风沙物理学原理——以包兰铁路为例[C]//中国科学院兰州沙漠研究所沙坡头沙漠科学研究站. 腾格里沙漠沙坡头地区流沙治理研究. 银川：宁夏人民出版社，1968.

[3] 凌玉泉，金炯，甄计国. 腾格里沙漠东南缘的风沙活动规律[C]//中国科学院兰州沙漠研究所沙坡头沙

漠科学研究站. 腾格里沙漠沙坡头地区流沙治理研究. 银川：宁夏人民出版社，1968：309-317.

[4] 凌玉泉，金炯，邹本功. 栅栏在防止前沿积沙中的作用——沙坡头地区的栅栏阻沙试验研究[C]//中国科学院兰州沙漠研究所沙坡头沙漠科学研究站. 腾格里沙漠沙坡头地区流沙治理研究. 银川：宁夏人民出版社，1988：318-334.

[5] 刘贤万. 草方格沙障的风洞实验[C]//中国科学院兰州沙漠研究所沙坡头沙漠科学研究站. 腾格里沙漠沙坡头地区流沙治理研究. 银川：宁夏人民出版社，1988：326-334.

## Sand-trapping Efficiency of Railway Protective System in Shapotou Tested by Wind Tunnel

**Abstract:** The article makes use of wind tunnel to simulate the sand transmission ratio over shifting sand dune and the sand-trapping ratio of various components of railway protective system in Shapotou. The wind speed gradients under same to field is determined. The sand-trapping efficiency of different components of rail protective system is analyzed. Based on the concepts of sand-transmitting ratio and sand-trapping ratio，the calculation for designing the protective system width is established. According to the transformation coefficient of wind tunnel test，the protective widths at different wind speeds are calculated. The result of research is used for reference to the design of protective systems of railway or highway in desert area.

**Key Words:** Shapotou; Railway Protective System; Sand-trapping Efficiency

# 西部沙漠化防治技术与模式

**摘要**：总结了西部沙漠化防治的5大系列、14项适用技术，指出技术推广应解决的问题，并阐述了西部不同气候区沙漠化防治成功模式及其生态、经济效益。介绍了国外利用龟裂地集水、太阳能脱盐建立牲畜饮水点两个典型技术模式。

**关键词**：沙漠化防治；技术；模式

## 1 西部地区沙漠化土地分布

我国西部发生沙漠化的地区主要有：新疆、甘肃、青海、陕西、宁夏、西藏和云南省（自治区）。新疆维吾尔自治区沙漠化土地主要分布在南疆的塔克拉玛干沙漠边缘、沙漠中河流沿岸、绿洲及其周围，以及北疆古尔班通古特沙漠中的固定、半固定沙丘分布区。沙漠化的主要形式有固定、半固定沙丘活化，流沙入侵绿洲等。甘肃沙漠化土地主要分布于河西走廊的北部20个县（市）内。包括腾格里沙漠边沿的景泰县西部和北部，古浪县北部，巴丹吉林沙漠东南的民勤县，金昌北部及张掖、山丹部分地区，临泽北部，高台中西部，金塔、酒泉、嘉峪关、玉门北部，安西中西部，敦煌西北部等。青海沙漠化土地主要分布于共和盆地，柴达木盆地和青海湖沿岸。共和盆地沙漠化土地主要分布于黄河及其支流沙珠玉河沿岸。柴达木盆地沙漠化土地主要分布于绿洲边缘、植被破坏严重的洪积扇边缘、盆地西北的风蚀区。陕西沙漠化土地在陕西北部沿长城呈带状分布。宁夏沙漠化土地主要分布在盐池、陶乐、同心、中卫等县。西藏沙漠化土地主要分布于“一江两河”（雅鲁藏布江、拉萨河、年楚河），沿河谷断续分布，包括日喀则地区的难木林、白郎等6县市，山南地区贡嘎、扎囊等5县，拉萨市曲水、林周等7县。云南沙漠化土地主要分布于干热谷地带。

## 2 总结推广土地沙漠化防治的实用技术与治沙模式

为有效治理西部地区沙漠化，应系统总结土地沙漠化防治技术措施，改进转化环节，进行推广，使广大群众易于操作和实施。为此应做以下工作：一是系统总结土地沙漠化防治技术措施，应当以当地传统技术与引进技术相结合，总结整理土地沙漠化防治适用技术，结合各地实际组装配套。当前拟总结完善的技术系列包括：土壤风蚀防治技术，如风沙土生物土壤改良技术、窄林带小网格农田防护林营建技术、牧场护牧林的配置及营建技术，

本文发表于《中国生态农业学报》，2001，9（3）：12-14。署名的还有：贺昭和。

旱作农田免耕、留茬抗风蚀技术；流沙固定技术，如草方格、泥炭、黏土方格固沙技术，尼龙、塑料人工材料网膜固沙技术，沥青、化学高分子黏合剂固沙技术；植被恢复重建技术，如天然草场改良、复壮技术，固沙种苗产业化繁育技术，固沙植物种质资源库建立、保存技术，集雨、集洪种草、造林技术；太阳能风能利用技术，如太阳灶、太阳能暖房利用技术，风力发电、风力提水技术；节水灌溉技术，如滴灌、喷灌技术等。二是疏通技术转换环节，在技术转换方面：编写技术手册和培训教材，进行有关沙漠化防治科技普及；通过广播电视专题讲座宣传防沙技术；建立县乡两级技术推广站，进行沙漠化防治技术示范，辐射推广；制定优惠政策，鼓励技术人员到一线推广技术；制定优惠政策，建立技术推广风险基金，使农牧民乐于接受治沙技术。三是建立必要的生产线，组织生产防治沙漠化所必需的器材、设备。根据治沙实际需求，目前拟建立机械固沙替代性材料生产线，化学固沙黏合剂生产线，太阳灶、风力发电机、人工暖房生产线，滴灌、喷灌设备生产线。进行规模性批量生产，为沙区群众提供低价、耐用的沙漠化防治物资。西部沙区的广大群众与治沙科技工作者，在长期的治沙实践中总结了一些成功的治沙模式，应积极组织推广。各地结合本地自然特点，创造性运用这些模式。

## 2.1 新疆和田沙漠化防治模式（极端干旱区）

和田地区位于新疆维吾尔自治区南部，地理位置为东经 77°24′～84°55′，北纬 34°22′～39°38′，辖 7 县 1 市，总面积 24.5 万 $km^2$（占新疆总面积的 14.8%）。其中绿洲面积 92 万 $hm^2$，耕地面积 16.7 万 $hm^2$，人口 130 万。该区属暖温带极端干旱荒漠气候，年平均降水量 30.7～51.3 mm，蒸发量 1 689～2 824 mm。≥10℃的活动积温 4 100～4 700℃。大风日数 1.8～8 d，沙尘暴日数 4～64 d。植被稀疏，以草本、灌木、半灌木为主。土壤为淤灌土、棕漠土、风沙土。和田地区沙漠化治理以和田县、策勒县为代表。和田县沙漠化防治的基本途径是以绿洲为中心建立防护体系，同时合理利用内陆河的水资源，使绿洲生态系统稳定。其主要防治措施是充分利用玉龙哈什河、喀拉喀什河的水资源，建成以引水总干渠、各级渠道、中小水库配套的灌溉渠系。采取渠道防渗、渠、路、造林综合措施。在绿洲外围固定、半固定沙丘，采取封育、引洪淤灌，保护、恢复植被。环绿洲建立 100～300 m 宽、长 358 km 的防风沙基干林。在绿洲内部，营建窄林带、小网格的护田林网。对绿洲中的流动沙丘，在丘间低地引洪淤灌，营造片林，丘顶设置沙障，固定流沙。通过这些措施，沙漠化得到治理，生态环境发生很大变化。在林网保护下，农田风速降低了 25%，风沙流中含沙量减少 40%～60%。20 世纪 90 年代与 70 年代相比，全县粮、棉、油总产量分别增长了 1.17 倍、1.16 倍、2.31 倍。粮食单产提高了 3.3 倍。人均收入增长了 7.5 倍。策勒县防治沙漠化的主要措施是草、灌、乔配置，带、片、网、线结合，田、水、路综合治理。形成以生物措施为主，工程措施为辅的综合防护体系。在绿洲外围，营建“四带一体”的防护体系。最外带修建 50～100 m 宽的拦沙河，切断沙漠与绿洲的联系，沙漠流沙沉积于沙河中，洪水期被水冲走。第二带营建 3 000 m 灌草带，第三带营建 500 m 人工灌木林，内带营建 1 000 m 防沙林网。在沙瓦克、热瓦克等 5 大风口，引洪淤灌，使流沙上先锋植物繁衍滋生，固定流沙。辅以机械沙障固沙。这些措施的实施，取得显著的生态效益、经济效益。与空旷无防护区相比，灌草带、灌木林带风速降低 26.4%，防护林网降低风速 65.5%。防护体系阻沙效果明显，输沙量减少 90%。土壤黏粒含量、持水量、有机质含量增加。策勒乡 38 个村农牧业稳产高产，恢复耕地 667 $hm^2$，人均收入增加 2.5 倍，粮食总产增加 1.4 倍。

## 2.2 陕西榆林市沙漠化防治模式（半干旱区）

榆林市位于陕西的北部，年降水量 414.6 mm，70%集中在 7 月、8 月、9 月三个月，春季干旱，冬季风沙严重。以榆林城及长城为界，北部以密集的流动沙丘、半固定沙丘、固定沙丘与河谷阶地、湖盆滩地交错分布为特色。中部为流沙、固定沙丘、半固定沙丘与复沙黄土丘陵相间分布的景观。东南部则是水蚀严重的沙黄土墚峁丘陵，地表切割破碎。榆林沙漠化防治采取的有效措施，以红石峡以西沙区为代表，利用沙区内部丘间低地潜水位较高、水分条件优越的条件，采取丘间营造片林与沙丘表面设置沙障栽植固沙植物相结合的方法固沙。同时加强对固定、半固定沙丘的封育，使以流沙为主的严重沙漠化土地处于各种绿色屏障的分割包围中。以芹河乡、前湾滩为代表，在分布于河谷阶地、湖盆滩地处于流沙包围的农田，建立以小网格为主的护田林网，并与滩地边缘固定、半固定沙丘封育、草灌结合固定流沙等措施共同组成农田防护体系。同时，在滩地内开发利用地下水，发展灌溉农业，建设排水工程。在大面积的流动沙丘区，采取飞播造林种草和人工封育相结合的方法，保存率 40%～60%，3～5 年可使流动沙丘固定，成为以花棒、踏郎为主的优质灌丛草场。在地表水资源较为丰富的地区，如榆林市榆溪河西，引水拉沙，改良土壤。榆林市实施这些沙漠化防治模式，取得了良好的生态效益与经济效益。林草覆盖率由新中国成立初期的 1.8%增至 1996 年的 38.9%，沙区造林保存面积 97.3 万 $hm^2$，沙漠腹地营造万亩以上成片林 165 块，建成总长 1 500 km 4 条大型防风固沙林带，固定流沙 40 万 $hm^2$，受风沙危害的 10 万 $hm^2$ 农田基本实现林网化。与 20 世纪 50 年代相比，沙丘高度平均降低 30%～50%，沙丘年移动速度从 5～7.7 m 降为 1.68 m，每年流入黄河的泥沙减少了一半以上。以榆林城西的芹河乡为例，人均收入 1995 年比 10 年前增长 241.5%。

## 2.3 青海共和县沙珠玉沙漠化防治模式（高寒区）

青海共和县沙珠玉位于该县西部沙珠玉河畔，海拔 2 800～2 900 m，年降水量为 246.3 mm，年蒸发量 1 716.7 mm，大风日数 20 d，为高寒半干旱沙质草原景观。该区防治沙漠化的基本模式是顺主风向沿沙珠玉河布设封沙育草区、固沙造林区、农田林网区，组成完整的防护体系。在上风口，沙珠玉治沙站以西围封禁牧 1 333.3 $hm^2$，保护植被使其自然恢复，增加地表植被覆盖度，形成大面积绿色保护区。以治沙站为中心，营造 560 $hm^2$ 治沙样板田，带动周围固沙造林 600 多 $hm^2$，阻拦流沙。治沙站以下 6 个村，营造 1 333.3 $hm^2$ 农田防护林，渠、路、田统一规划，主林带 110～120 m，副林带 500～700 m。封沙育草区、固沙造林区、农田林网区组成的防护体系，沿主风向布设，形成 3 道绿色屏障。这些措施实施使沙珠玉植被盖度由 50 年代的 10%～15%增加到 80 年代的 30%，粮食总产量比治理前 1981 年增长 206%。群众高兴地称沙漠化防治体系为“绿色银行”。

### 2.4 甘肃临泽县平川沙漠化防治模式（干旱绿洲）

临泽县平川位于甘肃省河西走廊中部黑河北岸，其北部为流动沙丘、剥蚀残丘、戈壁。年降水量 117 mm。年均气温 7.5℃。≥10℃年积温 3 083℃。相对湿度 50%左右，年蒸发量 3 000 mm 以上。无霜期 140～170 d。

临泽县平川沙漠化防治措施，一是在绿洲北部与流动沙丘之间狭长的丘间低地，利用灌溉余水，绿洲边缘沿干渠营造 10～50 m 宽防沙林，主要采用乡土树种二白杨和沙枣。在绿洲内部，采用二白杨、箭杆杨、旱柳、白榆，营造护田林网（规格为 300 m×500 m）。在绿洲与沙漠交界处，营造阻沙林与各种类型的片林，在流动沙丘上设黏土或芦苇沙障，在障内栽植梭梭、柽柳、花棒、拧条。形成“条条分割，块块包围”的防护林体系。二是在绿洲防护体系外建立封沙育草带，禁牧禁樵。利用冬闲灌溉余水，灌溉流沙，保护恢复植被。临泽县平川沙漠化治理前后对比，流沙面积比例从 54.6%减少到 9.4%，受风蚀影响的农田从 17.6%减少到 0.4%。沙区的农林用地从 6.1%增加到 43%。人均收入增长了 153.6%。

## 3 开展国际合作，吸收国外技术模式

一些国家在防治沙漠化中创造了适合本国很好的技术模式，我们应广泛开展国际合作，博采众长，吸收国外成功的经验，丰富我国沙漠化防治的技术模式。如前苏联中亚地区沙漠化防治技术，一是龟裂地集水工程技术，龟裂地沙丘相间分布，是中亚荒漠重要地形特征，土库曼沙漠研究所在总结群众经验的基础上，在卡拉库姆中部实验基地，建立了龟裂地集水工程技术模式，利用龟裂地集水，解决牲畜饮水问题。该系统包括龟裂地径流收集、过滤、水质监测及牲畜饮水设施。该技术系统 3～4 年可集淡水 1 万 $m^3/km^2$。二是实施太阳能脱盐牲畜饮水工程模式，土库曼太阳能研究所为解决荒漠牧区牲畜饮水问题，设计了太阳能综合利用系统。该系统包括水源、太阳能风能动力装置、蓄电池房间、太阳能脱盐装置、蒸馏水与淡水容器、牲畜饮水点、羊栏、工作室、暖房、太阳能热水器、饮水脱盐装置和围墙等，可供 1 000 只羊饮水，水造价 2 .5～3 卢布/$m^3$，总造价 12.5 万～20 万卢布，3～6 年可收回成本。

### 参考文献

[1] 中国荒漠化（土地退化）防治研究课题组. 中国荒漠化（土地退化）防治研究[M]. 北京：中国环境科学出版社，1998.

[2] 震达，陈广庭，等. 中国土地沙质荒漠化[M]. 北京：科学出版社，1994.

[3] 夏训诚，李崇舜，周兴佳，等. 新疆沙漠化与风沙灾害治理[M]. 北京：科学出版社，1991.

[4] 董光荣，董玉祥，李森，等 西藏“一江两河”中部流域土地沙漠化防治规划研究[M]. 北京：中国环境科学出版社，1996.

[5] 董光荣，高尚玉，金炯，等. 青海共和盆地土地荒漠化与防治途径[M]. 北京：科学出版社，1993.

[6] 朱震达，等. 中国的沙漠化及其治理[M]. 北京：科学出版社，1989.

[7] 朱俊风，朱震达，等. 中国沙漠化防治[M]. 北京：中国林业出版社，1999.

[8] А Г Бабаев. ПРОБЛЕМЫ ОСВОЕНИЯ ПУСТЫНЬ. ашхабад .ылым，1995：238-239.

[9] [苏]I P 格拉西莫夫. 干旱土地开发及抗荒漠化的综合途径. 王广颖，潘科炎译.

# Technique and Model for Combating Desertification in West Part of China

**Abstract:** The 5 series 14 kinds of suitable techniques for combating desertification in West Part of China have been concluded. The issues related to extension of desertification combating technique are indicated . The desertification combating models worked out by the local people and scientist and technician and their ecological and economic benefits in different climate zone are described. The technical models of building project of domestic animal dunking water by water collect in polygon ground and solar energy desalination are also expounded.

**Key Words:** Combating Desertification; Technique; Model

# 科尔沁沙地土壤风蚀的风洞实验研究

**摘要**：通过风洞实验，对科尔沁沙地植被盖度、土壤含水量、土壤质地与风蚀量的关系进行了定量研究。探讨了不同植被盖度及沙土含水量抗风蚀的极限值，以及不同粒配风沙土抗风蚀强度。

**关键词**：科尔沁沙地；土壤风蚀；风洞实验

土壤风蚀是土地沙漠化现代过程之一，为了定量地研究科尔沁沙地土壤风蚀，在沙漠所直流闭口吹气式低速沙风洞中进行了实验研究。实验中风蚀量采用三分量土壤槽应变天平和自动数字采集仪自动施测，风速用毕托管在实验段中心部位实测。

根据野外观察，对土壤风蚀因子进行筛选，确定植被盖度、土壤含水量、土壤粒配是影响风蚀量的 3 个主要因素。实验的目的是定量地研究这 3 大因素和土壤风蚀量的关系，确定不同植被盖度及沙土含水量抗风蚀的极限值，以及不同粒配沙土不同抗风蚀效果。实验分 3 部分进行。

## 1 植被盖度与风蚀量关系的实验

实验用沙土试样，采自内蒙古哲里木盟奈曼旗合益勿苏村东沙荒地。试样中主要植物有狐尾草、杂草类。土样用木箱装好保持原土体结构。

实验设计基本思想是在不同风速挟沙风吹蚀下，测定 4 种植被盖度风蚀量，测定每种盖度抗风蚀最大风速。实验按 4 个步骤进行。（1）观察净风不同风速对不同植被盖度沙土风蚀状况。（2）将风速平稳地增加，测定不同盖度沙土试样开始风蚀的临界风速。（3）每个试样吹 3～4 组风速，确定挟沙风风速与沙土风蚀量的关系。

试样 1，植被盖度 69.7%，试样面积（28×25）$cm^2$，沙土含水量＜0.003%。当不供沙时，净风不同风级吹蚀量均为零。将挟沙风风速平稳地增大，1 号样开始风蚀的临界风速为 10.23 m/s。不同风速的挟沙风风蚀量见表 1。

表 1 不同风速的挟沙风风蚀量

| 时间/min | 10 | 4.5 | 1.58 |
|---|---|---|---|
| 风速/（m/s） | 14.02 | 21.60 | 24.00 |
| 风蚀量/kg | 0.14 | 0.22 | 0.13 |

本文发表于《中国沙漠》，1991，11（1）：22-29。署名的还有：刘玉章，乌兰，杨左涛，吴丹，王国昌。

试样 2，植被盖度 58.5%，试样面积（20×25）$cm^2$，沙土含水量<0.003%，净风不同风级风蚀量均为零。逐渐增大挟沙风的风速，2 号样开始风蚀的临界风速为 8.7 m/s。吹 4 组不同风速，风蚀量见表 2。

表 2　试样 2 中不同风速的挟沙风风蚀量

| 时间/min | 8.0 | 6.0 | 4.5 | 3.5 |
|---|---|---|---|---|
| 风速/（m/s） | 14.37 | 19.55 | 22.40 | 23.56 |
| 风蚀量/kg | 0.201 | 0.530 | 0.406 | 0.798 |

试样 3，植被盖度 27.4%，试样面积（36.5×25）$cm^2$，沙土含水量 0.003%。不同风级净风的吹蚀量均为零。试样开始风蚀的挟沙风临界风速为 8.27 m/s。吹 4 组风速，不同风速挟沙风的风蚀量见表 3。

表 3　试样 3 中不同风速的挟沙风风蚀量

| 时间/min | 10.0 | 7.0 | 4.0 | 2.5 |
|---|---|---|---|---|
| 风速/（m/s） | 10.16 | 16.70 | 20.64 | 24.40 |
| 风蚀量/kg | 0.070 | 0.608 | 0.781 | 1.233 |

试样 4，植被盖度 10.75%，试样面积（34×25）$cm^2$，沙土含水量<0.003%。不同风级净风的风蚀量均为零。试样开始风蚀的挟沙风风速为 7.84 m/s。吹 4 组风速，风蚀量见表 4。

表 4　试样 4 中不同风速的挟沙风风蚀量

| 时间/min | 12.00 | 5.00 | 3.00 | 1.92 |
|---|---|---|---|---|
| 风速/（m/s） | 10.58 | 15.54 | 21.47 | 24.96 |
| 风蚀量/kg | 0.512 | 0.885 | 0.708 | 0.876 |

通过以上实验，对于植被盖度和风蚀量关系，可以得出以下结论。

（1）净风不论风速多大，对于保持自然土体结构的沙土不产生风蚀，只有挟沙风才对沙土风蚀，风沙流是土壤风蚀过程的原动力。

（2）沙土地一定的植被盖度抗风蚀强度有极限值，科尔沁沙地植被盖度和抗风蚀极限风速关系见图 1。从图中明显看出，植被盖度 60%是转折点。当盖度<60%时，随盖度增加抗风蚀极限风速增大缓慢，而当盖度>60%时，抗风蚀极限风速增大迅速。

（3）单位面积单位时间风蚀量称为风蚀模数。在一定的植被盖度下，风蚀模数随风速增加而增大。根据实验，一定植被盖度下风蚀模数与风速的关系，从图 2、表 5 中可知，植被盖度<60%时风蚀模数随风速增大增加较快。植被盖度>60%，风蚀模数增加缓慢，最大不超过 60 t/（亩·h）。

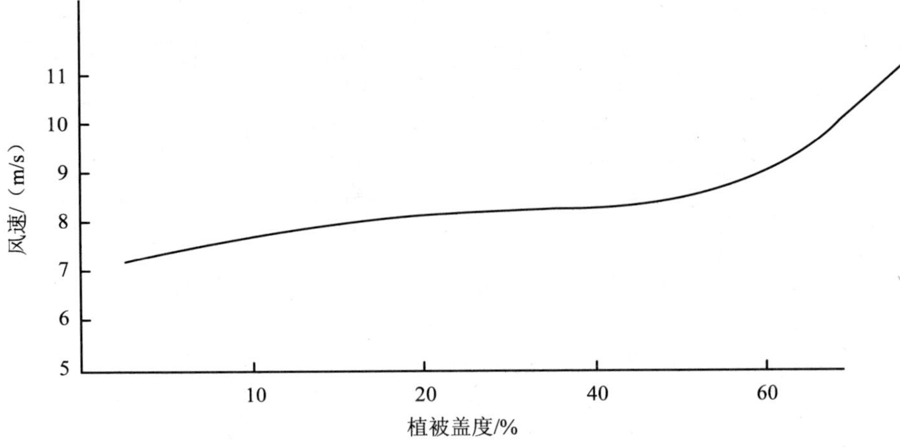


**图 1　植被盖度和抗风蚀极限风速关系曲线**

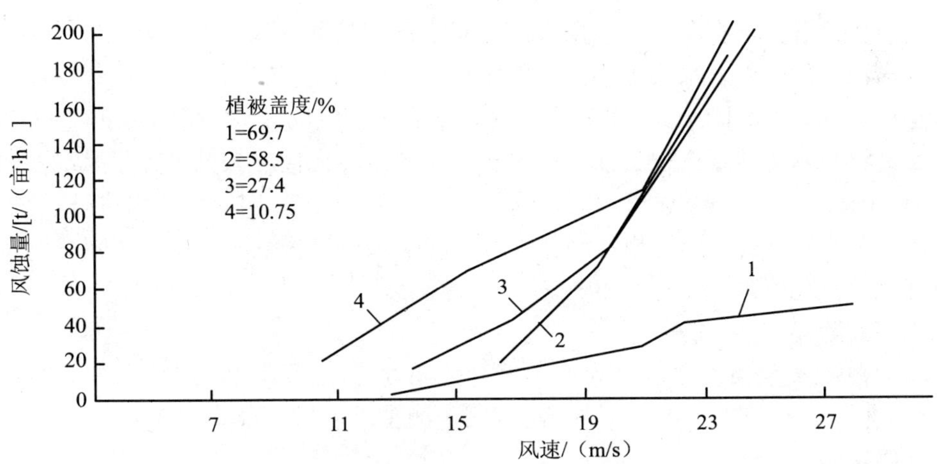


**图 2　植被盖度与风蚀模数关系曲线**

**表 5　植被盖度与风蚀模数关系**

| 植被盖度/% | | 风速/（m/s） | 风蚀模数/[g/（$cm^2$·min）] | 换算值/[t/（亩·h）] |
|---|---|---|---|---|
| 1 号样 | 69.7 | 14.02 | 0.020 | 8.0 |
| | | 21.60 | 0.070 | 28.0 |
| | | 24.00 | 0.117 | 46.8 |
| 2 号样 | 58.5 | 14.37 | 0.050 | 20.0 |
| | | 19.55 | 0.176 | 70.4 |
| | | 22.40 | 0.180 | 72.0 |
| | | 23.56 | 0.456 | 182.4 |

| 植被盖度/% | | 风速/（m/s） | 风蚀模数/[g/（cm$^2$·min）] | 换算值/[t/（亩·h）] |
|---|---|---|---|---|
| 3 号样 | 27.4 | 10.16 | 0.008 | 3.2 |
| | | 16.70 | 0.095 | 38.0 |
| | | 20.64 | 0.214 | 85.6 |
| | | 24.40 | 0.540 | 215.0 |
| 4 号样 | 10.75 | 10.58 | 0.050 | 20.0 |
| | | 15.54 | 0.208 | 83.2 |
| | | 21.47 | 0.378 | 111.2 |
| | | 24.96 | 0.538 | 215.2 |

## 2 沙土含水量和风蚀量关系的实验

野外明显地看到，在沙土含水量大的一级阶地和高河漫滩，即使无植被也难以风蚀。相反在远离河流的沙土含水量很小的半固定沙丘，植被盖度较大，但风蚀却很严重。沙土含水量是抗风蚀的重要因子。为探讨沙土含水量和风蚀量的关系，在风洞进行了定量实验。具体方案是将科尔沁沙地采来的沙，按 3 种不同的水沙比例拌匀，平铺于风洞实验段，面积为 2 m×1 m，厚 0.04 m。逐渐加大风速，计时量测吹蚀量。实验分 3 组进行，每组吹 3～4 个风速。实验的目的，一是测定每种湿度沙土抗风蚀极限风速，二是确定在一定风速下风蚀量随风速变化值。

第 1 组实验：

实验前测定实验用沙含水量为 1.11%，先将风速逐渐增大，开始风蚀的临界风速为 6.85 m/s。然后分 5 组风速分别吹蚀一定时间，测量风蚀量见表 6。

第 2 组实验：

实验前测定实验用沙含水量 2.212%。逐渐加大风速，开始风蚀临界风速为 12.21 m/s。吹 3 个不同风速，风蚀量随风速变化见表 7。

第 3 组实验：

实验前测得试验用沙含水量 4.73%。逐渐加大风速，开始风蚀临界风速 14.32 m/s。吹 4 个风速，风蚀量见表 8。

**表 6 第 1 组实验中不同风速条件下的风蚀量**

| 序号 | 时间/min | 风速/（m/s） | 吹蚀量/kg | 试样面积/m$^2$ | 风蚀模数/[t/（亩·h）] |
|---|---|---|---|---|---|
| 1 | 10 | 9.4 | 10.35 | 2 | 20.70 |
| 2 | 10 | 12.3 | 17.85 | 2 | 35.70 |
| 3 | 10 | 15.5 | 16.70 | 2 | 33.40 |
| 4 | 4 | 19.6 | 12.65 | 2 | 63.25 |
| 5 | 5 | 22.6 | 25.00 | 2 | 100.00 |

表 7 第 2 组实验中不同风速条件下的风蚀量

| 序号 | 时间/min | 风速/（m/s） | 吹蚀量/kg | 试样面积/$m^2$ | 风蚀模数/[t/（亩·h）] |
|---|---|---|---|---|---|
| 1 | 10 | 15.5 | 0.90 | 2 | 1.8 |
| 2 | 10 | 19.6 | 6.05 | 2 | 12.1 |
| 3 | 3 | 22.6 | 8.95 | 2 | 59.1 |

表 8 第 3 组实验中不同风速条件下的风蚀量

| 序号 | 时间/min | 风速/（m/s） | 吹蚀量/kg | 试样面积/$m^2$ | 风蚀模数/[t/（亩·h）] |
|---|---|---|---|---|---|
| 1 | 10 | 15.5 | 0.132 | 2 | 0.26 |
| 2 | 10 | 19.6 | 0.750 | 2 | 1.5 |
| 3 | 10 | 22.6 | 1.200 | 2 | 2.4 |
| 4 | 3 | 25.6 | 2.400 | 2 | 24 |

关于沙土含水量与风蚀量关系，通过以上 3 组实验可得出以下几点结论。

（1）沙土含水量是重要的抗风蚀因子，沙土一定的含水量具有相应的抗风蚀能力。沙土含水量与抗风蚀极限风速关系见图 3。

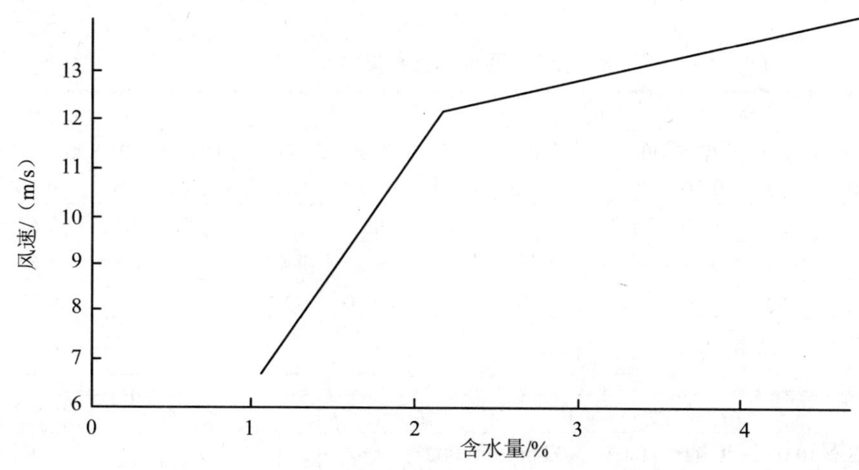


图 3 沙土含水量与抗风蚀极限风速关系曲线

从图 3 中可知，沙土含水量 2%是转折点，当含水量＜2%时抗风蚀能力变化大，当＞2%时抗风蚀能力变化趋于稳定。当沙土含水量达到饱和持水量 4.73%时，抗风蚀极限风速稳定在 14 m/s 左右，即可抗御 6～7 级大风。

（2）当风速一定，沙土风蚀模数随含水量减少而增加。沙土含水量与风蚀模数关系见图 4。

## 3 沙土不同粒配抗风蚀能力对比实验

在科尔沁沙地采中细沙和粉沙两种沙土，实验前将其放置干燥处 4 个多月，使含水量低于 0.02%，用细筛筛去杂质。排除含水量及土体结构影响因素。将两种沙土置于风洞同时间同风速吹蚀，对比风蚀量。

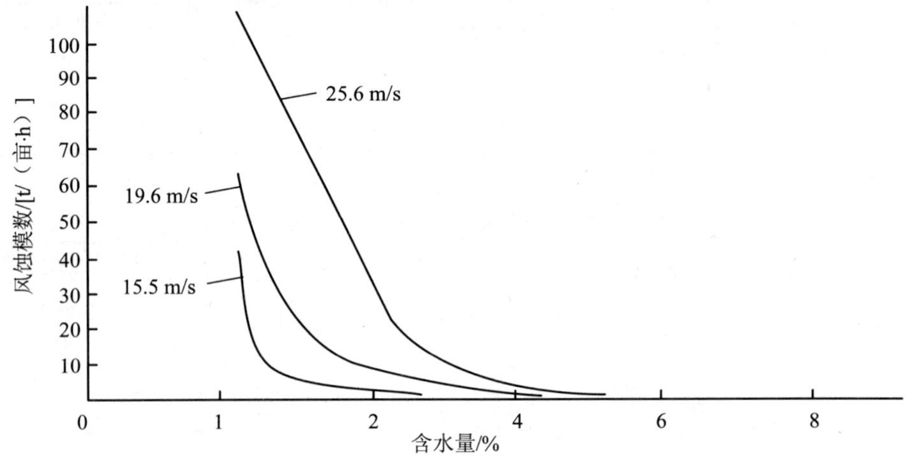


**图 4　沙土含水量与风蚀模数关系曲线**

两种沙土粒度分析结果见表 9，对比实验结果见表 10。

**表 9　两种沙土粒度**

| 土类 | | 粗沙 | | | 中沙 | | | 细沙 | | | 极细沙 | | |
|---|---|---|---|---|---|---|---|---|---|---|---|---|---|
| 土类 | mm | 1.00～0.08 | 0.08～0.63 | 0.63～0.50 | 0.50～0.40 | 0.40～0.315 | 0.315～0.250 | 0.250～0.200 | 0.200～0.160 | 0.160～0.125 | 0.125～0.100 | 0.100～0.08 | 0.08～0.063 |
| | $\phi$ | 0.32 | 0.67 | 1.00 | 1.32 | 1.67 | 2.00 | 2.32 | 2.64 | 3.00 | 3.32 | 3.64 | 4.00 |
| 中细沙 | 重量 | — | 0.19 | 0.18 | 2.17 | 3.97 | 4.51 | 3.21 | 4.48 | 1.60 | 0.80 | 1.68 | — |
| | % | — | 0.63 | 2.7 | 7.23 | 13.28 | 5.03 | 10.70 | 16.13 | 5.33 | 2.67 | 5.60 | — |
| 粉沙 | 重量 | — | — | — | — | — | — | — | — | — | — | — | 0.22 |
| | % | — | — | — | — | — | — | — | — | — | — | — | 0.73 |

| 土类 | | 粉沙 | | | | | 黏土 | | 特征值 | | | |
|---|---|---|---|---|---|---|---|---|---|---|---|---|
| 土类 | mm | 0.063～0.05 | 0.05～0.02 | 0.02～0.01 | 0.01～0.006 | 0.006～0.002 | 0.002～0.001 | <0.001 | MX | SD | SK | K |
| | $\phi$ | 4.32 | 5.64 | 6.64 | 7.64 | 9.00 | 9.91 | — | | | | |
| 中细沙 | 重量 | 6.65 | 2.78 | 0.45 | 0.03 | 0.31 | — | — | 2.446 | 0.807 7 | 0.025 1 | 1.133 0 |
| | % | 18.83 | 9.27 | 1.50 | 0.10 | 1.03 | — | — | | | | |
| 粉沙 | 重量 | 12.38 | 16.38 | 1.66 | 0.19 | 0.17 | — | — | 4.179 7 | 0.169 5 | 0.488 0 | 2.876 8 |
| | % | 41.27 | 51.27 | 5.53 | 0.63 | 0.67 | — | — | | | | |

**表 10　中细沙风蚀量与粉沙风蚀量对比**

| 土样 | 风速/（m/s） | 时间/min | 试样面积/$cm^2$ | 吹蚀量/（kg/min） | 风蚀模数/[t/（亩·h）] |
|---|---|---|---|---|---|
| 中细沙 | 12.47 | 10 | 36×25.5 | 0.1 | 43.56 |
| 粉沙 | 12.47 | 10 | 37×26 | 0.000 1 | 0.04 |

从表中可知，在同等风速下，粉沙风蚀量仅为中细沙风蚀量的 1/999。

## 4 减少土壤风蚀的途径

以上 3 部分实验结论表明，减小农田土壤风蚀可从以下 4 方面着手。(1) 做好农田周围流动沙丘的固沙工作，阻断风沙流的沙源，减弱土壤风蚀的动力。(2) 采取垂直于风向草带条田相间排列的耕作方法，在秋季收割庄稼时留高茬，通过这些方式增加农田冬春季植物枯萎盖度。(3) 实行冬灌增加沙土湿度。科尔沁地下水丰富，埋深浅，在大风季节利用地下水灌溉农田，减少土壤风蚀。(4) 增施农家肥料，增加沙土中细粒部分，提高沙土抗风蚀能力。

### 参考文献

[1] A N 兹纳门斯基. 沙地风蚀过程的实验研究和沙堆防止问题[M]. 北京：科学出版社，1960.

[2] 董光荣，李长治，等. 关于土壤风蚀风洞模拟实验的某些结果[J]. 科学通报，1987，26 (4)：299-301.

[3] 贺大良，邹本功. 地表风蚀物理过程及风洞实验的初步研究[J]. 中国沙漠，1986，6 (1)：25-31.

## A Experimental Study in Wind Tunnel on Wind Erosion of Soil in Korqin Sandy Land

**Abstract**: This paper's authors made a quantitative study in wind tunnel on the relationship between vegetation coverage，moisture content of soil，soil texture and deflation quantity of soil in Korqin Sandy Land. In addition，they investigated the critical values of different vegetation coverage and moisture content of soil to resist wind erosion，and compared the deflation-resistant intensity of Aeolian sandy soils with different grain distribution. These study results have certain reference value for applying them to protect soil from wind erosion.

**Key Words:** Korqin Sandy Land; Soil Wind Erosion; Experiment in Wind Tunnel

# 全新世科尔沁沙地环境演变的初步研究

**摘要**：通过科尔沁沙地沙丘剖面及孢粉组合特征的分析研究，建立了该地区风沙活动期和风沙稳定期节律，恢复了风沙稳定期原始自然景观为疏林草原。

**关键词**：科尔沁沙地；沙丘剖面

科尔沁沙地位于内蒙古自治区东部、吉林省西部。行政区域包括内蒙古的双辽、科左中、通辽、开鲁的全部，扎鲁特、阿鲁科尔沁，科右中东部，翁牛特、奈曼、库伦、敖汉北部，吉林省通榆、长岭西部。自然景观属于半干旱草原带。是汉蒙杂居的农牧交错区。

地形总特征是沙丘覆盖的平原，海拔 200～500 m，西辽河横贯全区。沙地是以垄状沙丘与甸子地相间分布为其基本地貌特征。科尔沁南部为黄土丘陵台地，北部为沙丘覆盖的山前冲洪积倾斜平原。

该区年均温 5～7℃，≥10℃积温 3 000～3 100℃，无霜期 140～160 d，年降雨量 350～500 mm，蒸发量 1 800～2 000 mm，温润系数 0.6，大风日 25 d，地下水埋深 3 m 左右。

主要土壤类型有：沙土、生草沙土、盐碱土、褐土。植被基本特征是草原上散生小片疏林。乔木主要是榆、柳，灌木和草木有黄柳、差巴嘎蒿、山竹子、锦鸡儿、胡枝子、麻黄、羊草、棉蓬、沙米。在甸子地生长有喜湿的芦苇、香蒲、碱蓬等。

## 1　全新世沙丘剖面

在科尔沁两年野外工作中共调查 30 多个沙丘剖面，这些剖面风积层产状要素非常相似，以新艾里剖面为代表作介绍。

新艾里剖面位于科左后旗西满都乡新艾里村附近。剖面自下而上描述见图 1。

（1）顾乡屯组：灰黄色中细沙，具水平层理，产状水平。含平卷螺和塔形螺化石，河流相沉积。出露 2.5 m 未见底，时代 $Q_3$。

（2）第一层黑沙土层：灰褐色中细沙，含有少量黏粒，有机质含量较多，含一定盐分。产状水平，与下伏顾乡屯组呈平行整合接触，厚 0.45 m。该层中有较多的红山文化遗存，红山文化距今 5 000～6 000 年。

（3）第一期古风成沙层：灰黄色中细沙，具有风积交错层理。该层呈中凸的古沙丘形态，中间最厚处 0.8 m。

（4）第二层黑沙上层：淡灰褐色中细沙，质地均一，有机质、盐分含量比第一层黑沙

本文发表于《干旱区资源与环境》，1989，3（3）：51-58。

土少，产状穹形，与第一黑沙土层交角 20°，厚 0.25 m。

（5）第二期古风成沙层：灰黄色中细沙，具有风成层理，该层厚 1.45 m。产状与第一期风成沙相同。

（6）第三层黑沙土层：淡褐色中细沙，该层由 3 层黑沙土组成，单层厚度 0.03 m，其间夹 0.03～0.04 m 黄色沙。有机质含量少于第二层黑沙层。产状与第二层黑沙土层相同，但与第一、二层黑沙土层不相交，厚 0.07 m。

（7）现代流动沙：灰黄色中细沙，厚 1.15 m。

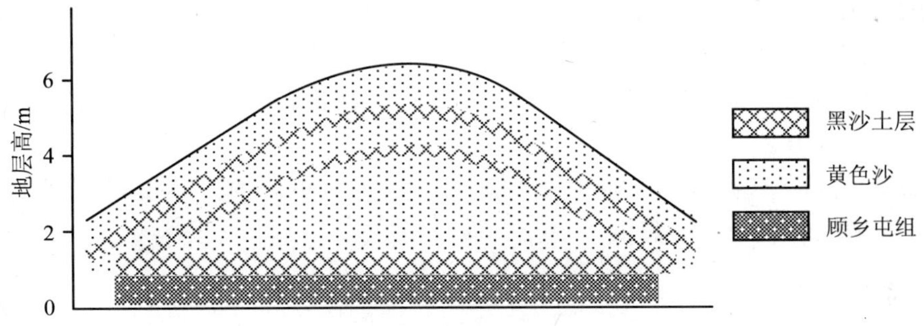


**图 1　新艾里剖面**

科尔沁与东北地区全新世地层对比见表 1。

**表 1　科尔沁沙地与东北全新世地层对比表**

<table>
<tr><td colspan="2">地区 / 地层划分 / 地质时代</td><td>科 尔 沁 沙 地</td><td>东 北 地 区</td></tr>
<tr><td rowspan="7">全新世</td><td rowspan="4">晚全新世 $Q_4^3$</td><td>现代风沙层</td><td rowspan="4">奢 岭 组</td></tr>
<tr><td>第三黑沙土层</td></tr>
<tr><td>第二期风沙层</td></tr>
<tr><td>第二黑沙土层</td></tr>
<tr><td rowspan="2">中全新世 $Q_4^2$</td><td>第一期风沙层</td><td rowspan="2">大 孤 山 组</td></tr>
<tr><td>第一黑沙土层</td></tr>
<tr><td>早全新世 $Q_4^1$</td><td>—</td><td>勤 得 利 组</td></tr>
</table>

根据野外 30 多个剖面量测数字，科尔沁全新世风积层平均厚度见表 2。

**表 2　科尔沁全新世风积层平均厚度**

| 第一黑沙土层 | 第一期风沙层 | 第二黑沙土层 | 第二期风沙层 | 第三黑沙土层 | 现代风沙层 |
|---|---|---|---|---|---|
| 0.48 m | 1.53 m | 0.42 m | 0.73 m | 0.21 m | 0.3～5 m |

## 2 科尔沁全新世孢粉组合特征

在科尔沁选定4个剖面，系统采样25个，共鉴定孢粉3 048粒，分属于38科32属。其中木本花粉占4.23%，草本花粉占89.71%，蕨类占6.04%，4个剖面中黄色沙层中均无孢粉，黑沙土层中有较丰富的孢粉。

对每个剖面孢粉组合特征分析如下。

（1）新艾里剖面孢粉组合特征（图2）

如花粉图式所示，该剖面花粉总特征是：木本花粉含量低种类少，仅有少量榆、桦花粉；草本花粉特别是蒿藜占绝对优势；蕨类中阴地蕨数量较多；木本、草本、蕨类花粉含量比为0.7∶98.9∶0.2。

该剖面图中，第一层黑沙土层蒿占49.4%，藜占34.9%。第二黑沙土层蒿占43.2%，藜占32.7%。第三层黑沙土层蒿占19.5%，藜占35.1%。

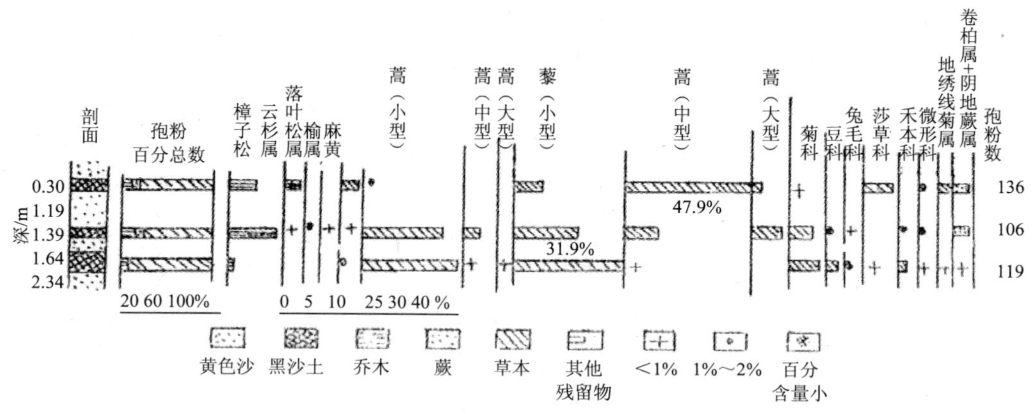


**图2 新艾里剖面孢粉组合**

其中第三层黑沙土层由3个单层组成，第1单层蒿22.6%，藜20.9%，第2单层蒿22.3%，藜28.2%，第3单层蒿13.8%，藜56.3%。

3层黑沙土孢粉数量表明，第一、二黑沙土层是蒿—藜孢粉优势带，第三黑沙土层是藜—蒿孢粉优势带。第三层黑沙土层亦是由下部的蒿—藜孢粉组合向上逐渐变为藜—蒿孢粉组合。

（2）白音塔拉剖面孢粉组合特征（图3）

如孢粉图式所示，该剖面孢粉基本特征是：木本花粉特别少；仅占1%～2.2%；以蒿藜花粉占优势，草本种类单一。

第一层黑沙土层分下、中、上3段采样，下段蒿65.8%、藜5.5%，中段蒿77.8%、藜2%，上段蒿70.6%、藜15.1%。该层蒿孢粉平均占71.4%，藜孢粉平均占9.6%。第二层黑沙土层蒿孢粉占40.9%、藜孢粉占9.2%。从统计结果看，该剖面第一、二黑沙土层均是蒿—藜孢粉优势带，但第二层蒿数量比第一层少。第一层黑沙土层由下向上蒿孢粉减少，而藜孢粉略有增加。

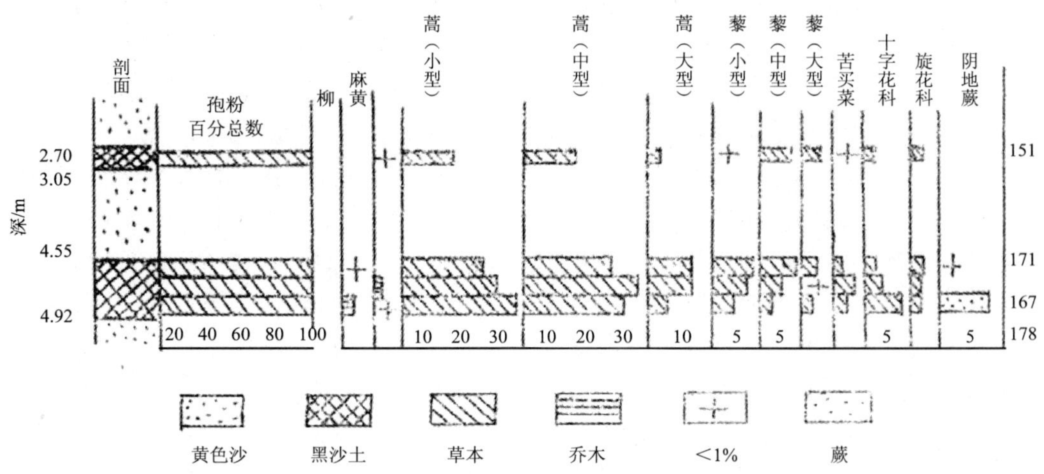


图 3　白音塔拉剖面孢粉组合

（3）西满斗剖面孢粉组合特征（图 4）

该剖面无木本花粉，草本中蒿、藜占绝对优势。

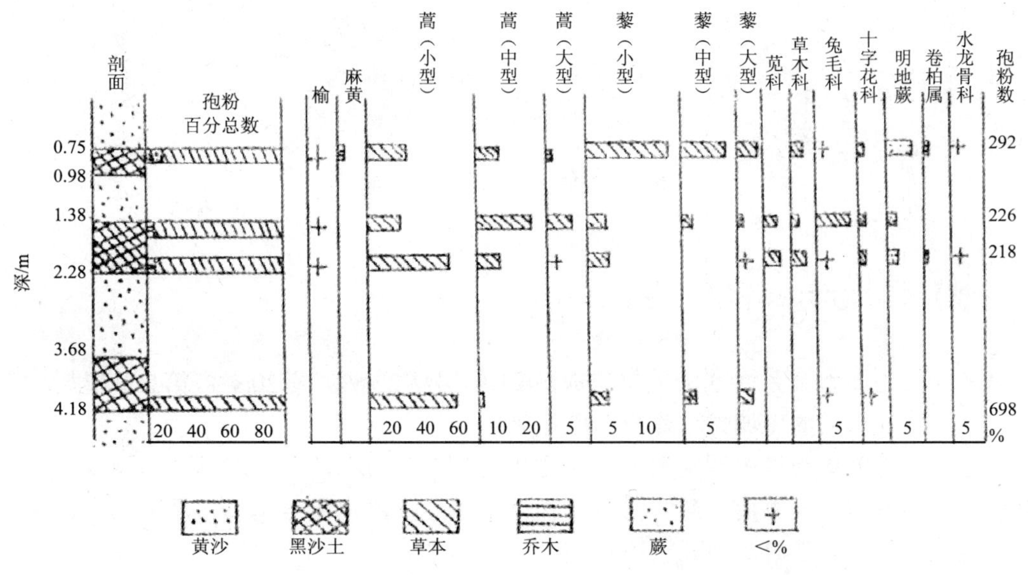


图 4　西满斗剖面孢粉组合

第一层黑沙土层蒿占 73.8%，藜占 9.8%。第二层黑沙土层蒿占 70.65%，藜占 7.3%。第三层黑沙土层蒿占 47.7%，藜占 25.6%。第二层黑沙土层分上下两段采样，下段蒿 77%，藜 5.5%，上段蒿 63.8%，藜 9.1%。

该剖面 3 层黑沙土层均是属于蒿—藜孢粉优势带，但第三层黑沙土层中蒿孢粉减少很多，而藜孢粉大量增加。反映生境稍湿。第二层黑沙土层上段比下段蒿属花粉有所增加。

（4）巴布里和剖面孢粉组合特征（图 5）

该剖面位于奈曼旗巴布里和大甸子，沉积特征是灰色沙质草甸土和黄色风成沙互层。由下向上第一层草甸土蒿 26.8%、藜 31.9%、木本 2.5%。第二层草甸土蒿 28.2%、藜 30.1%、木本 14.1%。第三层草甸土蒿 1.4%、藜 55%、木本 10.9%。巴布里和剖面孢粉特征亦是越向上层蒿的数量越少而藜孢粉越多，木本孢粉也是越来越多，最高达 14%。

以上 4 个剖面，前 3 个是沙丘剖面，后 1 个是甸子地剖面。我们详细地分析了对生境有明显指示意义的蒿属、藜科花粉变化，从分析结果可以看出以下结论：科尔沁沙地全新世划分 2 个孢粉优势带，第一黑沙层、第二黑沙层属于蒿—藜孢粉优势带。第三黑沙层属于藜—蒿孢粉优势带，每一层黑沙土层下部是蒿—藜孢粉组合，上部逐渐变为藜—蒿孢粉组合。科尔沁全新统孢粉中草本数量很多、木本孢粉数量很少，草本中蒿、藜等旱物孢粉占绝对优势。木本孢粉仅在个别条件适宜处数量较多。

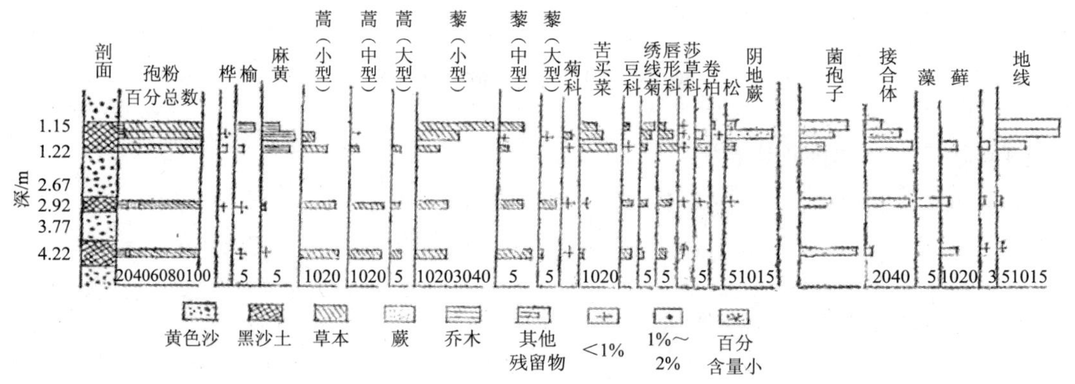


图 5　巴布里和剖面孢粉组合

## 3　科尔沁沙地形成环境分析

以上科尔沁沙地全新世地层、孢粉资料提供了分析沙地环境的丰富信息，根据这些信息对科尔沁沙地形成的环境条件作出一些明晰的结论。

科尔沁南部晚更新世沉积的粉沙质黄土表明，当时科尔沁有大风活动。但晚更新世顾乡屯组冲积物沉积特征表明，当时科尔沁是泛滥平原，新构造运动仍以沉降为主，在这种环境下有风不起沙，当时的沙丘并不存在。

流经科尔沁沙地的老哈河、教来河、养畜牧河均仅有一级阶地，个别河段仅有高河漫滩存在，第一层产状水平的黑沙层位于一级阶地之上，这就是说这些河流，是在第一黑沙层形成后，即全新世中期下切的，早全新世科尔沁仍在下沉。在这种构造运动背景下，地下水位上升，河流游荡，与晚更新世一样，沙质地表处于水湿状态，即使有大风但还是不起沙，这就是在科尔沁沙丘剖面中看不到早全新世地层，中全新世黑沙层和晚更新世顾乡屯组假整合接触的原因所在。

科尔沁沙地沙丘地貌景观形成于中全新后期，即所谓气候最宜的大西洋期后期，经历了 3 个稳定期和两个强烈发展期，目前正处于第 3 个发展期。笔者建议将第一、二、三层黑沙土层形成期分别称之为第一、第二、第三风沙稳定期，而将其间黄色沙层堆积期称之为第一、二、三风沙强烈活动期。

孢粉分析资料表明，3 个稳定期均属于半干旱草原气候类型，比 3 个风沙活动时期较为暖湿，3 个风沙活动期气候干旱。科尔沁全新世以来气候经历了 3 个相对暖湿期和包括现在的 3 个干旱期。科尔沁沙地就是在这种气候背景下振荡式发展。

科尔沁沙地第一、二黑沙土层孢粉以蒿—藜为主，第三层黑沙土层以藜—蒿为主，组合特征表明第三风沙稳定期气候比第一、二风沙稳定期要湿润一些。巴布里和剖面中木本孢粉由下向上增加也表明这一气候变化规律。第一黑沙土中上层比下层蒿属孢粉少，藜科孢粉增加，表明每个风沙稳定期后期比前期稍湿。

科尔沁全新世孢粉木本数量很少，仅在适宜条件可达 14%，大部分以草本为主，草本中蒿、藜占绝对优势。这表明 3 个风沙稳定期植被是疏林草原景观。植被的一般图式是广阔的半干旱沙质草原上以耐干旱的蒿、藜为主，伴生有中性的菊科、豆科植物，草原上散生少量榆、桦，少数条件较好的地方有片状樟子松。丘间低地有喜湿的低等环纹藻、阴地蕨植物。

科尔沁全新世疏林草原景观，不仅为孢粉资料证实，而且大青沟残存的疏林草原，也是这一观点的佐证。

根据野外对沙丘剖面中风成层理测量结果分析，在 3 个风沙活动期风向与现代完全一致。这是因为上新世末期青藏高原大幅度隆起，维持并强化了东亚季风环流，从此以后我国东部地区一直处于内蒙古高压和太平洋低压消长而引起的东亚季风环流控制之下，因此科尔沁风沙活动期主风向与现代一致。

根据全新世沙丘剖面各层平均厚度推算，第一风沙活动期沙丘平均高度 2.01 m，第二风沙活动期沙丘平均高度 3.16 m，而现代沙丘平均高度 5～6 m。科尔沁沙地沙丘的起伏度，随着风沙活动期逐渐增大，风沙地貌发育具有连续性、继承性。

综上所述，科尔沁沙地形成的环境变化特征可以结论如下：与气候的暖湿、干旱变化相应，全新世科尔沁经历了 3 期风沙稳定期和包括现代在内的 3 期风沙强烈发展期；风沙稳定期植被是疏林草原景观，地貌呈坨甸相间；风沙活动期流沙蔓延，流动沙丘高度不断增高；古风沙活动期风向与现代相同。

## 4 科尔沁沙地环境演变研究的实践意义

沙漠化是在干旱气候条件下，人类不合理活动引起的环境退化过程。当人类超负荷攫取自然资源活动一旦停止，像科尔沁这样环境变化富有弹性的半干旱地区，沙漠化会自然逆转。在沙漠化逆转的研究中，人们不禁会提出这样的问题，沙漠化逆转到什么程度才算是回到人类未予涉足的“处女地”状态，被人类活动破坏了的生态系统，恢复到何等程度才算达到平衡态。只有研究沙地环境的演变之后，才能准确地回答这些问题。这就是沙漠化土地原始自然景观研究的意义所在。

对于科尔沁沙漠化治理来说，一个重要的理论问题就是该地区原始自然景观是什么，它的解决涉及沙漠化治理措施、当地农林牧结构等重大问题。

有人根据《聊斋志异》辽金时代“松州至林西平地松林八百里”的记载，认为科尔沁原始的自然景观是森林，因而他们主张盲目造林，恢复平地松林八百里的景观。笔者对科尔沁孢粉分析资料表明，科尔沁原始自然景观是疏林草原，并非是森林景观。根据这一结论，科尔沁沙地治理方向不应盲目地单一营林，而应该林草一起抓，特别要重视草被的恢复。因此在科尔沁地区推广围封经验，广泛建立围栏，不但是发展畜牧业的有力措施，而且是恢复原始自然景观的有效途径。

科尔沁沙地环境演变过程中风沙稳定期和风沙活动期交替的节律告诉我们，目前正处于一个风沙活动期，气候干旱、生态脆弱，人类活动最易触发沙漠化发生。因此，当前我们应特别注意适度经营，使人类活动严格地限制在自然环境弹性限度内。

## 参考文献

[1] 朱震达，刘恕. 中国北方地区的沙漠化过程及其治理区划[M]. 北京：中国林业出版社，1987.

[2] 裘善文，等. 中国东北晚冰期以来自然环境演变的初步探讨[J]. 地理学报，1981，9：315-327.

[3] 林泽蓉，张庆云. 吉林省大安至扶余一带更新世孢粉组合及其古地理环境的初步探讨[J]. 地理科学，1983，9：262-268.

[4] 吉林省地质局第一水文地质大队. 中华人民共和国区域水文地质普查报告通辽幅. 1975.

# Preliminary Research on the Holocene Environmental Changes in Korqin Sandy Land

**Abstract:** It was made up the Holocene sand dune depositional profiles by the interlayered 3 layers of the dark sand soil and the several layers of yellowish aeolian sands in Korqin Sand land. The first and second layers of the dark sandy soil were dominant with the Artemisia-Chenopodiaceae pollen group and the third one，the Chenopodiaceae-Artemisia pollen group is of dominant. The changes of the pollen groups show that the climate in which the third layer of the dark sandy soil developed was more humid than that of the two sandy layers. For the origining and the developing of the Korqin sandy land，it has been going through 3 stages of the stabilized sand dune and 2 stages of mobilized aeolian sands，and the present situation is in the third mobilized aeolian sand stage.

**Key Words:** Korqin Sand Land; Sand Dune Profiles

# 科尔沁草原土地荒漠化图说明书

## 前言

对于科尔沁草原土地沙漠化，兰州沙漠研究所早在20世纪70年代围绕京通铁路的修筑曾做过一些研究。近年来郭绍礼先生，裘善文先生，白城地区、哲里木盟、赤峰市区划办曾先后进行过不同程度的研究。1981—1985年兰州沙漠研究所对哲里木盟南三旗进行过系统地土地沙漠化调查，编写了《科尔沁草原土地沙漠化过程及其整治的研究》报告，编辑出版了1∶500 000土地沙漠化现状图。之后在奈曼旗中部建立了科研站、开发示范和辐射推广。“七五”期间国家计委和全国农业区划办公室主持的北方沙漠化监测项目，把科尔沁草原列为重点。通过野外考察和TM卫片分析判读，查清了80年代土地沙漠化类型、分布、面积，并与70年代沙漠化类型图对照分析，判断沙漠化动态。本图是该项目的部分工作。

这次编图将狭义荒漠化即沙漠化，扩展到广义荒漠化，即包括了沙漠化、水土流失、土壤盐渍化等土地退化过程，是1981—1985年研究的继续和深入。本图首次采用土地荒漠化的概念及分类体系编图，在制图分类及表现手法上都具有尝试性。由于水平有限，时间仓促，错误难免，敬请同行专家学者指正。

在编图工作中，王建华给予帮助，李孝泽、胡文霞量算了面积。在笔者野外调查中，韩广参加了部分工作，奈曼站刘新民先生及全站同志给予大力支持，在此致谢。

## 1　区域自然概况

科尔沁草原土地荒漠化图幅的地理坐标约为东经118°～123°、北纬42°～45°。行政区划上属于内蒙古哲里木盟、赤峰市东部，吉林省的西部和辽宁省的西北部。总面积（图幅内）151 587.5 km$^2$。

科尔沁草原是农牧交错区，农业占的比重较大。民族以汉、蒙为主。京通铁路横穿草原腹地，各旗县及乡（苏木）间均有汽车通行，交通便利。

本区地貌单元受新华夏系及阴山纬向构造体系控制，科尔沁草原正位于大兴安岭和燕山山地东延部分交叉的三角地带，属于两大构造体系所控制的松辽沉降带的一部分。构造地貌单元可划分为大兴安岭断块山地、辽西断块山地丘陵、松辽断陷平原。

执笔：胡孟春；本图科学顾问：朱震达；课题负责：朱震达，陈广庭；编辑：陆锦华；
编图：胡孟春，陆锦华，哈斯，张甲坤。

大兴安岭走向北东，平均海拔 1 000～1 700 m。古生代华西力运动褶皱成山，长期遭受剥蚀，中生代燕山运动块断隆升。山体西缓东陡，山岭和缓、起伏度小。山前发育广阔的冲洪积台地。

辽西断块山地丘陵主要为燕山山脉东延部分七老图山和努鲁儿虎山及其余脉，平均海拔 600～1 000 m，形态主要为低山丘陵。丘陵覆盖有 $Q_2$—$Q_3$ 黄土，山前有黄土台地分布。

松辽断陷平原自第三纪始发生沉降，第四纪持续下沉，堆积了下更新统白土山组冰水沉积、中更新统大青沟组河湖相沉积、上更新统顾乡屯组河流相沉积。科尔沁草原属于松辽断陷平原的西部区，第四纪最大沉积厚度 300 m（开鲁盆地）。主要风沙地貌类型有：流动沙丘、半固定沙丘、固定沙丘、丘间低地、平沙地、风蚀坑。流动沙丘分布于教来河、老哈河、养畜牧河沿岸，一般高 5～10 m。其余大部分为固定、半固定沙丘，高 3～5 m，以坨（固定半固定沙丘）甸（丘间低地）相间为特色。

科尔沁草原位于我国东部季风区，属于温带半干旱大陆性季风气候。气候总的特征是冬春干旱多风，夏秋季降雨集中。年平均降水量 300～450 mm，降水集中于 7、8、9 三个月，占全年降水量的 70%～80%，冬春季仅占 20%左右。降水分布总趋势是自东向西由于兴安岭影响略有增加，南部由于受海洋气团影响较大，降水多于腹地。风向冬春季为西北及偏北风，夏季以东南风为主，平均风速 3～4.4 m/s，≥5 m/s 起沙风出现 210～310 d，绝大多数集中于冬春季。年平均气温 4～6℃，平均日照 2 700～3 100 h。年蒸发量 2 200～2 400 mm，干燥度指数 1.09～1.76。无霜期 110～140 d，≥10℃年积温 3 000～3 200℃。

科尔沁植被以疏林草原为主要特征，主要植被为半旱生的灌木半灌木草原，在局部丘间低地及古河道残存榆、槭片林，人工栽植的树种多为樟子松和杨。主要植物种属有：榆、槭、山杏、旱柳、黄柳、差巴嘎蒿、铁杆蒿、白草、本氏针茅等。

科尔沁草原土壤类型多种多样。东北部有少量黑钙土分布，在兴安岭山前冲洪积扇上主要发育黑钙土。南部低山丘陵及台地上发育褐土、黑垆土。在中部冲积平原上主要发育风沙土，丘间低地发育沼泽土，古河道发育潮土。东北部有大面积的盐碱土分布。

科尔沁草原地下水丰富且埋深较浅，一般埋深 1～3 m。过境河流有西拉木伦河、教来河、老哈河、养畜牧河，均属西辽河水系。

## 2 土地荒漠化的概念、分类系统和类型分布

联合国环境署 1990 年在内罗毕专家会议上，对 1977 年提出的荒漠化定义作了补充修订。1991 年联合国环境署在日内瓦召开了防治沙漠化第八次专家咨询会对新定义作了肯定。新定义如下：

荒漠化（土地退化），从评价角度，是在干旱、半干旱及干旱的半湿润地区，由于人类不合理的经济活动引起的土地退化。

在这种含义下，土地是指土壤、区域水资源、地表、植被或农作物。

退化是指作用于土地的一种或几种过程引起的资源潜力的降低，这些过程包括水蚀、风蚀及其沉积作用，天然植被数量和种类持续减少，有的地区盐碱化。

现在国内生产科研部门采用的沙漠化概念，实质是沙质荒漠化。它指的是在干旱半干

旱（包括部分半湿润区）地区的脆弱生态条件下，由于人为过度的经济活动破坏了生态平衡，使原非沙漠的地区出现了以风沙活动为主要特征的类似砂质荒漠环境的退化。土地沙漠化所研究的内容仅是土地荒漠化研究内容的一部分。

根据这一荒漠化概念，结合科尔沁草原具体环境特点，进行土地荒漠化制图分类。分类原则是：

（1）综合性原则　荒漠化土地是一个自然综合体。从景观生态学角度看，它包括地貌、土壤、植被、水文等自然要素，土地荒漠化是这些自然要素综合作用的结果。因此分类时不能单从某一要素着眼，而应综合分析各景观要素及其动态过程。

（2）主导因素原则　科尔沁草原荒漠化土地的地域差异取决于主导因素。由于主导因素不同，使土地荒漠化过程及其综合特征具有明显的差别。科尔沁草原不同地区风力作用、水力作用、化学作用分别起主导作用，形成不同的荒漠化土地类型，它们在分类高级单位中应得到充分体现。

（3）影像特征可判性原则　科学内容分类与制图分类是有区别的。制图分类由于受比例尺及卫片影像可判性限制，只能将类型划分到一定层次。根据本图成图比例尺为 1：500 000 及所采用的卫片影像特征实际情况，将分类系统划为两级。

根据以上分类原则，科尔沁草原荒漠化土地分类系统如下：

Ⅰ荒漠化土地类型

1 风力作用形成的荒漠化土地

$1_1$　强度沙漠化土地

$1_2$　中度沙漠化土地

$1_3$　轻度沙漠化土地

$1_4$　潜在沙漠化土地

2 流水侵蚀形成的荒漠化土地

$2_1$　强度侵蚀土地

$2_2$　中度侵蚀土地

$2_3$　轻度侵蚀土地

$2_4$　微弱侵蚀土地

3 化学作用形成的荒漠化土地

$3_1$　重盐渍化土地

$3_2$　中盐渍化土地

$3_3$　轻盐渍化土地

各荒漠化土地类型分类定量指标如后述。

风力作用形成的沙漠化土地分类，主要根据风蚀风积地貌所占面积百分比、植被盖度、土壤有机质含量 3 大要素特征划定的。定量指标见表 1。

流水侵蚀形成的荒漠化土地类型是根据侵蚀模数[t/（$km^2 \cdot a$）]划分的。根据 20 世纪 60 年代、70 年代两期航片量算沟谷长宽深变化，并按流域量算统计沟谷密度，以此推算各地的侵蚀模数。为了反映制图区域内水力侵蚀程度差异，级差划得较小，未与全国统一颁布的侵蚀分级指标相统一。具体侵蚀模数指标如下。

表 1　荒漠化土地类型分类定量指标

| 类型＼指标 | 风蚀风积地貌占面积百分比/% | 植被盖度/% | 土壤有机质含量/% |
|---|---|---|---|
| 强度沙漠化土地 | ≥50 | <10 | 0.06 |
| 中度沙漠化土地 | 25～50 | 10～25 | 0.27 |
| 轻度沙漠化土地 | 5～25 | 25～50 | 0.39 |
| 潜在沙漠化土地 | <5 | ≥50 | 1～1.5 |

强度侵蚀土地>5 000；

中度侵蚀土地 1 000～5 000；

轻度侵蚀土地 200～1 000；

微弱侵蚀土地<200。

化学作用形成的荒漠化土地，主要根据典型样地采样分析确定 1 m 深每百克土含盐量，再以其相应的卫片影像特征为依据，勾画各类型图斑。具体分级指标如下：

重盐渍化土地>0.5%；

中盐渍化土地 0.2%～0.5%；

轻盐渍化土地<0.2%。

在编图过程中，为了阐明荒漠化土地的环境背景，表现荒漠化土地地域分布规律，对地貌类型在一定层次作了表示。为表现社会经济因素及荒漠化土地与非荒漠化土地镶嵌分布关系，对于非荒漠化土地及其土地利用状况，在图上也作了相应的表示。它们的分类是整个制图分类的组成部分。分类系统如下：

Ⅱ 非荒漠化土地类型

　$Ⅱ_1$ 石质山地和丘陵

　$Ⅱ_2$ 河谷平原及下湿甸子

　$Ⅱ_3$ 水域（湖泊、水库）

Ⅲ 风沙地貌形态类型

　$Ⅲ_1$ 新月形沙丘及沙丘链

　$Ⅲ_2$ 梁窝状沙丘

　$Ⅲ_3$ 沙垄

　$Ⅲ_4$ 灌丛沙堆

　$Ⅲ_5$ 平沙地

Ⅳ 土地利用现状分类

　$Ⅳ_1$ 农田

　$Ⅳ_2$ 林地

　$Ⅳ_3$ 草地

Ⅴ 主要地貌类型

　$Ⅴ_1$ 石质山地和丘陵

　$Ⅴ_2$ 黄土丘陵及台地

$V_3$ 洪积平原

$V_4$ 冲积平原

科尔沁草原荒漠化土地类型总的分布特征，可划分为 3 大区域：南部为水力侵蚀形成的荒漠化土地分布区；中部为风力作用形成荒漠化土地分布区；东北部为化学作用形成的荒漠化土地分布区。南部区与中部区大致沿着养畜牧河向西经红山镇至五分地连线为界。中部区与东北部区大致以西太平庄、舍伯吐、梅力庙连线为界。中部风力作用形成的荒漠化区，按照土地沙漠化的主要类型及发展方式、速率差异，可划分为 3 个亚区。①西部亚区。翁牛特旗红山镇—五分地以北、西拉木伦河以南，老哈河以西。土地沙漠化以强度、中度两种类型为主，土地沙漠化发展以流沙前移为主要方式，发展速度最快。②东部亚区。老哈河以东、西辽河以西、养畜牧河以北。土地沙漠化以中度和轻度两种类型为主，土地沙漠化以固定半固定沙丘风蚀为主要方式，辅之流沙前移。发展速度中等。③北部亚区。巴林左—巴林右一线以南，西辽河以北，西太平庄—舍伯吐—梅力庙以西。主要以轻度、潜在沙漠化土地类型为主，土地沙漠化以斑状流沙向草地前移，草地斑状风蚀为主要发展方式，发展速度较慢。

## 3　制图过程及表现方法

编图所用基础资料，主要收集了该地区 1∶50 000、1∶100 000、1∶200 000、1:500 000 地形图，收集了 20 世纪 70 年代的航片，80 年代的 1∶250 000TM 卫片。同时还收集了该地区 70 年代土地沙漠化现状图、水文地质图及相应的文字资料。荒漠化土地类型解译是以 1∶250 000TM 卫片为基本信息源，以 1∶500 000 MSS 卫片及专业图件为辅助信息源。经过室内预判，野外实地核对、建立解译标志、室内解释几个阶段，完成 1∶250 000 编稿草图。将编稿草图照相缩小，按同名地物分片配准转绘于 1∶500 000 基础底图，晒蓝作色完成编绘原图。编绘原图经过清绘审校，即可送工厂印刷。基础底图采用 1∶500 000 地形图，选用高斯—克吕格投影。对其水文网、交通网、居民点按中比例尺专题图一般要求取舍而成。

荒漠化土地类型在平面上镶嵌交错，在空间上成层状叠置，为使这一复杂的立体结构组合规律清晰地再现于图上，达到内容的科学性与表现形式艺术性统一，主要运用以下方法。

### 3.1　质底法

采用不同色系表示荒漠化土地、非荒漠化土地类型及荒漠化土地不同的成因类型系列。在各类型系列中采用不同颜色的饱和度表示其类型差别。在颜色设计中尽量注意图面色调协调性和对比性，注意突出类型分布层次性、主题内容的明显性。力求达到地物真实空间配置与视觉效果一致性。

### 3.2 符号法

对于沙丘形态、农田、林地、草地等类型，特别是一些交叉类型，在质底法基础上用符号法反映次一级内容。根据所表现的对象对定位定量的不同要求，符号采用定位、非定位、比例、非比例4种。

### 3.3 区域法

为凸显主题减少色层处理的复杂性，对于地貌类型采用区域法加注记方法表现。

### 3.4 注记法

居民点、河流、山体等均用注记法表示。

## 4 土地荒漠化的成因

### 4.1 风力作用形成土地荒漠化

丰富的沙物质来源及风动力条件是土地沙漠化形成发展的重要自然因素。科尔沁第四纪沙质沉积物及现代河流沉积，为土地沙漠化提供了丰富的物质来源，≥5m/s起沙风及风旱同季的气候特征，是土地沙漠化发展的自然动力。

科尔沁草原是松辽沉降带组成部分，第三纪时已形成断陷盆地，第四纪盆地持续断陷沉降，堆积了大量的第四纪沉积物（图1）。

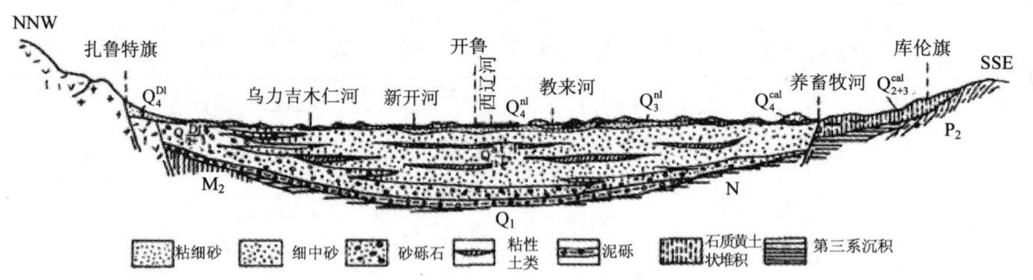


**图1 科尔沁西辽河断陷盆地地层剖面**

第四纪沉积地层自上而下：

④ 全新统　河漫滩堆积、风沙堆积、湖沼堆积。

③ 上更新统顾乡屯组　上部为浅黄色、棕黄色亚砂土，下部为浅黄色、黄色细粉沙层夹灰绿色、灰白色亚砂土，系河流相沉积。

② 中更新统大青沟组 为 5～7 层灰色、青灰色、灰绿色淤泥质亚砂土与灰色灰白色亚砂土互层，河湖相沉积。

① 下更新统白土山组 杂色、灰白色粗颗粒冰水沉积，主要由卵石、砂卵石、粗中砂组成。

从出露的大青沟组、顾乡屯组地层、全新统河流沉积层及不同类型沙丘采样，粒度分析结果见表 2。

从表 2 可知，它们机械成分基本相似，均以中细沙为主。

对表 2 砂样又作重矿物成分分析，根据分析结果作如下重矿物成分解析图。

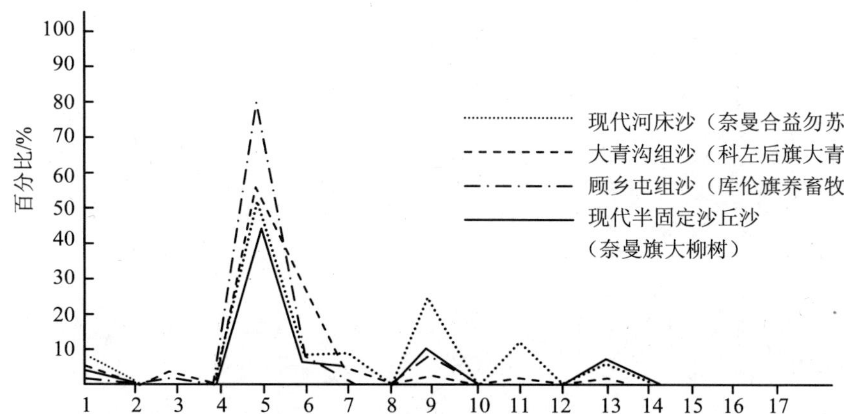


1. 普通角闪石；2. 蓝闪石；3. 透闪石；4. 阳起石；5. 石榴子石；6. 钛磁铁矿石；7. 褐铁矿；8. 普通辉石；9. 透辉石；10. 紫苏辉石；11. 绿帘石；12. 黝帘石；13. 锆英石；14. 电气石；15. 金红石；16. 榍石；17. 白云石

**图 2 重矿物解析**

重矿成分解析图（图 2）表明，它们重矿成分基本相似，以石榴子石、钛磁铁矿石、透辉石、绿帘石为主。

粒度分析与重矿成分分析表明，科尔沁土地沙漠化沙物质来源于第四纪中更新统大青沟组、上更新统顾乡屯组、全新统河流沉积。

科尔沁草原属东亚大陆季风气候区，冬季受蒙古高压影响，为干冷气团控制，大风少雨。春季蒙古高压与阿留申低压两大气压系统在此争雄角逐，天气极不稳定，仍多风少雨。加之春季气温回升较快，蒸发强烈，因此春旱十分严重。科尔沁冬春季大风干旱相匹配是土地沙漠化发生发展重要的气候因素。以位于科尔沁草原腹地的奈曼气象站为例，根据 20 多年气象资料，编绘沙漠化气候特征曲线图见图 3。

科尔沁草原形成土地沙漠化的人为因素，主要是人类不合理的经济活动，表现为人口过度增长引起过度开垦，过度放牧，过度樵采。其中人口不断增长是土地沙漠化第一社会动因。由于人口不断增长，人均基本生活资料越来越少，为满足最低的生活资料需求，在目前农业生产水平下，只有靠盲目开垦荒地增加耕种面积、过度放牧盲目增加牲口头数来解决。由于人口不断增长，生活所需燃料也日趋增加，导致过度樵采。过度开垦、过度放牧、过度樵采使土地生态系统越来越恶化。

表 2　不同类型沙丘样品的粒度分析

| 采样地点及地层 | 颗粒含量/% | | | | | | | | | | | | | | | | | | | | | | | | | | | | |
|---|---|---|---|---|---|---|---|---|---|---|---|---|---|---|---|---|---|---|---|---|---|---|---|---|---|---|---|---|---|
| | 砾石 | | | | 极粗砂 | | | 粗砂 | | | 中砂 | | | 细砂 | | | | 微砂 | | | 粗粉砂 | | 细粉砂 | 黏土 | | |
| | >4 | 4~3.2 | 3.2~2.5 | 2.5~2.0 | 2.0~1.6 | 1.6~1.25 | 1.25~0 | 1.0~0.8 | 0.8~0.63 | 0.63~5.0 | 0.5~0.4 | 0.4~0.315 | 0.315~0.25 | 0.25~2.0 | 2.0~0.154 | 0.154~0.135 | 0.135~0.1 | 0.1~0.08 | 0.08~0.063 | 0.063~0.05 | 0.05~0.02 | 0.02~0.01 | 0.01~0.005 | 0.005~0.002 | 0.002~0.001 | <0.001 |
| 奈曼合益勿苏村附近都来河床沉积沙 | — | — | — | 0.005 | 0.005 | 0.06 | 0.07 | 0.60 | 6.75 | 16.25 | 23.80 | 14.65 | 21.10 | 8.05 | 1.97 | 3.80 | 1.07 | 0.81 | 0.80 | 0.21 | — | — | — | — | — | — |
| 科左后旗大青沟林场大青沟组地层 | — | — | — | — | — | — | | 0.015 | 0.05 | 2.49 | 15.70 | 41.10 | 15.05 | 18.34 | 4.70 | 0.95 | 1.23 | 0.27 | 0.05 | 0.04 | 0.01 | — | — | — | — | — |
| 库伦旗养畜牧顾乡屯组地层 | — | — | — | — | — | — | — | — | — | 0.003 | 0.52 | 4.80 | 15.05 | 14.60 | 38.56 | 18.50 | 4.45 | 3.00 | 0.15 | 0.01 | 0.20 | 0.15 | — | — | — | — |
| 奈曼旗大柳树流动沙丘 | — | — | — | — | — | — | — | 0.03 | 1.50 | 10.20 | 27.85 | 21.25 | 27.90 | 9.20 | 1.23 | 0.83 | 0.005 | 0.002 | — | — | — | — | — | — | — | — |

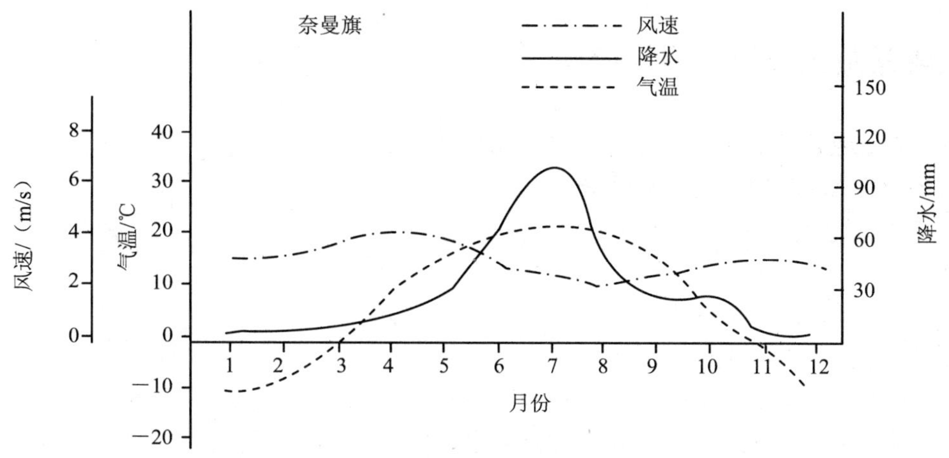


图 3 沙漠化气候特征曲线

## 4.2 化学作用形成土地荒漠化

科尔沁草原土壤盐渍化是由于当地水文地质过程、气候特征及人为因素作用的结果。

科尔沁属于松辽断陷盆地一部分。由于一些局部隆起如松辽分水岭、马架吐隆起，将松辽沉降盆地分割成一些宽浅的小盆地，它们是地下水的富集区。地下水在汇集运移过程中，溶解了大量的土壤盐分。另外在兴安岭山前冲洪积平原，地表水下渗运移，在扇前形成积水带，分布有许多沼泽和湖泡。在这一水文地质过程中同样溶解大量盐分。其次由于古河道改道迁徙，形成牛轭湖，由于风蚀作用形成风蚀湖，这些湖泡在汇集地下水、地表水过程中溶解了大量盐分。

科尔沁年平均蒸发量 1 800～2 200 mm，是年平均降水量的 4～6 倍。特别是春季蒸发特别强烈。强烈的蒸发使湖泡中水不断浓缩，以致在湖泡周围形成环状盐碱斑。由于大量蒸发，使沙地水分不断向上运移，盐分随之向上迁移大量残留表土中。

人类的不合理翻耕及对植被大量破坏，是土壤盐渍化的重要人为因素。

## 4.3 流水侵蚀形成土地荒漠化

科尔沁草原以南的黄土丘陵台地区，流水侵蚀所成荒漠化土地主要由于：

（1）黄土粉沙质，质地疏松，遇水极易湿陷；

（2）南部区由于受海洋气团影响较北部强烈，夏季降水多，阵发性强；

（3）由于人类大量开垦，特别是 25°坡以上的禁耕区也大量开垦，使植被严重破坏；

（4）南部区地势由南向北逐渐降低，是西辽河的汇水区，沟谷发育地形切割强烈。

由于以上原因，南部黄土丘陵台塬区，以坡面侵蚀、沟谷侵蚀及暴雨击溅侵蚀为主要方式的土壤侵蚀十分强烈，水土流失十分严重。

## 5 土地荒漠化整治原则与措施

科尔沁土地荒漠化整治应本着生态效益与经济效益相结合，群众的眼前生活问题与长远利益统筹考虑的原则，主要应采取以下措施。

### 5.1 调整土地利用结构

科尔沁地区现有的土地利用主要问题，是农业占地比例太大，林业、牧业占地面积相对较小。根据“三北防护林综合农业区划”资料，农业用地占总面积的61.2%，林业6.4%，牧业16.2%。沙区大量开垦坨子地，对林草破坏相当严重。在黄土区盲目开垦坡地，使水土流失量逐年增加。针对这种情况，应大力加强林草建设。在风沙区营造防风固沙林，有计划地进行草场围封。在黄土区大力营造水源涵养林，25°以上坡地退耕还林。通过这些措施增加林、牧业用地，适当压缩农业用地。

### 5.2 计划生育控制人口

科尔沁地区人口密度已达 41 人/km$^2$。人口迅速增长对土地压力越来越大，是形成土地荒漠化重要的人为因素。应采取有力措施，使人口出生率保持在10‰～15‰，使人口与生活资料生产保持同步增长。

### 5.3 集约经营土地

改变当地广种薄收的习惯，集约经营水肥条件较好的土地，建立稳产高产的基本农田。在沙区对河谷平原、甸子地投入较多劳动力、资金，营造防护林网，建成高效生态农业基地。在南部黄土区，开展小流域治理，进行流域规划。在东北盐渍化区，选择那些轻度盐碱土地，进行农林牧综合规划，建立排灌洗碱水利设施，建成基本高产农田。

### 5.4 改革燃料结构

科尔沁地区群众生活用燃料短缺，燃料构成主要以秸秆、树枝、柴草为主，局部地区以畜粪为燃料。一般农户缺少燃料60%左右。这是乱砍树木、搂草皮，加速荒漠化的主要原因。为解决这一问题，应大力推广太阳灶、沼气灶，营造薪炭林，改变当地居民燃料结构，以多能互补解决群众对燃料的需求。

**参考文献**

[1] 朱震达，等. 中国的沙漠化及其治理[M]. 北京：科学出版社，1989.

[2] 朱震达，刘恕. 中国北方地区的沙漠化过程及其治理区划[M]. 北京：中国林业出版社，1981.

[3] Status of Desertification and Implementation of the United Nations Plan of Action to Combat Desertification United Nations Environment Programme．1991.

[4] 郭绍礼. 西辽河流域沙漠化土地的形成和演变[J]. 自然资源，1980，4.

[5] 裘善文. 试论科尔沁沙地的形成与演化[J]. 地理科学，1989，4.

[6] 兰州沙漠所. 科尔沁草原土地沙漠化过程及其整治研究（以哲里木盟为例）. 1985.

[7] 内蒙古自治区气象台. 内蒙古哲里木盟地面气候资料.

[8] 赤峰市气象局《图集》编写组. 赤峰市农业气候资源图集. 1983.

[9] 中华人民共和国区域水文地质报告（1∶200 000）翁牛特幅，开鲁幅，奈曼幅.

# 科尔沁土地沙漠化分类定量指标初步研究

**摘要：**在传统沙漠化分类方法基础上，应用模糊数学方法，建立了科尔沁土地沙漠化分类的标准指数。应用模糊综合评判方法，评定科尔沁沙漠化土地类型。

**关键词：**科尔沁沙地；沙漠化土地分类；模糊综合评判

科尔沁沙地分布于东北平原的西部，行政区划上属于内蒙古哲里木盟及昭乌达盟、吉林省西部和辽宁省的西北部，总面积 4.23 万 $km^2$。

土地沙漠化分类指标问题，国外一些学者结合沙漠化制图进行过研究。我国学者对这一问题也进行了很多研究。这些研究是以景观学思想为指导，对影响土地沙漠化的因素进行单要素评价，然后以主导因素法确定土地沙漠化类型。这种方法是半经验性的，具有一定随意性。本文尝试用模糊综合评判方法，进行土地沙漠化分类定量研究。

模糊综合评判的具体方法如下：

设 $U=\{U_1, U_2, U_3, U_4\}$为评判因素集

$U_1$、$U_2$、$U_3$、$U_4$ 分别代表风蚀地貌占面积百分比、植被盖度、沙土含水量、沙土有机质含量 4 个因素。

$V=\{V_1, V_2, V_3, V_4\}$为决断集

$V_1$、$V_2$、$V_3$、$V_4$分别代表严重沙漠化、强烈发展沙漠化、正在发展沙漠化、潜在沙漠化。

$R$ 是 $U$ 到 $V$ 的模糊变换，给定权重

$a=(0.6/U_1+0.2/U_2+0.15/U_3+0.05/U_4)$

综合评判为 $b=a\cdot R$

整个计算及评判过程分 4 个步骤。

## 1 根据野外实际调查资料确定科尔沁沙漠化单要素评价指标

我国现行的土地沙漠化分类，是将沙漠化土地分为严重沙漠化、强烈发展沙漠化、正在发展沙漠化及潜在沙漠化 4 种类型。每种类型的标志因地区不同有所差异。根据我们在科尔沁野外调查，这一区域沙漠化主要标志是：风蚀风积微地貌占被调查范围面积百分比；植被覆盖度；沙土含水量；沙土有机质含量。将野外大量调查样点的资料统计整理，科尔沁土地沙漠化单要素分类指标确定见表 1。

---

本文发表于《中国沙漠》，1991，11（3）：57-60。

表 1　科尔沁土地沙漠化单要素指标

| 沙漠化标志 / 指标 / 沙漠化土地类型 | 风蚀风积微地貌占面积百分比/% | 植被盖度/% | 沙土含水量/% | 沙土有机质含量/% |
|---|---|---|---|---|
| 严重沙漠化 | ＞50 | ＜10 | 2.538 | 0.062 |
| 强烈发展沙漠化 | 25～50 | 10～25 | 2.337 | 0.268 |
| 正在发展沙漠化 | 5～25 | 25～50 | 1.753 | 0.391 |
| 潜在沙漠化 | ＜5 | ＞50 | 1.333 | 1.05 |

## 2　建立沙漠化隶属函数

根据表 1 指标，建立科尔沁土地沙漠化隶属函数。

$$\mu(U_1)=\begin{cases}0 & \text{当 } U\leqslant 5\% \\ 0.5-\dfrac{25-U}{25}\times\dfrac{1}{2} & \text{当 } 5\%<U<25\% \\ 1-\dfrac{25-U}{25} & \text{当 } 25\%<U<50\% \\ 1 & \text{当 } U\geqslant 50\%\end{cases}$$

$$\mu(U_2)=\begin{cases}0 & \text{当 } U\geqslant 5\% \\ \dfrac{50-U}{50} & \text{当 } 25\%<U<50\% \\ 0.5+\dfrac{25-U}{25}\times\dfrac{5}{6} & \text{当 } 10\%<U<25\% \\ 1 & \text{当 } U\leqslant 10\%\end{cases}$$

$$\mu(U_3)=\begin{cases}0 & \text{当 } U\leqslant 1.333\% \\ 0.4003-\dfrac{1.735-U}{0.402}\times 0.4003 & \text{当 } 1.333\%<U<1.735\% \\ 1-\dfrac{2.337-U}{1.004} & \text{当 } 1.735\%<U<2.337\% \\ 1 & \text{当 } 2.337\%\leqslant U<2.538\%\end{cases}$$

$$\mu(U_4)=\begin{cases}0 & \text{当 } U\geqslant 1.05\% \\ \dfrac{1.05-U}{0.782}\times 0.594 & \text{当 } 0.391\%<U<1.05\% \\ 0.5+\dfrac{0.391-U}{0.782}\times 3.185 & \text{当 } 0.268\%<U<0.391\% \\ 1 & \text{当 } U\leqslant 0.268\%\end{cases}$$

## 3 建立沙漠化评价指数体系

利用上述隶属函数将表 1 中指标 Fuzzy 化（模糊化），计算各沙漠化类型单要素指数。得单要素指数集。

$$\boldsymbol{R}=\begin{vmatrix}1 & 1 & 1 & 1\\ 0.75 & 0.75 & 0.75 & 0.75\\ 0.30 & 0.25 & 0.20 & 0.25\\ 0 & 0 & 0 & 0\end{vmatrix}$$

将单要素指数按权重 $a$=（$0.6/U_1+0.2/U_2+0.15/U_3+0.05U_4$）综合评判，得沙漠化综合指数集 $b=\{1，0.75，0.33，0\}$。见表 2。

**表 2　沙漠化综合指数**

| 类　型 | 地貌指数 | 植被指数 | 沙土含水量指数 | 沙土有机质含量指数 | 综合指数 | 临界指数 |
|---|---|---|---|---|---|---|
| 严重沙漠化 | 1 | 1 | 1 | 1 | 1 | 0.875 |
| 强烈发展沙漠化 | 0.75 | 0.75 | 0.70 | 0.75 | 0.75 | 0.540 |
| 正在发展沙漠化 | 0.30 | 0.25 | 0.20 | 0.25 | 0.33 | 0.165 |
| 潜在沙漠化 | 0 | 0 | 0 | 0 | 0 | |

综合指数是综合地考虑了影响沙漠化的地貌、植被、沙土含水量、沙土有机质含量 4 个因素，是科尔沁地区土地沙漠化分类的参照指数。作为综合指数的补充，临界指数是两种类型的界值。

## 4 待定土地沙漠化类型的判别

在野外测得部分待定类型的地点，单要素指标见表 3。

**表 3　科尔沁部分地点沙漠化要素实测值**

| 地点及编号 | 风蚀风积地貌占面积比/% | 植被盖度/% | 沙土含水量/% | 沙土有机质含量/% |
|---|---|---|---|---|
| 1．奈曼大柳树林场西 | 50 | 15 | 1.90 | 0.293 |
| 2．奈曼苇连苏 | 80 | 10 | 2.10 | 0.02 |
| 3．库伦鄂勒顺 | 20 | 25 | 2.539 | 1.05 |
| 4．翁牛特海日苏 | 5 | 40 | 1.56 | 0.42 |
| 5．科左后老爷庙 | 10 | 35 | 1.90 | 1.03 |

这些地点属于何种沙漠化土地类型，按前述类似方法步骤，计算各自单要素指数及综

合指数见表 4。

表 4　科尔沁部分地点沙漠化指数

| 地点编号 | 地貌指数 | 植被指数 | 沙土含水量指数 | 沙土有机质含量指数 | 综合指数 |
|---|---|---|---|---|---|
| 1 | 1.0 | 0.83 | 0.56 | 0.90 | 0.895 |
| 2 | 1.0 | 1.00 | 0.76 | 1.00 | 0.964 |
| 3 | 0.4 | 0.50 | 1.00 | 0 | 0.355 |
| 4 | 0 | 0.20 | 0.23 | 0.48 | 0.098 |
| 5 | 0.2 | 0.30 | 0.56 | 0.02 | 0.274 |

将表 4 中综合指数与表 2 中综合指数及临界指数相比较，即可确定待判沙漠化土地类型。1、2 号地属严重沙漠化，3、5 号地属正在发展沙漠化，4 号地属于潜在沙漠化。

模糊综合评判方法在质与量统一的基础上客观地划定沙漠化土地类型，避免了用传统的方法将同一地点沙漠化土地因个人知识水平和工作经验不同，划归不同类型。它可准确地划分沙漠化类型，特别是对那些中介状态沙漠化土地。

## 参考文献


[1] 朱震达，等．中国沙漠概论[M]．北京：科学出版社，1980.

[2] 朱震达，刘恕，等．中国北方地区的沙漠化过程及治理区划[M]．北京：中国林业出版社，1987.

[3] 朱震达，刘恕．关于沙漠化概念及其发展程度的判断[J]．中国沙漠，1984，4（3）．

[4] 昌玮．模糊模型识别及其在土地质量评价中的应用[J]．数学的实践与认识，1983（1）．

[5] 汪培庄．模糊集合论及其应用[M]．上海：上海科学技术出版社，1983.


## A Primary Research about the Quantitive Classification Indexes of Desertification—prone Land，Korqin Sandy Land


**Abstract**: Based on the traditional approaches of desertification—prone lands classification，this paper establishes a set of classification criterion indexes about the desertification— prone lands，Horqin Sandy Land，in which the Fuzzy digital methods are used，and furnished with the Fuzzy comprehensive estimation approaches.  The types of desertification - prone lands are estimated.



**Key Words:** Horqin Sandy Land; Classification of Desertification Land; Fuzzy Comprehensive Estimation

# 关于 desertification 汉译的浅见

最近在沙漠学界及翻译工作者中，对 desertification 的汉译，有不同的意见。一些人主张译为荒漠化，另一些人认为应译为沙漠化。笔者就此谈些粗浅看法。

荒漠与沙漠是两个不同的概念。关于二者区别，我想引用沙漠学前辈吴正教授在其专著《风沙地貌学》中的一段文字：荒漠（desert）是指气候干旱、降雨稀少且多变，植被稀疏低矮，土地贫瘠的自然地带，意为“荒凉”之地。荒漠有石质、砾质和沙质之分。石质和砾质的荒漠平地称为戈壁，而沙质的荒漠才称为沙漠（sandy desert）。由此可知，荒漠的内涵比沙漠丰富，外延比沙漠大。

国内出版的辞典，对荒漠、沙漠两词的差别，解释也是很明确的。

《辞海》中对荒漠的解释是：气候干燥、降水稀少、蒸发量大、植被贫乏的地区。气温变化很快，地面温度变化尤为剧烈。风力作用活跃。地表水极端贫乏。多盐碱土。一般只能生长根深叶小或无叶植物。动物具有穴居、夏眠、善疾走等特性。分布于大陆内部或低纬度的大陆西岸。按地表组成物质，分沙漠、岩漠、砾漠、泥漠、盐漠等。此外，在高山上部和高纬度亚极地带，因低温所引起的生理干燥而形成的植物贫乏地区，为荒漠的特殊类型，别称寒漠。《辞海》中对沙漠的解释是：荒漠的通称。荒漠的一种，指沙质荒漠。地表覆盖大片流沙，在风力的推动下，沙丘不时移动，往往造成危害。如我国新疆的塔克拉玛干沙漠。

《现代汉语词典》中，对荒漠解释是：（1）荒凉而又无边无际；（2）荒凉的沙漠或旷野。对沙漠的解释是：地面完全为沙所覆盖，缺乏流水、气候干燥、植被稀少的地区。

从以上引述的解释可知，在汉语及汉语文献中，荒漠与沙漠，尽管二者有一定联系，但却是两个截然不同的概念。

desertification 一词是从 desert 派生的。如何准确地翻译词根 desert，是正确汉译 desertification 的关键。

国外、国内所编的辞书，对 desert 一词是如何解释的呢？

《朗文现代英语词典》对 desert 的解释是“a large sandy piece of land where there is very little rain and less plant life than else where”（大面积的沙地，几乎没有雨水，植物比任何其他地方都少）。按该词典的解释，desert 译为沙漠比较合适。

《牛津词典》对 desert 的解释是：（1）adj. uninhabited，desolate，uncultivated，barren（形容词。无人居住的，荒芜的，未耕作的，光秃的）。（2）waterless and treeless region（无水无树的地方）。

《韦氏词典》中，对 desert 的解释是：（1）an unhabited tract of land；a region in its natural state；a wildness（无人居住的大片土地；处于自然状态的区域；野地）。（2）a dry，barren

本文发表于《科技术语研究》，2000，2（4）：15-17。

region，largely treeless and sandy（干旱、无树、有沙的裸地）。据这两个词典解释，desert 可译为荒漠，也可译为沙漠。

在国内看到的英汉词典中，对 desert 的解释，大同小异，仅举两例。

《远东英汉大辞典》(FAR EAST ENGLISH-CHINESE DICTIONARY，远东图书公司印行，1977）的解释：（1）沙漠：the Sahara Desert，撒哈拉沙漠；an oasis in a desert，沙漠中的绿洲。(2）不毛之地。(3）海洋中鱼类无法生存之处。(4）缺乏某事之地方：The town was a cultural desert．那一城镇是文化沙漠。

荒漠、沙漠是自然地理学名词。《英汉自然地理学词汇》(中国科学院地理所编，科学出版社，1987）中，对 desert 及相关词条的解释如下：

| | |
|---|---|
| desert | （1）沙漠，（2）荒漠 |
| deserta | 荒漠群落 |
| desert armour | 荒漠甲胄 |
| desert belt | （或 zone）沙漠带 |
| desert climate | 荒漠气候 |
| desert crust | 荒漠结皮，沙漠盐壳 |
| desert deposit | 沙漠沉积 |
| desert devil | 沙卷风 |
| desert erosion feature | 荒漠侵蚀地形 |
| desert grassland | 沙漠草地（美国西南部和墨西哥） |
| desert lake | 沙漠湖 |
| desert pavement | 沙漠卵石覆盖层 |
| desert soil | 荒漠土 |
| desert steppe | 荒漠草原 |
| desert steppe soil | 荒漠草原土 |
| desert storm | 沙暴，尘暴 |
| desert varnish | 沙漠岩漆 |
| desert wind | 沙漠风 |
| desert wind squall | 沙漠风飑 |
| desert zone | 荒漠地带 |

根据以上列举几本词典对 desert 的解释，可知沙漠不是 desert 唯一的含义，而是根据表达的对象，可译为沙漠，也可译为荒漠。由此推论，desertification 也应有沙漠化、荒漠化两种译法。这仅是从构词角度所作的分析。

Desertification 是新的科学概念，其准确含义是靠定义来揭示的。大家知道 desertification 经过几次修订。在此将几次修订的定义列于后，供分析。

1977 年内罗毕会议使用的 desertification 定义是：

“Desertification is the diminution or destruction of the biological potential of land，and can lead ultimately to desert like conditions. It is an aspect of the widespread deterioration of ecosystems，and has diminished or destroyed the biological potential，i.e.plant or animal production，for multiple use purposes at a time when increased productivity is needed to support growing populations in quest of development.”

1990 年全球 desertification 评价会议上使用的定义是：

“Desertification/land degradation，in the context of assessment，is land degradation in arid，semi-arid and dry sub-humid areas resulting mainly from human activities.”

“Land in this concept includes soil，local water resources，land surface and vegetation or crops.”

“Degradation implies reduction of resource potential by one or a combination of processes acting on land. These processes include water erosion，wind erosion and sedimentation by those agents，long-term reduction in the amount of diversity of natural vegetation，where relevant，and salinization and sodication.”

1992 年 21 世纪议程、1994 年荒漠化防治公约中使用的定义是：

“Desertification is land degradation in arid，semi-arid and dry sub-humid areas resulting from various factors，including climate variations and human activities.”

“Drought means the naturally occurring phenomenon that exists when precipitation has been significantly below normal recorded levels，causing serious hydrological imbalance that adversely affects land resource production system.”

“Land degradation means reduction or loss in arid，semi-arid and dry sub-humid areas of the biological or economic productivity and complexity of rainfed cropland，irrigated cropland，or range，pasture，forest and woodlands resulting from land uses or from a process or combination of processes，including processes arising from human activities and habitation patterns，such as：soil erosion caused by wind and/or water；deterioration of the physical，chemical and biological or economic properties of soil；and long-term loss of natural vegetation.”

从上述 desertification 的定义，可知形成 desertification 的营力过程，是风蚀、水蚀、物理、化学、生物过程。根据其营力过程应该译为荒漠化。因为水蚀过程不是沙漠及有沙覆盖的地表的主营力。沙质地表孔隙度大、渗透率高，一般不会发生水蚀过程。只有译为荒漠化，desertification 才能涵盖上述所有的营力过程。

我们再看科学家是如何使用 desertification 这一概念的。在 UNEP 编的《World Atlas of Desertification》第 2 版第 129 页，图 4-29 中，南欧地中海沿岸国家也被划入发生 desertification 的国家。这些国家是与沙漠和沙地无缘的，这些国家是以水蚀形成的冲沟，劣地、裸地景观为土地退化特征的。

在该图集第 2 版第 4 页图 6，Aridity Zones 中，干旱亚湿润（Dry Subhumid）区，与沙、沙漠分布关系不大。以中国为例，从黄土高原东半部起，山西、河北、河南、直到渤海边、山东半岛，均包括在干旱亚湿润区内。再看一看该图集第 1 版第 14 页图 12，Water Erosion Severity，看看世界水蚀分布范围，特别是干旱土地水蚀面积统计，就更清楚了。如果将 desertification 译为沙漠化，那么这些区域怎么能包含在沙漠化的概念之中呢？

从以上世界从事这一领域研究的科学家对 desertification 一词的运用中，可知译为荒漠化是确切的。

# 独联体利用有机黏合剂固定流沙研究现状

近年来许多国家越来越重视应用有机黏合剂固沙的研究。根据 Meigs 资料，地球表面极端干旱区占 4%，干旱区占 15%，半干旱区占 14.6%，三者总和占 33.6%。它们按大陆分布见表 1。

表 1　各大陆干旱区面积　　单位：$10^6$ km$^2$

| 大　陆 | 极端干旱 | 干旱 | 半干旱 | 极端干旱与干旱 | 总计 |
|---|---|---|---|---|---|
| 非　洲 | 4.558 | 7.304 | 6.081 | 11.862 | 17.943 |
| 亚　洲 | 1.051 | 7.909 | 7.516 | 8.960 | 16.476 |
| 澳　洲 | — | 3.864 | 2.517 | 3.864 | 6.371 |
| 北美洲 | 0.031 | 1.279 | 2.657 | 1.310 | 3.967 |
| 南美洲 | 0.171 | 1.217 | 1.626 | 1.388 | 3.014 |
| 欧　洲 | — | 0.171 | 0.844 | 0.171 | 1.015 |

由于干旱的自然与气候条件，这些地区生产潜力很低。传统上这些地区用于牧场，部分干旱区被流沙所覆盖，完全丧失生产力。

近十年来，干旱区生产潜力发生了很大变化。大规模地找矿，发现了许多矿藏，特别是石油天然气。许多地区由于人为活动，出现了人为景观——流动沙丘。这些使干旱区各种工程建筑的建设及使用受到严重影响。据估算，由于流沙危害，全世界每年损失 100 亿美元，独联体损失 10 亿卢布。

防止土地沙漠化，保护工程建筑免受流沙危害。需要确定土壤改良的一般原则，研究土壤改良技术措施。M П 彼得罗夫（1966）教授提出了流沙改良的一般原则。他认为，在半干旱区（降水大于 270 mm）生物土壤改良是有效果的，这些地区可以栽种乔木、灌木。在干旱区（降水 120～270 mm）防止土地沙漠化和土壤改良仍可利用生物土壤改良方法。但防护的植物以灌木及当地种属为主。在极端干旱区生物土壤改良是无法进行的，只能采用各种机械的和化学的方法。

总结各国的经验，可以提出应用有机黏合剂在极端干旱区防止流沙的有效方法。下面谈谈独联体及其他国家研制有机黏合剂的一般概况。

本文发表于《世界沙漠研究》，1993（2）：47-51。根据俄文专著、文献整理，程道远校。

## 1 独联体及其他国家研制有机黏合剂一般概况

世界上已有 46 个国家研制出 100 多种化学制剂，用于流沙的土壤改良。独联体在实验室及生产实践中研制了聚丙烯酰胺制剂 K-4、K-5、K-6、K-9、AKC、AKM、ПAA，聚合物 BO，共聚物-8、ПAMИД、ПAHИ-Г-ПAHИ-2，纤维素纸浆生产废液 AK-l、AK-7、KБT、KБn，油胶乳液、石油产品混合液、重油、涅洛森、沥青乳液，胶乳 CKC-65ПП、CBX-l、CKC-50ПГ、CKC-30、ПBA、CKC-65ГП，棉籽酚及以棉籽酚为原料的乳化液。

美国研制了制剂 VAMA、IBMA、HPAH、CRD-186、CRD-l89，油胶乳液，硅酸钠，Petrocet2B、Polyca2605，沥青乳液 WX889，胶乳石油乳化液。

英国研制了油胶乳液，dat-17。加拿大研制了沥青乳液。东德研制了沥青乳液，沥青油乳液，聚乙烯缩醛 ДI=501。法国利用石油产品研制树脂。印度研制了胶乳。

前苏联在 20 世纪 30 年代最先在卡拉库姆沙漠东南及第聂伯河下游沙地进行了黏合剂固沙研究。最初用沥青与水以 1∶1 制成乳化液，原液使用时加 9 倍水稀释，每公顷用量 20 t。石油及石油产品在中亚、里海北岸等地，广泛用于防沙，效果良好。应用最广泛的是涅洛森，1964 年首次在爱沙尼亚试用，1965 年推广到欧洲部分及中亚一带，主要用于牧场、棉田及石油管道防风蚀。

沥青乳液在其他国家广泛用于防风蚀。美国在许多空军基地周围利用沥青乳液抗风蚀，每公顷喷洒 11 t，效果良好。20 世纪 60 年代美国研制出代号 WX889、CP-239 沥青乳液，在喀扎斯空军基地使用效果很好。

## 2 独联体在生产实践中应用的黏合剂及性能

有机黏合剂可分为天然有机黏合剂、人工配制黏合剂及有机合成黏合剂 3 种类型。所谓天然有机黏合剂是指不经加工本身就具有固沙性能的产品。如果需要化学再加工或加入添加剂后才具有固沙性能，则称为人工配制黏合剂。有机合成黏合剂是用有机化学合成方法生产的黏合剂。

独联体尽管在实验室研制了上述多种黏合剂，但由于受生产价格、工艺及原料来源等方面限制，并非所有产品都有实用价值，有些仅停留在实验室阶段。下面介绍独联体在生产中广泛应用的固沙黏合剂。

### 2.1 天然有机黏合剂

**沥青乳化液** 沥青无毒性，是大吨位生产的化工产品。用于固沙时，需要对沥青进行乳化。独联体一般使用棉籽酚、荷性钠、浓缩硫酸纸浆废液作为乳化剂，一般使用 2245-76 标号沥青，效果较好。

**原油** 独联体乌兹别克斯坦、塔吉克斯坦和哈萨克斯坦等地生产的原油，其固沙性能与沥青相似，可直接喷洒在流沙表面固沙。

**重油** 重油是石油加热 300℃以上的产品，一般用做燃料，现在用重油固沙也取得较好效果。

在生产实践中，石油、沥青、重油按下列比例混合，有较好的固沙效果：石油 50%～60%，重油 30%～40%，沥青 5%～10%；石油 50%～70%，沥青 30%～50%；石油 80%～90%，沥青 10%～20%；石油 90%，重油 8%，沥青 2%。

在生产中使用下列沥青乳液配方效果很好。

以准尔古尔卡的石油炼制沥青为主，标号为 90/130，用量 50%，棉籽酚 8%，NaOH 0.35%，水 41.65%。

以产于茫格什那克的石油炼制沥青为主，标号为 90/130，用量 50%，棉籽酚 8%，NaOH 0.5%，水 41.5%。

## 2.2 人工固沙黏合剂

可溶性纤维素醚、硫酸酒精渣、腐殖酸类的化学物质、可燃性有机岩类油、水玻璃等，它们是天然原料经过化学加工而成，属于人工化学黏合剂。

**棉籽酚及其乳液** 棉籽酚是棉籽榨油厂的生产废料，其黏性很高，与标号为 БНД-103/200 和 БНД-200/300 的沥青相近。独联体每年的棉籽酚产量 8 000 t，通常采用纸浆液作为乳化剂。试验确定，采用阿基诺工厂和亚哥尤里工厂生产的棉籽酚时，下列两组配方效果较好。

棉籽酚 50%，氧化纤维素乙醚 0.5%，NaOH 0.7%，水 48.7%。

棉籽酚 50%，氧化纤维素乙醚 1.0%，NaOH 0.7%，水 48.3%。

棉籽酚与沥青乳液一样，可满足缓慢扩散的固沙要求。将配制的棉籽酚乳液浓度稀释到 25%、15%、10%、5%，它们的固沙性能仍是稳定的。

**纸浆废液** 独联体 40 多家造纸厂每年生产 874 万 t 纤维素硫酸盐，它具有下列几个品种 ССБ、КССБ、ХССБ。

ССБ 是亚硫酸酒精废渣缩写代号，在纸浆水解过程中排出亚硫酸强碱液。ССБ 是以其为原料生产酒精过程的产物。在 ССБ 基础上生产两个系列产品 КССБ、ХССБ。

ХССБ 是浓缩的硫酸酒精废渣。纤维素硫酸盐溶液浓缩后制得的，1 100 LССБ、48 L 苯酚、72 L 浓硫酸、1 $m^3$ 水混合搅拌加热几小时后，再用碱中和 pH 为 7～8。所制得 КССБ 含 18%～20%干物质，黏度为 100 厘泊（cP），比重 1.12 $t/m^3$。

КССБ 是氯化硫酸酒精废渣。氯化时形成的盐酸再用碱中和达到 pH 7～8，在这一过程中增强了纤维素硫酸盐综合体的分子结构。ХССБ 可以制成粉末，易溶于水。

**涅洛森** 在用于固沙的油类中，由油页岩工业生产的涅洛森具有重要的地位，涅洛森是可燃性有机岩缓慢热解过程中分馏出的重油混合物。涅洛森成分很复杂，有亚硝酸根 0.3%、苯酚 0.3%、酚 21.4%、酸性沥青质 13.3%、中性油、碳氧化合物 64.0%。涅洛森的技术指标如下：比重 0.985～1.045，含水量超过 2.5%，湿度 1.1%，黏度取决于温度。

根据土壤气候条件，可选用不同型号的涅洛森。涅洛森 C 是含硫量较高的产品；涅洛森 CPB 是含有可溶性物质的产品；涅洛森 K 是添加了微量元素的产品；涅洛森 Ф 是添加了增强结皮强度物质的产品。

### 2.3 合成聚合物

前苏联于20世纪70年代在乌兹别克化学所研制出了聚合物K-4后，又进一步研制出系列产品K-6、K-7、K-9。

生产K-4的原料是以甲烷为主要成分的天然气。生产过程如下：

天然气 $\xrightarrow{\text{热解}}$ 乙炔＋氢氰酸 $\longrightarrow$ 丙烯腈 $\xrightarrow{\text{聚合反应}}$ 聚丙烯腈 $\xrightarrow{\text{皂化反应}}$ 聚合物K-4

聚合物K-4含有80%氮及不同比例的酰胺、酰亚胺、羰酸。使用K-4后能很快形成土壤团粒结构，一般可以保持3～4年。在中亚一带使用有明显的增产效益及土壤改良作用。

## 3 各种固沙黏合剂的用量

根据阿德尔霍扎耶夫·卡帕依、保德果尔洛夫、斯维佐夫、努里耶夫和奠夫卡恩等人的多年研究，使用有机黏合剂结合生物防护措施，一般参考用量见表2。

表2 各种黏合剂的使用方法及用量

| 有机黏合剂 | 喷洒方法 | 用量/（L/m$^2$） | 结皮层厚度/mm |
|---|---|---|---|
| 涅洛森 | 全　面 | 0.1～0.5 | 4～5 |
| | 带　状 | 0.6～0.7 | 6～7 |
| 重　油 | 全　面 | 0.8～1.0 | 8～10 |
| | 带　状 | 1.0～1.5 | 10～15 |
| 棉籽酚 | 全　面 | 0.5～0.8 | 4～6 |
| ССБ | 全　面 | 0.25 | 10～12 |
| 石　油 | 全　面 | 2 | 20 |

## 4 有机黏合剂的机械化施工

前苏联在有机黏合剂喷洒机械研制方面做了不少工作。为了固定铁路两侧流沙，塔什干铁道交通研究所专门研制了喷洒车，用机车牵引可连续作业，铁路两侧喷洒宽度为50～70 m。为了提高乳化液的质量，该所又研制了配套的乳化器。这种装置由搅拌器、供料器、电火花放电器，乳化剂储存器4大部分组成。它可以自动连续生产出均匀的乳化液，供喷洒机使用。

在公路两侧喷洒黏合剂，用汽车或拖拉机牵引的储油罐，储油罐上装有乳化器及喷管，公路两侧喷洒宽度为5～17 m。

为了在高压线铁塔及钻塔周围固沙，专门研制了АД-2М型喷洒机，它可以自由移动，使用方便，每7个工日可喷洒2 500～4 000 m$^2$沙面。

## 5 有机黏合剂使用质量评价研究

以土库曼沙漠所为主，对有机黏合剂的质量评价进行过许多研究工作。研究的主要内容有：有机黏合剂的渗透性与环境因子的关系；有机黏合剂结皮的抗风蚀稳固性；种子穿透结皮的可能性及出苗率；有机黏合剂的毒性及安全性。这方面的研究专著有《流沙的化学土壤改良》《苏联沙漠流沙的固定》《有机黏合剂固沙》。还有一些散见于《荒漠开发问题》杂志上的实验报告及论文。这些专著及文章对沙地弥散系统的化学、物理性能进行过深入研究，提出了一整套评价指标体系及测试手段。有机黏合剂质量评价研究的主要结论如下：

（1）试验表明，黏合剂渗入沙层所需时间，随着浓度的增大而延长。

（2）以石油及石油产品为主要原料配制的乳化液，渗入沙层的速度比有机合成黏合剂慢得多。

（3）有机黏合剂形成的结皮层厚度与黏合剂种类及其浓度有关。

（4）结皮的机械强度取决于黏合剂覆盖的面积、温度、结皮形成的时间及黏合剂本身的性能。

（5）在风洞中固结层吹蚀损失量与黏合剂用量及浓度有关。

（6）有机黏合剂结皮对土壤的温度有很大影响，能使地温增高并促进种子发芽。

（7）有机黏合剂结皮对地表以下 50 cm 土层水分有明显的保持作用。

（8）有机黏合剂形成结皮后，为种子发芽创造了有利条件，种子发芽后绝大部分能穿透结皮层，结皮层对植物无毒性和污染。

# 生态环境研究

- 海南省生态环境综合评价制图方法
- 张家口市坝上地区生态足迹初步研究
- 张家口市坝上地区生态承载力阈值研究
- 江苏省规划高速公路网生态环境影响研究
- 城市河道近自然修复评价体系与方法及其在镇江古运河的应用
- 黑河流域生态功能区划及其保护
- 黑河流域生态功能区划遥感制图方法
- 腾格里沙漠东南缘沙坡头地区环境本底系列图编制中的几个问题
- 江苏省自然保护系列图的编制方法
- 俄罗斯 1：4 000 000 生态地理图编制方法
- 甘青宁类型区土地利用现状遥感调查研究

# 海南省生态环境综合评价制图方法

**摘要**：介绍以景观生态学理论思想为指导，以多因素综合评价为主要方法，以遥感与地理信息系统为手段，编绘海南生态环境评价图。在生态环境制图的基础上，对海南省生态环境质量作了评价分析。文中介绍的方法，对于区域生态环境评价及生态环境动态监测具有借鉴意义。

**关键词**：海南省；生态环境综合评价；生态环境制图

海南省位于祖国的最南部，主要区域为海南岛以及西沙、南沙、中沙等群岛。海南岛是我国仅次于台湾岛的第二大岛，地跨北纬 18°10′—20°10′，东经 108°37′—111°03′，是我国热带雨林、季雨林分布区之一。

对海南生态环境，国内许多单位及学者做了大量工作[1-4]。中山大学董汉飞先生、曾水泉先生曾主持过“海南生态环境质量分析与综合评价研究”。金鉴明先生主持的“中国典型生态区生态破坏现状及其恢复利用研究”，曾设专题对海南生态环境评价表征、破坏等级进行过研究，以县为单位，选取参数评价制图。

作者对海南省生态环境综合评价，采用遥感与 GIS 结合的技术手段，以景观生态学理论思想为指导，以多要素综合评价为主要方法，编绘海南省生态环境综合评价图，并以图为基础，对海南生态环境现状，进行了评价分析。

## 1 制图指导思想

海南生态环境评价制图以景观生态学理论思想为指导。景观是具有一定外部特征及内部结构的自然综合体，景观生态学则是以生态学的观点研究景观这一自然综合体。多要素综合是景观生态学的理论基础与方法论基础。

在编图之前，对海南景观生态类型及空间格局进行了分析研究。景观生态类型的划分以地形、土壤、植被类型及其组合为基础。在前人工作的基础上，我们根据地形、土壤、植被的组合特征，划分海南省主要景观生态类型。具体方法是以地形为骨架，以植被类型为基础，叠加土壤类型界限，根据卫片影像特征作适当修正。景观类型采用地形—土壤—植被联名法命名。海南岛（海南省主体部分）主要景观生态类型有：山地赤红壤雨林景观、山地赤红壤季雨林景观、山地黄壤常绿林景观、丘陵砖红壤季雨林景观、丘陵砖红壤灌丛景观、丘陵砖红壤草原景观、台地砖红壤灌丛景观、台地燥红壤草原景观、台地砖红壤人工植被景观、平原冲积土草原景观、平原冲积海积土人工植被景观。

在景观分类的基础上，研究景观生态格局。海南省景观生态格局的基本态势，是以中

本文发表于《地理学报》，2000，55（4）：467-473。署名的还有：马荣华，吴焕忠。

部山地为中心，向四周呈圈层状结构。中部以山地赤红壤雨林、季雨林为主体，垂直地带性明显。其外围是台地砖红壤灌丛、草原带，西部台地由于季节性干燥气候特征决定，为燥红壤旱生草原景观。沿海平原以人工植被为特色。

景观生态类型空间格局研究是生态环境制图的基础工作。所划分的基本景观生态类型是生态环境评价制图的基本单元，在编图过程中，将根据景观单要素分级评价指数，综合评价累计赋分，景观生态类型单元将作为生态环境综合评价指数的载体，是生态环境综合评价的基本单元。

## 2 评价数据来源

海南生态环境评价以 TM 图像资料为基本信息源，以非遥感信息为补充信息源。先后搜集了 1998 年 10—11 月 1∶250 000 5、4、3 波段合成图像。局部地区收集了 1987 年、1998 年同时相的 1∶100 000 5、4、3 假彩色合成图像。与此同时搜集了广州地理研究所等单位编绘出版的海南岛热带自然资源系列图，1992 年南京土壤研究所编绘的海南岛土壤与土地图，水利部珠江水利委员会 1988 年编绘的海南省土壤侵蚀图。

把有关卫片扫描进入遥感图像处理系统软件 ERDAS，然后所有的数字图像都以地形图为参考坐标建立图像的坐标系统。同时分别在地形图和数字影像上选取一定数量的地面控制点，建立坐标转换方程进行几何纠正和坐标规一化处理。然后利用最大似然监督分类法进行分类，为提高分类精度，根据不同的色调和纹理特征等，用目视解译的方法纠正监督分类的结果。技术流程如图 1 所示。

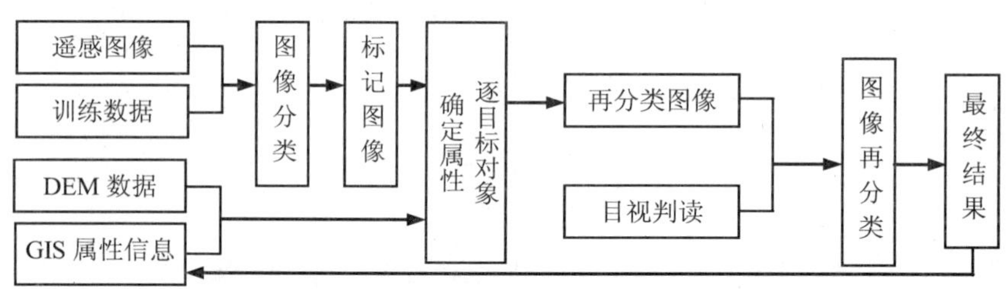


图 1　RS 与 GIS 结合的分类流程

成功分类后，把有关内容矢量化进入 ARC/INFO，利用 ARC/INFO 的统计分析功能获取有关地物类型的数量变化信息，利用 ARC/INFO 的叠加分析功能获取空间变化信息。通过这种方法，结合非遥感信息，编绘了地形、土壤、植被类型及评价图，提供了生态环境综合评价的数据信息。

## 3 评价指标及评价数据处理

海南省生态环境评价指标体系制定的基本原则，是尽可能采用各部门已有的比较成熟的分类及评价指标。在广泛搜集行业部门已有指标基础上，以景观及其构成要素为主线，归纳整理出生态环境评价指标体系（表 1）。

表 1　海南省生态环境评价指标

| 评价因子 | 指标项 | 1 级 | 2 级 | 3 级 | 4 级 | 5 级 | 6 级 | 7 级 | 8 级 | 9 级 | 10 级 |
|---|---|---|---|---|---|---|---|---|---|---|---|
| 地形 | 高度/m | 0～50 | 50～100 | 100～500 | 500～800 | 800～1 867 | — | — | — | — | — |
| | 坡度/（°） | 0～5 | 5～10 | 10～15 | 15～20 | 20～25 | — | — | — | — | — |
| 土壤 | 有机质含量/% | 0～1.019 | 1.019～2.038 | 2.038～3.057 | 3.057～4.076 | 4.076～5.953 | — | — | — | — | — |
| | 侵蚀模数/[t/（$km^2 \cdot a$）] | 0～200 | 200～2 500 | 2 500～5 000 | 5 000～8 000 | 8 000～15 000 | — | — | — | — | — |
| 植被 | 盖度/% | 0～10 | 10～20 | 20～30 | 30～40 | 40～50 | 50～60 | 60～70 | 70～80 | 80～90 | 90～100 |

表 1 中所列的评价指标体系，评价指标与生态环境质量关系有正逆两种，它们无论从指标分级值，或从计量单位，均不具备可比性，因此，对评价指标值要经过标准化及加权处理。标准化处理采用以下两种公式：

$$a_i = \frac{X_i - X_{min}}{X_{max} - X_{min}} \times 10 \tag{1}$$

$$a_i = \frac{X_i - X_{min}}{X_{max} - X_{min}} \times 5 + \frac{Y_i - Y_{min}}{Y_{max} - Y_{min}} \times 5 \tag{2}$$

式中，$a_i$ 为某一指数项第 $i$ 级标准化值；$X_i$ 为某一指标项第 $i$ 级值；$X_{max}$ 为某一指标项最高阈值；$X_{min}$ 为某一指标项最低阈值。

如果某一评价因子具有两个指标项，则用式（2），$Y_i$、$Y_{max}$ 和 $Y_{min}$ 意义同式（1）。

生态环境综合评价指数，采用加权求和的方法，公式如下：

$$E_j = T_{a_i} \cdot T_e + S_{a_i} \cdot S_e + P_{a_i} \cdot P_e \tag{3}$$

式中，$E_j$ 为第 $j$ 评价单元生态环境综合评价指数；$T_{a_i}$ 地形第 $i$ 级标准化数值；$T_e$ 地形权重，$T_e=0.2$；$S_{a_i}$ 为土壤第 $i$ 级标准化数值；$S_e$ 土壤权重，$S_e=0.3$；$P_{a_i}$ 为植被第 $i$ 级标准化数值；$P_e$ 植被权重，$P_e=0.5$。

## 4　多因素综合评价及综合评价分级

海南省生态环境综合评价图编绘分两步进行。第 1 步先编绘景观要素评价图，分别编绘地形、土壤、植被单要素类型及其评价图。根据遥感与非遥感信息数据，按公式（1）或（2）标准化，给单要素类型单元赋值，进行单要素评价。第 2 步，在此基础上利用 GIS 空间叠加功能，叠加编绘综合评价图。综合评价图以景观生态类型为基本单元，每一单元具有地形、土壤、植被多重属性，反映这些多重属性的数据，按公式（3-3）加权求和，计算每基本单元的综合评价指数。综合评价指数阈值范围 0～10。多要素综合评价流程见图 2。

在单元要素评价、多要素综合评价赋分基础上，对所有综合评价图上的图斑赋分值，进行统计及聚类分析，并参照实际景观特征，确定综合评价指数分级。海南省生态环境综合评价分级见表 2。

按照上述制图流程编绘的海南岛生态环境综合评价图见图 3，其表示方法为：①以不同的色系表示不同的生态系统。②以两位数字编码表示每一图斑的地形、土壤属性。③两位数字编码加色系表示景观生态类型属性。④以不同晕线表示综合评价等级。

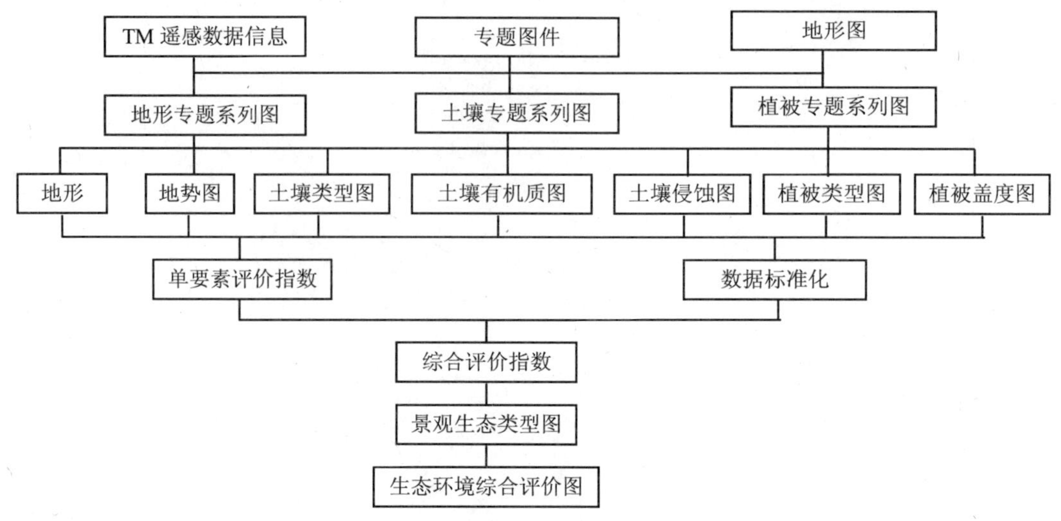


**图 2 海南省生态环境综合评价图制图流程**

**表 2 海南省生态环境综合评价指数分级**

| 综合评价级 | 综合评价指数 | 特征 |
|---|---|---|
| 理想状态 | E≥8 | 生态环境基本未受干扰破坏，生态系统结构完整，功能很强 |
| 良好状态 | 7≤E<8 | 生态环境基本未受破坏，生态系统结构尚完整，功能较强 |
| 一般状态 | 6≤E<7 | 生态环境受到少量破坏，生态系统可维持基本功能，在一般干扰下尚可恢复 |
| 较差状态 | E<6 | 生态环境受到较大破坏，生态系统结构有较大变化，功能降低，受损后恢复困难 |

## 5 海南省生态环境评价

根据编绘的 1∶250 000 海南省景观生态格局及生态系统评价图。对海南省生态环境分别按生态系统及行政区域评价。

海南省生态环境质量的基本态势，以同心圆结构由中部向外呈降低的趋势。中部为热带雨林、热带季雨林、常绿阔叶林等生态系统，为理想状态。向外为丘陵季雨林、丘陵灌丛生态系统，大部分为良好状态。再向外为台地灌丛、台地草原生态系统，大部分为一般状态，少部分较差。周边沿海平原是园地、人工林及农田生态系统，少量为良好状态，部分为一般状态，部分为较差状态。

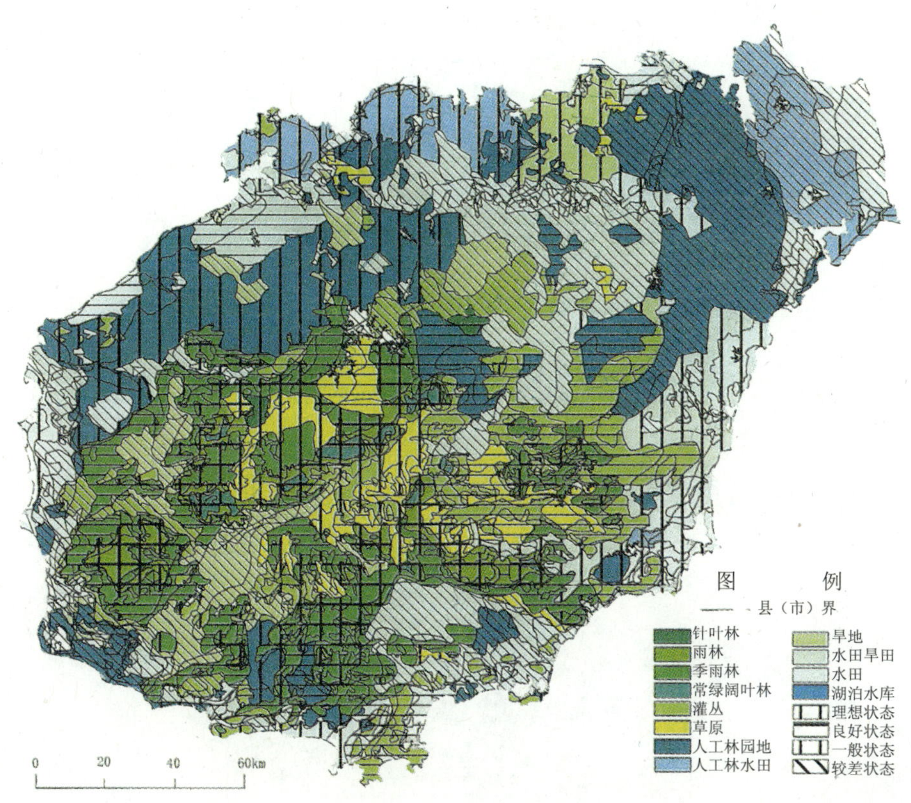


图 3　海南岛生态系统评价图

在所有生态系统中，雨林、季雨林生态系统及常绿阔叶林生态系统大部分为理想状态。其中，雨林生态系统理想状态占 75%，良好状态占 25%。季雨林生态系统理想状态占 40.8%，良好状态占 55.9%。常绿阔叶林生态系统 94.7%处于理想状态。在所有生态系统中，针叶林生态系统、灌丛生态系统、草原生态系统大部分为良好状态。其中，针叶林生态系统 51.8%处于良好状态，48.2%处于一般状态。灌丛生态系统 60.5%处于良好状态。草原生态系统 48.7%为良好状态，31.8%为一般状态。在人工生态系统中，园地及人工林 46.2%为一般状态，41.6%为较差状态。水田生态系统 35.3%为一般状态，49.5%为较差状态。旱地生态系统 27.6%为一般状态，72.4%为较差状态。

海南省下属 2 个地级市、7 个县级市、10 个县。生态环境按行政区域评价如图 5 所示。从行政区域评价看，处于中心位置的白沙、琼中、通什、保亭 4 县市，生态环境基本处于理想状态；三亚、海口、昌江、万城 4 县市，生态环境质量处于良好状态；其余 11 个县区生态环境一般或较差。

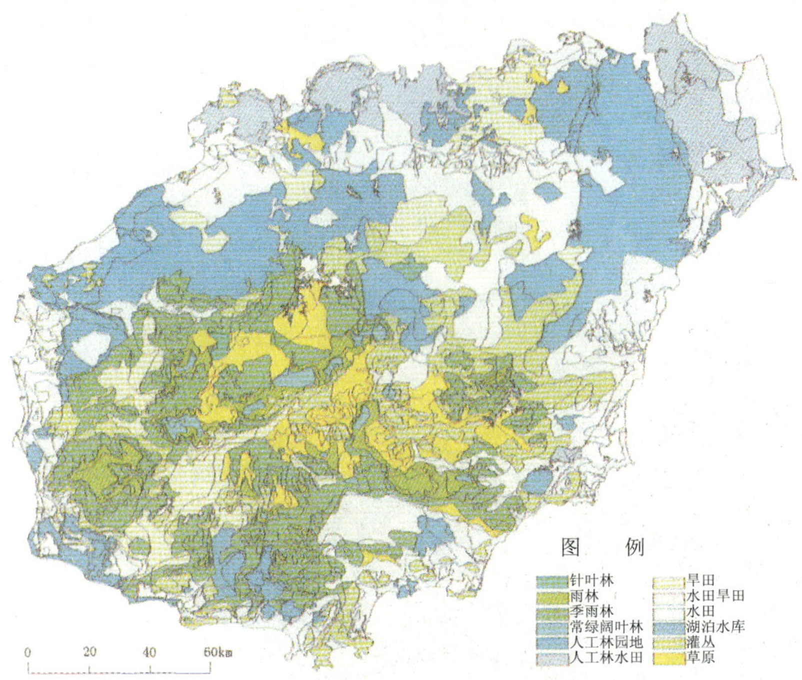


图4　海南岛景观生态格局

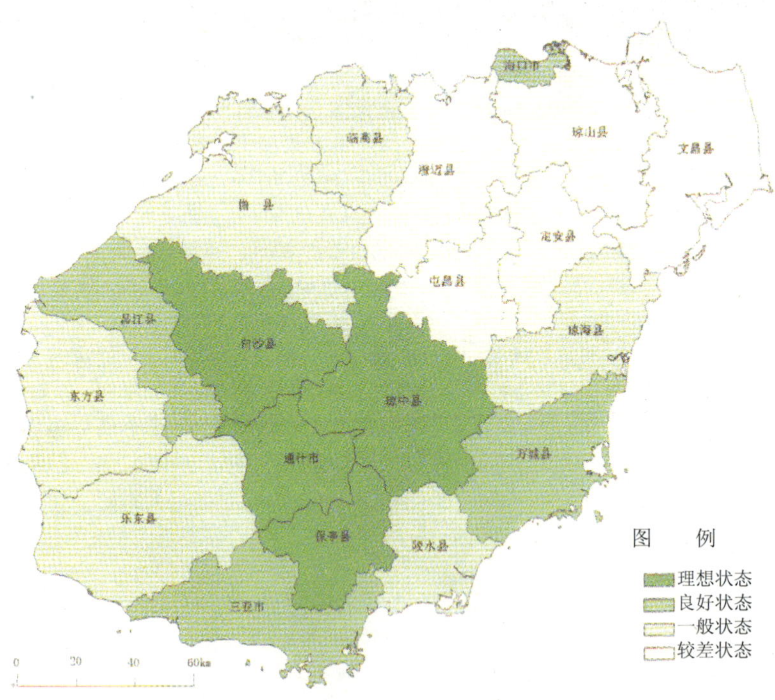


图5　海南岛县级生态系统评价图

## 6 讨论

（1）由于生态环境研究对象具有综合性、广泛性、模糊性，进行综合评价难度比较大，特别是采用定量综合评价。本文以景观生态学理论思想为指导、以遥感与地理信息系统相结合为手段、以多因素综合定量评价为主要方法，进行生态环境综合评价，从方法论作了初步尝试。

（2）区域生态环境的动态监测及趋势预测，是生态环境研究中重要而急需解决的问题。生态环境评价制图方法是尝试解决这一问题的第一步。按照这种方法，编绘连续的不同时期生态环境评价系列图，将会获得生态环境动态变化资料，根据这些动态资料，可进行生态环境变化趋势预测。

### 参考文献


[1] 刘纪远. 中国资源环境遥感宏观调查与动态研究[M]. 北京：中国科学技术出版社，1996.

[2] 董汉飞，曾水泉. 海南省生态环境质量分析与综合评价[M]. 广州：中山大学出版社，1985.

[3] 广州地理研究所. 海南岛热带自然资源图（说明）[M]. 北京：科学出版社，1985.

[4] 金鉴明. 绿色的危机——中国典型生态区生态破坏现状及其恢复利用研究论文集[C]. 北京：中国环境科学出版社，1994.

[5] A U C J Van Beurden，W J A M Douven. Aggregation issues of spatial information in environmental research [J]. Geographical Information Science，1999（5）：513-527.

[6] 李震，孙文新，等. 综合 RS 与 GIS 方法提取青藏高原冰川变化信息——以布喀塔格峰为例[J]. 地理学报，1999（3）：263-268.


## Study on the synthetic assessment cartography of eco-environment in Hainan


**Abstract**: RS is at present the primary and effective means of measurement to ecological situation. GIS provides an efficient tool to analyze the status and the changes of ecological environment. In this study, we introduce how to draw up the assessment map on eco-environment based on RS and GIS with the theory of eco-landscape guidance, which takes the assessment integrated the multi-factors as a major method.

Firstly, we overlap the topography, soil and vegetation types based on the vegetation type spot to divide into the different eco-landscape types which are considered as the basic unit of the assessment cartography on eco-environment.

Secondly, we put the TM Landsat data and others such as DEM into ERDAS to classify them with maximum likelihood supervised classification, and verify the supervised classification results by visual interpretation to extract the thematic information. Then, the topography map, soil map and vegetation types map are made by ARC/INFO.

Finally, we build the assessment index system of eco-landscape factors and have the index value processed normalization to calculate the single factor assessment index and make the single factor assessment maps. Then, we overlap the single factor assessment maps to get the synthetic assessment map by ARC/INFO spatial overlapping analysis. During the overlapping, the single factor assessment indexes are processed with weight function to get the synthetic assessment index, then the eco-landscape type units are assigned. According to the method mentioned above, the eco-landscape type units are evaluated one by one.

The eco-environment assessment map in Hainan island made by the method mentioned above, shows that eco-environment quality gradually declines from the central to the peripheral. And there are four counties in the ideal state, another four ones in the state of kilter, the others in the relatively poor state. We can dynamically inspect and effectively predict the eco-environment change with the dynamic serial maps of region eco-environment made by the method mentioned above.

**Key Words:** Hainan Island; Eco-environment Synthetic Assessment; Eco-environment Cartography

# 张家口市坝上地区生态足迹初步研究

**摘要**：利用生态足迹、生态承载力计算公式，根据 1999 年统计资料，对张家口市坝上地区进行了实例计算。在此基础上，对该区域生态承载力与生态足迹的平衡关系进行了分析，确定了在现有生产水平下生态承载力阈值和人口容量阈值，提出减少区域生态赤字的对策。

**关键词**：坝上地区；生态足迹；生态承载力

## 引 言

张家口市坝上地区是我国重要的农牧交错区。长期以来在农牧交错区，由于人类对自然资源的利用强度已经超过了生态系统的承载力，生态退化非常严重。定量地计算农牧交错区生态系统承载力，确定其阈值，是生态保护和建设急需解决的问题。

加拿大生态经济学家 William E R 和其学生 Wackernagel M 提出的生态足迹的概念，以及生态足迹、生态承载力的计算方法，为这一问题的解决指出简洁明了的思路和方法。国内已经介绍和进行了区域研究。本文应用这一方法，以张家口市坝上地区为例，对农牧交错区的生态承载力阈值和人口容限值进行了研究，提出了减少区域生态赤字的相应对策。这些结论对于农牧交错区自然资源开发利用强度的确定，对于农牧交错区生态保护和建设的决策，提供科学依据。

## 1 研究区域与研究方法

### 1.1 自然概况

张家口市坝上地区位于河北省北部，包括张北、尚义、康保、沽源四县。总面积 $13.8\times10^5\,km^2$，总人口 107 万人。

该区地形属于内蒙古高原的南缘，南部坝头为丘陵、台地。中、北部为波状高平原，海拔 1 400～1 700 m，其间分布一些湖淖、滩地。地势东南高、西北低。气候属大陆性季风气候，冬长夏短，春秋不明显。冬季在蒙古高压控制下，天气晴朗，雨雪很少，气温在 0℃以下，最低气温可达－43℃。夏季受大陆高压及副热带高压控制，最高气温达 30℃，多年平均降水量 436.3 mm，降水多集中 7—8 月。年蒸发量 1 693 mm。全年盛行西北风，平均风速 4.4 m/s，最大风速 34 m/s，大于八级以上的大风 56 d/a。河流属滦河水系，受降

本文发表于《应用生态学报》，2003，14（2）：317-320。署名的还有：张永春，缪旭波，沈渭寿，马荣华。

雨特征影响，河水暴涨暴落。地下水埋深大于 100 m。土壤以地带性的栗钙土、沙质栗钙土为主。植被以温带干草原为主，多年生草占优势，伴生一定数量的灌丛、半灌丛。

这一地区是我国典型的农牧交错区。由于干旱、大风、降雨稀少的气候特征，疏松的沙质地表和稀疏的自然植被条件，加之人口急速增长，农耕规模不断扩大，草场过度放牧，以土地沙漠化、草场沙化为主要形式的生态环境退化越来越严重。由此引起沙尘暴发生的频率越来越高，成为我国主要沙尘源地之一。不仅影响当地群众的生存环境，而且影响京津地区的生态安全。

研究坝上地区生态足迹、生态承载能力，生态环境容量，采取有力措施提高生态承载力，减小生态系统负载，使当地经济活动与生态承载能力相适应，是区域社会经济持续发展的重要问题。

## 1.2 研究方法

### 1.2.1 生态足迹计量方法

生态足迹是加拿大生态经济学家 William E R 和其学生 Wackernagel M 1996 年提出的，其基本含义是指能够提供或消纳废物的具有一定生产能力的生态生产性土地面积。生态生产性土地是这一概念的基础，生态生产性土地是指具有一定生态生产能力的土地及水体，它包括化石能源地、可耕地、牧草地、森林、建设用地、水域 6 大类。

生态足迹的计量，是以生态生产性土地为基础，将生态资源的消费折算成具有一定生产能力的生态生产性土地。生态足迹计算的数学模型如下：

$$EF=\sum_{i=1}^{n}\frac{C_i}{EP_i}EQ_i=\sum_{i=1}^{n}\frac{P_i+I_i-E_i}{EP_i}EQ_i \quad (i=1,2,3,\cdots,6) \tag{1}$$

式中，$EF$ 为总生态足迹；$EP_i$ 为生态生产力（全球平均）；$C_i$ 为资源消费量；$P_i$ 为资源生产量；$I_i$ 为资源进口量；$E_i$ 为资源出口量；$i$ 为生态生产性土地类型，分为 6 大类；$EQ_i$ 为等量化因子，一般采用的系数化石能源地 1.1、可耕地 2.8、牧草地 0.5、森林 1.1、建设用地 2.8、水域 0.2。森林的等量化因子 1.1，即表示森林生态系统生物生产量为全球生态系统平均生物生产量的 1.1 倍。

总生态足迹除以区域总人口，为人均生态足迹。

### 1.2.2 生态承载力计量方法

生态承载力，或者称生态足迹供给，是与生态足迹相关的概念。它是指区域所能够提供给人类的生态生产性土地总和。计算方法是将区域内各类生态生产性土地面积乘以等量化因子及产量调整系数后求和，为总生态承载力或总生态足迹供给，除以总人口数，即为人均生态承载力，或人均生态足迹供给。计算公式如下：

$$EC=\frac{\sum_{i=1}^{n}A_i\cdot EQ_i\cdot Y_i}{N} \quad (i=1,2,3,\cdots,6) \tag{2}$$

式中，$EC$ 为人均生态承载力；$A_i$ 为不同类型生态生产性土地面积；$EQ_i$ 为等量化因子，含义同（1）式中 $EQ_i$；$Y_i$ 为不同类型生态生产性土地产量调整系数，是用区域单位面积生物生产力与全球平均生物生产力比值表示。如果 $Y_i>1$，表明区域单位面积生物生产力高于全球平均生物生产力，反之亦相反；$N$ 为总人口数。

## 1.3 张家口坝上地区生态足迹及生态承载力计量

### 1.3.1 生态足迹与生态承载力的计算过程

按照上述公式，以张家口张北县为例，进行生态足迹以及相应的生态承载力计算。计算分为 3 个步骤：按公式（1）计量总生态足迹及人均生态足迹，分生态资源与能源两部分计算；按公式（2）计量人均生态承载力；编制生态足迹与生态承载力平衡表。计算过程及中间结果如表 1、表 2、表 3、表 4 所示。

**表 1　张北县生态足迹计量（生物资源部分）**

| | 全球平均产量/（kg/hm²） | 区域生物生产量*/kg | 按全球平均产量总生态足迹/hm² | 人口 | 人均生态足迹/（hm²/人） | 等量化因子 | 调整后人均生态足迹/（hm²/人） | 分类合计/hm² |
|---|---|---|---|---|---|---|---|---|
| 粮食 | 2 744 | 50 633 000 | 18 452.259 5 | 370 792 | 0.049 80 | 2.8 | 0.139 34 | — |
| 油料 | 1 856 | 8 366 000 | 4 507.543 1 | | 0.012 16 | 2.8 | 0.034 05 | — |
| 蔬菜 | 18 000 | 160 096 000 | 8 894.222 2 | | 0.023 99 | 2.8 | 0.067 17 | 0.240 56 |
| 干鲜果 | 3 000 | 700 000 | 233.333 3 | | 0.000 63 | 1.1 | 0.000 69 | 0.000 69 |
| 猪肉 | 74 | 13 740 000 | 185 675.676 | | 0.500 75 | 0.5 | 0.250 38 | — |
| 牛肉 | 33 | 5 632 000 | 170 666.666 | | 0.460 276 | 0.5 | 0.230 14 | — |
| 羊肉 | 33 | 2 613 000 | 79 181.818 1 | | 0.213 55 | 0.5 | 0.106 80 | — |
| 禽肉 | 15 | 508 000 | 33 866.666 6 | | 0.091 34 | 0.5 | 0.045 67 | — |
| 兔肉 | 15 | 383 000 | 25 533.333 3 | | 0.068 86 | 0.5 | 0.034 43 | — |
| 奶类 | 502 | 11 521 000 | 22 950.199 2 | | 0.061 90 | 0.5 | 0.030 95 | — |
| 蛋 | 15 | 3 728 000 | 248 533.333 | | 0.670 28 | 0.5 | 0.335 14 | — |
| 羊毛 | 15 | 568 000 | 37 866.666 6 | | 0.102 12 | 0.5 | 0.051 06 | 1.084 57 |
| 水产品 | 29 | 2 388 000 | 82 344.827 5 | | 0.222 08 | 0.2 | 0.044 42 | 0.044 42 |
| 建筑用地 | — | 13 991.01 | — | | 0.037 73 | 2.8 | 0.105 64 | 0.105 64 |
| 汇总 | | | | | | | | 1.475 88 |

* 根据张家口市 1999 年统计资料。

表 2　张北县生态足迹计量（能源部分）

| | 全球平均能源足迹/（GJ/hm²） | 折算系数/（GJ/t） | 总消费量/t | 总消费量/GJ | 人均消费量/（GJ/per） | 人均生态足迹/（hm²/人） | 生态生产性土地类型 | 合计/（hm²/人） |
|---|---|---|---|---|---|---|---|---|
| 煤炭 | 55 | 20.934 | 15 573.3 | 326 011.462 | 0.879 20 | 0.015 99 | 化石燃料用地 | — |
| 汽油 | 93 | 43.124 | 2 401.3 | 103 553.661 | 0.279 28 | 0.003 00 | 化石燃料用地 | — |
| 柴油 | 93 | 42.705 | 1 783.9 | 76 181.450 | 0.205 46 | 0.002 21 | 化石燃料用地 | 0.021 2 |
| 电力 | 1 000 | 0.008 310 80 GJ/kW | 1 561 万 kW·h | 129 731.557 | 0.349 88 | 0.000 35 | 建筑用地 | 0.000 35 |

* 电力千瓦时与热量折算系数是根据每千瓦时耗煤 397 g，再根据每克煤发热量换算。

表 3　张北县生态承载力（生态足迹供给）计量

| | 总面积/hm² | 人口 | 人均面积/（hm²/人） | 等量化因子 | 人均生态足迹供给/（hm²/人） | 产量调整系数 | 调整后人均生态足迹供给/（hm²/人） |
|---|---|---|---|---|---|---|---|
| 耕地 | 218 105.77 | 370 792 | 0.588 | 2.8 | 1.647 | 0.234 88 | 0.386 85 |
| 草地 | 123 108.98 | | 0.332 | 0.5 | 0.166 | 1.014 5 | 0.168 41 |
| 林地 | 42 226.49 | | 0.114 | 1.1 | 0.125 4 | 0.67 | 0.084 02 |
| 建筑用地 | 13 991.01 | | 0.038 | 2.8 | 0.106 4 | 0.639 79 | 0.068 1 |
| 水域 | 11 303.36 | | 0.03 | 0.2 | 0.006 | — | 0.006 |
| 合计 | — | | — | — | — | — | 0.713 38 |
| 扣除 12%后 | — | | — | — | — | — | 0.627 77 |

表 4　张北县生态承载力与生态足迹平衡表

| 生态生产性土地类型 | 人均生态承载力/（hm²/人） | 人均生态足迹/（hm²/人） | 生态盈亏/（hm²/人） |
|---|---|---|---|
| 耕地 | 0.386 85 | 0.240 56 | — |
| 草地 | 0.168 41 | 1.084 57 | — |
| 林地 | 0.084 02 | 0.000 69 | — |
| 建筑用地 | 0.068 1 | 0.105 64 | — |
| 水域 | 0.006 | 0.044 42 | — |
| 化石燃料 | — | 0.021 55 | — |
| 合计 | 0.713 38 | 1.497 43 | — |
| 扣除 12%后生态承载力 | 0.627 77 | 1.497 43 | −0.869 66 |

### 1.3.2 坝上地区生态足迹与生态承载力计量结果

以同样的方法，计算出张家口坝上地区生态足迹、生态承载力，进行平衡比较，结果见表 5。

表 5　张家口坝上地区生态承载力与生态足迹平衡表

| 县名 | 人均生态承载力/（$hm^2$/人） | 扣除 12%后的人均生态承载力/（$hm^2$/人） | 人均生态足迹/（$hm^2$/人） | 生态盈亏/（$hm^2$/人） |
|---|---|---|---|---|
| 张北 | 0.713 38 | 0.627 77 | 1.497 43 | −0.869 66 |
| 尚义 | 0.669 80 | 0.589 42 | 1.404 02 | −0.814 60 |
| 康保 | 0.785 54 | 0.691 28 | 1.089 91 | −0.398 63 |
| 沽源 | 0.958 21 | 0.843 22 | 1.322 52 | −0.479 30 |
| 坝上地区 | 0.781 73 | 0.687 92 | 1.328 47 | −0.640 55 |

# 2　结论与分析

## 2.1　区域生态承载力阈值及生态盈亏分析

根据以上计算结果，对张家口坝上地区生态承载力状况，可以作如下结论。

张北县人均生态足迹供给 0.713 38 $hm^2$，为保护生物多样性扣除 12%后，人均生态足迹供给 0.627 77 $hm^2$，即生态承载力阈值为 0.627 77 $hm^2$。该县的人均生态足迹为 1.497 43 $hm^2$，与生态承载力平衡比较，人均生态赤字 0.869 66 $hm^2$，超出生态承载力的 138.53%。

尚义县人均生态足迹供给 0.669 80 $hm^2$，为保护生物多样性扣除 12%后，人均生态足迹供给 0.589 42 $hm^2$，即生态承载力阈值为 0.589 42 $hm^2$。该县的人均生态足迹为 1.404 02 $hm^2$，与生态承载力平衡比较，人均生态赤字 0.814 60 $hm^2$，超出生态承载力的 138.20%。

康保县人均生态足迹供给 0.785 54 $hm^2$，为保护生物多样性扣除 12%后，人均生态足迹供给 0.691 28 $hm^2$，即生态承载力阈值为 0.691 28 $hm^2$。该县的人均生态足迹为 1.089 91 $hm^2$，与生态承载力平衡比较，人均生态赤字 0.398 63 $hm^2$，超出生态承载力的 57.67%。

沽源县人均生态足迹供给 0.958 21 $hm^2$，为保护生物多样性扣除 12%后，人均生态足迹供给 0.843 22 $hm^2$，即生态承载力阈值为 0.843 22 $hm^2$。该县的人均生态足迹为 1.322 52 $hm^2$，与生态承载力平衡比较，人均生态赤字 0.479 30 $hm^2$，超出生态承载力的 56.85%。

张家口市坝上地区总人口 1 069 686 人，人均生态足迹供给 0.781 73 $hm^2$，为保护生物多样性扣除 12%后，人均生态足迹供给 0.687 92 $hm^2$，即生态承载力阈值为 0.687 92 $hm^2$。该地区的人均生态足迹为 1.328 47 $hm^2$，与生态承载力平衡比较，生态赤字 0.640 55 $hm^2$，超出生态承载力的 93.11%。

根据 Wackernagel M 的计算，中国 1993 年人均生态足迹 1.12 $hm^2$，人均生态承载力为 0.8 $hm^2$，人均生态赤字 0.4 $hm^2$。张家口市坝上地区与全国平均水平相比，人均生态足迹高 0.208 47 $hm^2$，高 18.61%，人均生态承载力低 0.112 08 $hm^2$，低 14.01%。生态赤字是全国平均赤字的 1.60 倍。

## 2.2 减少区域生态赤字的对策

### 2.2.1 增加科技和财政投入，提高单位面积生物生产量

在张家口市坝上地区，由于干旱、大风、低温等自然灾害，使土地生物生产量普遍较低。耕地的平均产量系数张北 0.234 88，尚义 0.316 52，康保 0.225 7，沽源 0.284 67，即该地区单位面积农作物平均生产量，仅相当于全球平均生产量的 30%左右。如果通过增加科技和财政投入的途径，提高单位面积生物生产量，使其达到全球平均单位面积生产量的 50%，该地区耕地类平均生态足迹，将由原来的 0.297 20 $hm^2$ 降低为 0.237 76 $hm^2$，该地区的人均生态赤字将由 0.640 55 $hm^2$ 降低为 0.585 23 $hm^2$。如果张北、尚义、康保、沽源的耕地单位面积产量，分别达到目前的 3.3 倍、2.6 倍、1.9 倍、1.8 倍，各县的生态足迹与生态承载力可达到平衡。坝上地区各县草地生态赤字在总生态赤字中占的份额比较大，单靠提高产草量，解决草地生态赤字，草地产草量至少为目前的 6～7 倍，在目前的技术条件下，难以达到。如果采取农、林、牧综合措施，使耕地、林地、草地的产量系数平均达到 1.053 83，那么，坝上地区人均生态承载力为 1.509 63 $hm^2$，为保护生物多样性扣除 12%后，为 1.328 47 $hm^2$，即与当前的人均生态足迹 1.328 47 $hm^2$ 平衡。

### 2.2.2 多种渠道解决生态系统的超负荷人口

张家口市坝上四县总人口 1 069 686 人，根据表 5 的结果可知，坝上四县的人均生态足迹为 1.328 47 $hm^2$，极限人均生态承载力 0.687 92 $hm^2$。要保持该地区的生态承载力与生态足迹的平衡，经计算，在现有的生产水平下，人口的容限值为 553 914.2 人。即使不考虑生物多样性保护，不扣除 12%的生态承载力，人口的容限值也仅仅为 629 450.1 人，即该地区有 440 235.8～515 771.8 人超过生态系统的容限值，超载人口为现有人口 41 .15%～48.22%。也就是说，张家口坝上地区四县有将近 50%的超负荷人口。

要减少生态赤字，降低生态系统的超负荷人口，应通过多种渠道解决这一问题。

人口总数是生态足迹和生态承载力计算的重要基数，要提高生态承载力，降低人均生态足迹，必须坚决贯彻计划生育基本国策，降低人口出生率，减少人口总数。这是一项长期而艰巨的任务。

积极发展第三产业，组织劳务输出，减少农牧民对土地的依赖性，减少土地生态系统的压力，减少生态系统的负荷量。积极推进中小城镇的城市化进程，吸收更多的农村剩余劳动力，为农牧民从事第三产业，创造更有利的条件。发展农、牧产品深加工为主的乡镇企业，组织部分青年农、牧民进厂做工，吸纳部分生态系统的超负荷人口。在生态条件极端恶化的地区，根据当地的财力，有步骤地进行生态移民。

## 参考文献

[1] Li-L-F（李利锋），Cheng-S-K（成升魁）. Ecological footprint：a new indicator for sustainability. Journal of natural resources（自然资源学报），2000，15（4）：375-382（in Chinese）.

[2] Xu-Z-M（徐中民），Zhang-Z-Q（张志强），Cheng-G-D（程国栋）. The calculation and analysis of ecological footprint of Gansu province. Acta geographica sinica（地理学报），2000，55（5）：607-616（in Chinese）.

[3] Zhang-Z-Q（张志强），Xu-Z-M（徐中民），Cheng-G-D（程国栋），Chen-D-J（陈东景）.The ecological footprint of the 12 provinces of west China in 1999. Acta geographica sinica（地理学报），2001，56（5）：599-610（in Chinese）.

[4] Mathis Wackernagel，William E Rees. Our ecological footprint：reducing human impact on the earth [M]. Gabriola Island，B.C.Canada：New Society Publishers，1996.

[5] Mathis Wackernagel，J David Yount. The ecological footprint：an indicator of progress toward regional sustainability [J]. Environmental Monitoring and Assessment，1998，51：511-529.

[6] Mathis Wackernagel，Lewan L，Hansson C B.Evaluating the use of natural capital with the ecological footprint：applications in Sweden and Subregions [J]. Ambio，1999，28（7）：604-612.

# Preliminary Study on Ecological Footprint in Bashang Region of Zhangjiakou City

**Abstract:** By using the equation for computing ecological footprint and ecological carrying capacity，calculation of the case of Bashang Region of Zhangjiakou City is done with the statistical data of the region in 1999 as its basis. Based on the calculation，balancing between ecological footprint and ecological carrying capacity is analyzed，thus，determining the threshold values of the ecological carrying capacity and population capacity of the region at the current production level. On such a basis，strategies for reducing ecological deficit in this region is brought forward.

**Key Words:** Bashang Region；Ecological Footprint；Ecological Carrying Capacity

# 张家口市坝上地区生态承载力阈值研究

**摘要**：利用生态足迹分析方法体系中生态承载力、生态足迹的计算方法，对张家口坝上地区四县及所属乡的生态承载力、生态足迹进行了计算。根据计算结果，建立了坝上地区及各县的生态承载力阈值模型，确定了模型参数。坝上地区人均生态承载力阈值（$N$）为 0.781 7hm²/人。人均生态承载力的下限阈值（$D$）为 0.687 92 hm²/人，人均生态承载力的上限阈值（$R$）为 0.958 21 hm²/人。人类对生态系统的冲击力即生态足迹，如果人均生态足迹低于 0.687 92 hm²/人，生态系统将保持良好状态。如果人均生态足迹达到 0.781 73hm²/人，生态系统处于准平衡状态，具有一定的弹性。如果人均生态足迹达到 0.958 21 hm²/人，则生态系统崩溃，向类似沙漠的景观发展。模型对于该区自然资源开发强度确定，生态环境建设定量化管理，具有参考价值。

**关键词**：坝上地区；生态足迹；生态承载力阈值

张家口坝上地区位于河北省的北部，行政区包括张北、尚义、康保、沽源四县。总面积 $13.8\times10^5$km²，总人口 $107\times10^4$ 人。这一地区是我国典型的农牧交错区。由于干旱、大风、降雨稀少的气候特征，疏松的沙质地表和稀疏的自然植被条件，加之人口急速增长，农耕规模不断扩大，草场过度放牧，以土地沙漠化、草场沙化为主要形式的生态环境退化越来越严重。由此引起沙尘暴发生的频率越来越高，成为我国主要沙尘源地之一。生态环境恶化，不仅影响当地群众的生存环境，而且影响京津地区的生态安全。生态承载力阈值研究是该区域社会经济持续发展的重要基础理论问题。

## 1 生态承载力概念

生态足迹（ecological footprint）是加拿大生态经济学家 William E R 和其学生 Wackernagel M 于 20 世纪 90 年代提出的。生态足迹与生态承载力两个关键性概念，构成了生态足迹分析方法体系。

生态足迹是指能够提供给一定人口的资源消费或消纳废物的具有一定生产能力的生态生产性土地面积。生态生产性土地（ecologically productive area）是指具有一定生态生产能力的土地或者水体。按照 William E R 的体系，将生态生产性土地划分了 6 大类：（1）化石能源地；（2）农耕地；（3）牧草地；（4）森林；（5）建成地；（6）水域。考虑到各生态生产性土地类型生态生产能力的差别，分别赋予这 6 类土地不同的权重。

生态承载力，即生态足迹供给，是与生态足迹相关联的概念，它的意义是一个地区能

本文发表于《生态包袱与生态足迹——海峡两岸学术交流论文集》。王青，陶在朴主编. 冠伦文化有限公司出版，2004 ：28-39；《生态经济学报》，2004，2（2）：110-114。署名的还有：唐晓燕，马荣华，邹长新。

够供给人类生态生产性土地的面积总和。其值除以区域总人口为人均生态承载力。

生态足迹及其与之对应的生态承载力的计量方法，通过引入生态生产性土地概念，实现了对各种自然资源的统一描述，建立了人类对资源消费简单、易行的统一度量标准。与此同时，引入等价因子与生产力系数，实现了各个国家、地区各类生产性土地的可比性、可加性。通过生态足迹与生态承载力比较，计算生态盈亏，可以表述区域社会经济的可否持续发展。

## 2 生态承载力的计算方法

### 2.1 生态足迹计量方法

生态足迹的计量，是以生态生产性土地为基础，将生态资源的消费折算成具有一定生产能力的生态生产性土地。数学模型如下：

$$EF=\sum_{i=1}^{n}\frac{C_i}{EP_i}EQ_i=\sum_{i=1}^{n}\frac{P_i+I_i-E_i}{EP_i}EQ_i \quad (i=1,2,3,\cdots,6) \tag{1}$$

式中，$EF$ 为总生态足迹；$EP_i$ 为生态生产力（全球平均）；$C_i$ 为资源消费量；$P_i$ 为资源生产量；$I_i$ 为资源进口量；$E_i$ 为资源出口量；$EQ_i$ 为等量化因子。$EQ_i$ 一般采用的系数：化石能源地 1.1、可耕地 2.8、牧草地 0.5、森林 1.1、建设用地 2.8、水域 0.2。总生态足迹除以区域总人口，为人均生态足迹。

### 2.2 生态承载力计量方法

生态承载力，也称生态足迹供给。计算方法是将区域内各类生态生产性土地面积乘以等量化因子及产量调整系数后求和，为总生态承载力或总生态足迹供给，除以总人口数，即为人均生态承载力或人均生态足迹供给，计算公式如下：

$$EC=\frac{\sum_{i=1}^{n}A_i\cdot EQ_i\cdot Y_i}{N} \quad (i=1,2,3,\cdots,6) \tag{2}$$

式中，$EC$ 为人均生态承载力；$A_i$ 为不同类型生态生产性土地面积；$EQ_i$ 为等量化因子；$Y_i$ 为不同类型生态生产性土地产量调整系数，是用区域单位面积生物生产力与全球平均生物生产力比值表示；$N$ 为总人口数。

按照世界环境与发展委员会《我们共同的未来》报告建议，应留出 12%的生态生产性土地保护生物多样性。实际生态承载力应在计算值的基础上减去 12%。

# 3 坝上地区生态承载力的计算结果

## 3.1 县级生态承载力、生态足迹的计算

根据上述生态足迹与生态承载力的计算方法，利用张家口市 1999 年的统计资料以及土地利用详查、土地利用变更调查资料，对坝上四县的生态足迹、生态承载力分别计算见表 1。

表 1 坝上地区生态承载力与生态足迹计算结果

| 县名 | 人均生态承载力/（$hm^2$/人） | 扣除 12%后人均生态承载力/（$hm^2$/人） | 人均生态足迹/（$hm^2$/人） | 生态盈亏/（$hm^2$/人） |
|---|---|---|---|---|
| 张北 | 0.713 38 | 0.627 77 | 1.497 43 | −0.869 66 |
| 尚义 | 0.669 80 | 0.589 42 | 1.404 02 | −0.814 60 |
| 康保 | 0.785 54 | 0.691 28 | 1.089 91 | −0.398 63 |
| 沽源 | 0.958 21 | 0.843 22 | 1.322 52 | −0.479 30 |
| 坝上地区 | 0.781 73 | 0.687 92 | 1.328 47 | −0.640 55 |

## 3.2 乡级生态承载力、生态足迹的计算

按照上述方法，对各县的乡级生态足迹、生态承载力以及生态赤字，进行了计算，计算结果见表 2、表 3、表 4、表 5。

表 2 张北县各乡生态承载力、生态足迹 单位：$hm^2$/人

| 乡 名 | 人均生态承载力 | 人均生态足迹 | 人均生态赤字 |
|---|---|---|---|
| 大河乡 | 0.398 28 | 1.206 14 | 0.807 86 |
| 白庙滩乡 | 0.586 66 | 1.740 85 | 1.154 19 |
| 大囫囵乡 | 0.816 55 | 1.758 81 | 0.942 26 |
| 单晶河乡 | 0.388 78 | 1.536 46 | 1.147 68 |
| 二泉井乡 | 0.541 53 | 1.768 34 | 1.226 81 |
| 二台乡 | 0.323 26 | 1.256 47 | 0.933 21 |
| 张北镇 | 0.156 94 | 0.706 9 | 0.549 96 |
| 台路沟 | 0.608 56 | 1.696 93 | 1.088 37 |
| 公会乡 | 0.557 48 | 1.746 68 | 1.189 2 |
| 郝家营乡 | 0.519 42 | 1.236 76 | 0.717 34 |
| 黄石崖乡 | 0.652 3 | 1.757 102 | 1.104 8 |
| 两面井乡 | 0.490 03 | 1.651 92 | 1.161 89 |
| 馒头营乡 | 0.569 49 | 1.367 59 | 0.798 1 |
| 三号乡 | 1.020 63 | 1.812 82 | 0.792 19 |

| 乡　名 | 人均生态承载力 | 人均生态足迹 | 人均生态赤字 |
|---|---|---|---|
| 台路沟 | 0.608 56 | 1.696 93 | 1.088 37 |
| 小二台乡 | 0.624 | 1.634 01 | 1.010 01 |
| 油篓沟乡 | 0.341 19 | 1.518 59 | 1.177 4 |
| 战海乡 | 0.794 47 | 2.090 38 | 1.295 91 |

**表 3　尚义县各乡生态承载力、生态足迹**　　单位：$hm^2$/人

| 乡　名 | 人均生态承载力 | 人均生态足迹 | 人均生态赤字 |
|---|---|---|---|
| 八道沟乡 | 0.763 83 | 1.382 02 | 0.618 19 |
| 大清沟镇 | 0.527 63 | 1.382 02 | 0.854 39 |
| 大苏计乡 | 0.745 79 | 1.382 02 | 0.636 23 |
| 大营盘乡 | 0.904 15 | 1.382 02 | 0.477 87 |
| 哈拉沟乡 | 0.741 18 | 1.382 02 | 0.640 84 |
| 红土良乡 | 0.273 8 | 1.382 02 | 1.108 22 |
| 后石井乡 | 0.546 36 | 1.382 02 | 0.835 66 |
| 甲石河乡 | 0.304 05 | 1.382 02 | 1.077 97 |
| 炕塄乡 | 0.593 86 | 1.382 02 | 0.788 16 |
| 南壕堑乡 | 0.908 09 | 1.382 02 | 0.473 93 |
| 七家乡 | 0.686 94 | 1.382 02 | 0.695 08 |
| 套里庄乡 | 0.829 63 | 1.382 02 | 0.552 39 |
| 下马圈乡 | 0.744 84 | 1.382 02 | 0.637 18 |
| 小蒜沟乡 | 0.304 05 | 1.382 02 | 1.077 97 |

**表 4　沽源县各乡生态承载力、生态足迹**　　单位：$hm^2$/人

| 乡　名 | 人均生态承载力 | 人均生态足迹 | 人均生态赤字 |
|---|---|---|---|
| 白土窑 | 0.590 05 | 1.466 03 | 0.875 98 |
| 大二号 | 0.882 31 | 1.695 49 | 0.813 18 |
| 闪电河 | 0.766 84 | 1.979 47 | 1.212 63 |
| 小河子 | 0.477 75 | 1.628 48 | 1.150 73 |
| 长梁乡 | 0.650 89 | 1.788 91 | 1.138 02 |
| 二道渠 | 0.883 75 | 1.667 84 | 0.784 09 |
| 丰元乡 | 0.818 33 | 2.328 59 | 1.510 26 |
| 高山堡 | 0.695 88 | 1.479 39 | 0.783 51 |
| 黄盖卓镇 | 0.467 57 | 1.091 75 | 0.624 18 |
| 九连城 | 0.247 68 | 1.336 76 | 1.089 08 |
| 莲花滩 | 0.867 28 | 1.892 78 | 1.025 5 |
| 农牧林场 | 1.084 32 | 2.265 38 | 1.181 06 |
| 平定堡 | 0.261 97 | 1.129 87 | 0.867 9 |
| 西辛营 | 0.558 48 | 1.458 37 | 0.899 89 |
| 小厂镇 | 0.584 15 | 1.767 39 | 1.183 24 |

表 5　康保县各乡生态承载力、生态足迹　　单位：$hm^2$/人

| 乡　名 | 人均生态承载力 | 人均生态足迹 | 人均生态赤字 |
|---|---|---|---|
| 阎油坊乡 | 0.653 11 | 1.287 07 | 0.633 96 |
| 处长地乡 | 0.293 59 | 0.961 935 | 0.668 345 |
| 丹清河乡 | 0.108 08 | 1.728 66 | 1.620 58 |
| 邓油房镇 | 0.375 33 | 0.791 97 | 0.416 64 |
| 二号卜 | 0.337 3 | 0.907 134 | 0.569 834 |
| 哈必嘎乡 | 0.660 48 | 1.404 7 | 0.744 22 |
| 康保镇 | 0.221 92 | 0.954 24 | 0.732 32 |
| 李家地乡 | 0.538 27 | 1.095 84 | 0.557 57 |
| 芦家营 | 0.486 88 | 1.495 7 | 1.008 82 |
| 满德堂乡 | 0.860 87 | 1.762 67 | 0.901 8 |
| 土城子镇 | 0.776 19 | 1.023 78 | 0.247 59 |
| 屯垦镇 | 0.620 58 | 1.232 57 | 0.611 99 |
| 张纪镇 | 0.291 79 | 1.248 81 | 0.957 02 |
| 照阳河镇 | 0.765 86 | 1.830 84 | 1.064 98 |
| 忠义乡 | 0.455 37 | 1.191 41 | 0.736 04 |

## 4　人为作用下区域生态承载力阈值模型

自然生态系统在人类活动作用下，具有一定的自我调节功能。这种自我调节功能具有一定的限度。当人类作用强度超过了这种限度，自然生态系统将由一种生态系统类型转变为另一种生态系统类型。国内研究者介绍过国外研究者曾经运用过的以下模式（图 1）。

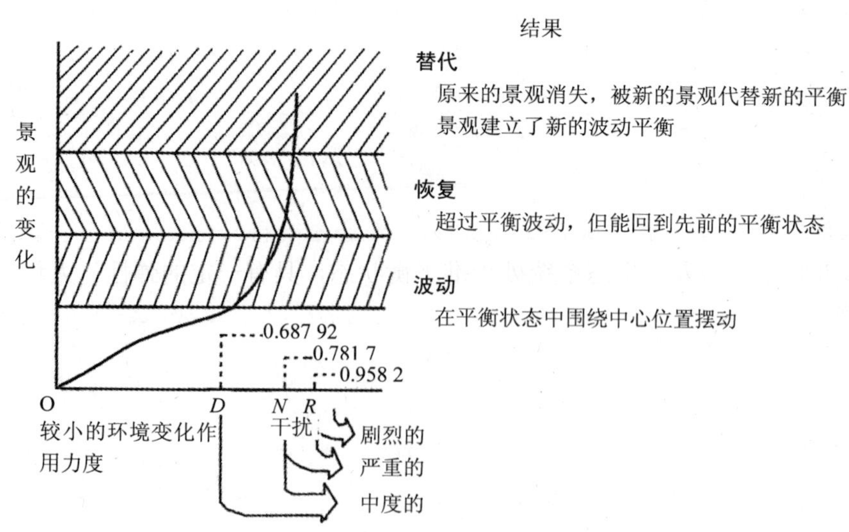


图 1　人为作用下区域生态承载力阈值模型

这一模式中，*R* 点是生态系统生态承载力的上限阈值，即生态系统的警戒值。*N* 点是生态承载力的阈值。*D* 点是生态承载力的下限阈值，生态系统的最优值。

王家骥先生以黑河流域为例，利用植被净第一性生产力计算公式，计算了该区域从潜在沙漠化到严重沙漠化，不同阶段的 *R*、*N*、*D* 值。

这一模型将生态系统的状态与外部人类冲击强度联系起来，描述了生态系统动态特征，给出生态系统的变化阶段的阈值。但是，自然植被净第一性生产力的计算方法非常复杂，而且气候参数的选择因地而异，不同的研究者选取的参数不同，自然植被净第一性生产力的计算值不同。这对于确定在人类作用下的生态承载力模型的 *R*、*N*、*D* 值，有较大的困难。

采用生态足迹及相应的生态承载力（生态足迹供给）的计算结果，运用于这一模型及其 *R*、*N*、*D* 值的计算，比采用自然植被净第一性生产力优越得多。首先，生态足迹反映了人类对生态系统的冲击强度，反映了生态消费的水平。生态承载力（生态足迹供给）反映了自然生态系统自我维持功能特征。这一对概念，符合在人类作用下区域生态承载力阈值模型的要求，既有人类作用强度生态足迹的定量化描述，又有反映生态系统功能的生态承载力阈值定量描述。其次，这些指标的计量，以生态生产性土地为计量基础，简单易行。不但为科学家所理解，而且非常直观，为普通群众所理解、接受。

在前边各县、各乡生态足迹、生态承载力计算结果的基础上，建立坝上地区人为作用下生态承载力阈值模型。

对于坝上地区生态承载力模型中的 *R*、*N*、*D* 值确定，先分别计算各个县的人均生态承载力，以及扣除 12%以后的人均生态承载力，在此基础上，计算坝上地区人均生态承载力，以及扣除 12%以后的人均生态承载力。然后，以坝上人均生态承载力作为生态承载力的阈值 *N*。扣除 12%以后的人均生态承载力作为生态承载力下限阈值 *D*。生态承载力的上限阈值 *R* 的确定，是取高于坝上生态承载力阈值 *N* 的所有县生态承载力均值。

按这一方法计算，坝上地区人为作用下生态承载力模型参数为：*D*=0.687 92；*N*=0.781 73；*R*=0.958 21。

上述坝上地区人为作用下生态承载力模型及其参数的具体含义是：坝上地区人均生态承载力阈值（*N*）为 0.781 73 $hm^2$/人，人均生态承载力的下限阈值（*D*）为 0.687 92 $hm^2$/人，人均生态承载力的上限阈值（*R*）为 0.958 21 $hm^2$/人。人类对生态系统的冲击力即生态足迹，如果人均生态足迹低于 0.687 92 $hm^2$/人，生态系统将保持良好状态。如果人均生态足迹达到 0.781 73 $hm^2$/人，生态系统处于准平衡状态，具有一定的弹性。人均生态足迹从 0.781 73 $hm^2$/人向 0.687 92 $hm^2$/人降低，生态系统向最优方向发展。人均生态足迹从 0.781 73 $hm^2$/人向 0.958 21 $hm^2$/人增大，生态系统向崩溃方向发展。如果人均生态足迹达到 0.958 21 $hm^2$/人，则生态系统崩溃，发生沙漠化，生态系统向类似沙漠的景观发展。

坝上各县的人为作用下生态承载力模型的参数确定与坝上地区生态承载力的模型参数确定方法相类似。生态承载力上限阈值的确定，是将超过该县生态承载力阈值（*N*）的所有乡的生态承载力取均值，即为该县的生态承载力的上限阈值（*R*）。

按照这一方法计算结果，坝上各个县人为作用下生态承载力阈值模型参数见表 6 所示。

表 6 坝上各县生态承载力阈值参数

| 县 名 | 生态承载力下限阈值 $D$/（hm²/人） | 生态承载力阈值 $N$/（hm²/人） | 生态承载力上限阈值 $R$/（hm²/人） |
|---|---|---|---|
| 张北县 | 0.627 77 | 0.713 38 | 0.877 22 |
| 尚义县 | 0.589 42 | 0.669 80 | 0.790 55 |
| 沽源县 | 0.843 22 | 0.958 21 | 1.021 27 |
| 康保县 | 0.691 28 | 0.785 54 | 0.823 21 |

坝上地区及各县人为作用下生态承载力模型，对于该区各个行政单位的生态环境现状准确、科学评价定位具有重要意义。如前面计算表表明的，坝上四县的生态足迹均超过了生态承载力的上限阈值，超过生态系统警戒值。张北县超过警戒值 70.7%，尚义县超过 77.6%，沽源县超过 29.5%，康保县超过 32.4%。在乡一级除张北县张北镇、康保县邓油房镇生态足迹未超过生态承载力上限阈值外，其他乡均超出生态承载力上限阈值。坝上地区生态环境处于严重的危机状态。

加强生态环境行政管理是生态环境恢复、保护的重要环节。该模型在对各个行政单位资源开发的量化管理及根据生态负债状况确定生态建设、生态恢复强度有重要的参考价值。

## 5 讨论

国内许多专家已经对土地资源承载力、环境承载力、区域承载力作了深入研究，采用了不同的指标体系、不同的数学处理方法，构建了各种模型。采用植被净第一性生产力作指标，建立生态承载力模型方面也做了一定的工作。笔者认为，采用生态足迹及其相应的生态承载力指标，建立生态承载力模型，具有其他方法不可比拟的优越性。具有简单、数据来源准确可靠的优点。

利用生态足迹分析方法体系，建立的区域生态承载力阈值模型，综合考虑了人类社会经济活动对生态环境的影响强度，以及生态环境的承受强度，把生态系统与外部人为作用的强度联系起来分析，定量化地分析二者的因果关系，揭示了量变到质变的过程。对于判定区域资源开发强度、准确定位生态环境状况，具有重要意义。对于区域社会经济持续发展战略规划制定，具有参考价值。它不仅能为科学家、高层决策者接受，而且也能为普通群众理解。

尽管这一模型具有很多优越之处，但也有一定的局限性。它根据已有的数据，仅仅表述的是生态环境的目前状况，即在目前生产力水平下、目前生活水平下，人类对生态系统冲击强度及生态系统承载能力。不能进行预测，它是一种静态模型。弥补这一不足的途径是根据历史资料确定不同时段的模型参数，配合灰色预测模型，进行预测。

## 参考文献


[1] 李利锋，成升魁. 生态占用——衡量可持续发展的新指标[J]. 自然资源学报，2000，15（4）：375-382.

[2] 徐中民，张志强，程国栋. 甘肃省 1998 年生态足迹计算与分析[J]. 地理学报，2000，55（5）：607-616.

[3] 张志强，徐中民，程国栋，等. 中国西部 12 省（区市）的生态足迹[J]. 地理学报，2001，56（5）：599-610.

[4] Mathis Wackernagel，William E Rees. Our ecological footprint：reducing human impact on the earth. Gabriola Island，B C Canada：New Society Publishers，1996.

[5] Mathis Wackernagel，J David Yount. The ecological footprint：an indicator of progress toward regional sustainability. Environmental Monitoring and Assessment，1998，51：511-529.

[6] Mathis Wackernagel，Lewan L，Hansson C B.Evaluating the use of natural capital with the ecological footprint：applications in Sweden and Subregions. Ambio，1999，28（7）：604-612.

[7] 彭应登. 区域开发环境影响评价[M]. 北京：中国环境科学出版社，1999：49-52.


## Study on Threshold Values of Ecological Carrying Capacity in Bashang Region of Zhangjiakou City


**Abstract:** Using the method for computing ecological footprint and ecological carrying capacity in the analyzing system of ecological footprint were used calculate the ecological footprint and ecological carrying capacity of 4 county and their every country of Bashang Region of Zhangjiakou City，Hebei Province. Based on the calculate results，model of threshold values for carrying capacity in Bashang region and the four county are established; besides，parameters of the models have been determined. The threshold value of ecological carrying capacity is 0.781 73hm$^2$ per capita in Bashang region. For details，the upper limit is 0.687 92 hm$^2$ per capita and the lower limit is 0.958 21 hm$^2$ per capita. The ecological footprint is namely the impaction on ecological system caused by human. The ecological system will keep well if ecological footprint is less than 0.687 92 hm$^2$ per capita; the system will be at edge of balance and can change within some certain range if the footprint is up to 0.781 73hm$^2$ per capita; the system will break down and evolve into desert-like landscape if the footprint is equal to or more than 0.958 21 hm$^2$ per capita. Undoubtedly，these models of threshold values have reference significance for determining the nature resource developing intensity and the quantitatively managing the eco-environment.


**Key Words:** Bashang Region; Ecological Footprint; Threshold Values of Ecological Carrying Capacity

# 江苏省规划高速公路网生态环境影响研究

**摘要**：以 RS 和 GIS 为基础，运用遥感信息提取、编制自然保护专题系列图、系列图与规划高速公路网叠加、缓冲分析、统计分析等方法，对江苏省规划高速公路网生态环境影响进行分析。规划的 5 纵 9 横 6 联线路中的 9 条，对 127 个不同类型保护区中的 9 个有影响。11 个过江通道中的 5 个对沿江饮用水源保护地有影响。规划高速公路占用的土地中 76.74%是基本农田。跨越太湖的沪宁复线将加重梅梁湾、五里湖的水质富营养化。针对上述问题，从保护生态环境的角度提出 6 大对策：避绕生态保护对象，修改跨太湖线路方案，合理规划穿越山地丘陵区的线路，减少平原区生态破坏，调整过江通道与饮用水源地的交叉关系，保护白鳍豚生存环境安全。

**关键词**：江苏省；规划高速公路网；生态环境影响

江苏省高速公路已经达到 1 703.8 km，高速公路密度 16.6 m/km$^2$，居全国第 3 位。为了充分发挥交通基础设施对国民经济发展的支撑和先导作用，实现江苏省“富民强省，在全面建设小康社会的基础上率先基本实现现代化”的宏伟目标，为了应对区域经济一体化、城市化、交通现代化等发展趋势，江苏省组织开展新高速公路网规划。新规划的高速公路网由 5 纵、9 横、6 联线路组成，总规模 5 800 km。

高速公路的快速发展，为国民经济快速发展提供了重要基础保障。但是，高速公路网建设对生态环境的影响，特别是对自然保护区、森林公园、风景名胜区、饮用水源地、基本农田、地质保护地等的影响是不可忽视的[1-2]。国内对高速公路建设的生态环境影响已作了一定研究[3-6]。如果在高速公路网规划阶段就开展高速公路网生态环境影响研究，将有助于科学规划高速公路网，从源头避免、减少路网建设中的生态环境影响和破坏。

本文以江苏省高速公路规划为例，探索了以 RS、GIS 为基础，综合运用生态环境遥感信息提取、生态环境系列图编制、专题图叠加、缓冲分析等方法，就规划中的高速公路网对生态环境的潜在影响进行了分析研究。据此，提出了减少规划路网对生态环境影响的对策。通过这一研究，找到运用 RS、GIS 技术，将高速公路网规划与生态环境保护研究结合，从公路建设源头保护生态环境的途径。

本文发表于《农村生态环境》，2005，21（4）：1-5。署名的还有：马荣华，唐晓燕，刘晓玫，李峰，缪旭波，陶屹，沈春迎，曹学章，张慧。

# 1 研究方法

## 1.1 技术流程

江苏省规划高速公路网生态环境影响分析的技术流程见图 1。

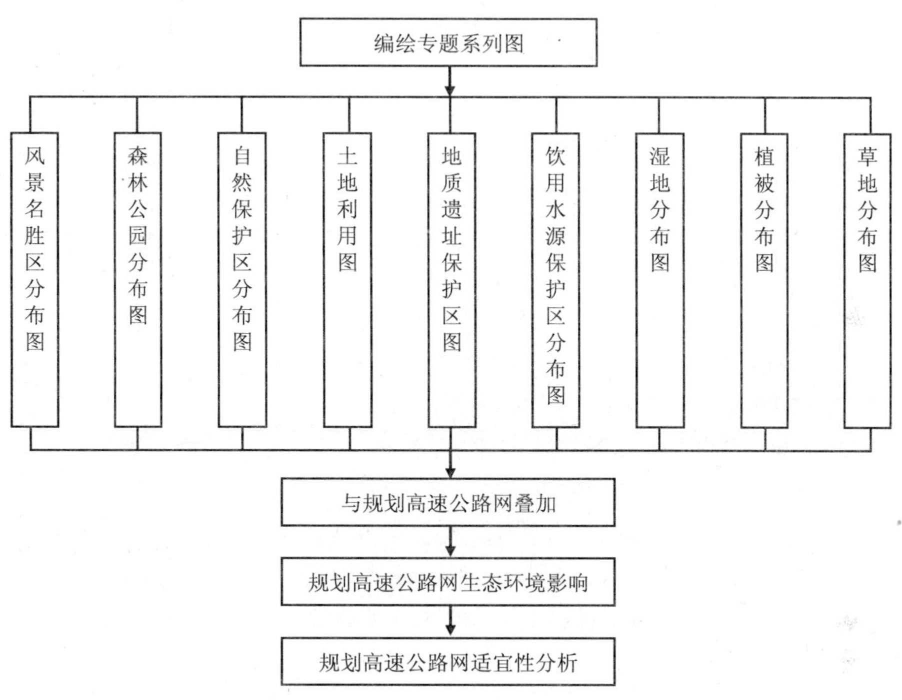


**图 1　规划高速公路网生态环境影响分析的技术流程**

## 1.2 RS 信息源及专业信息提取

在江苏省生态环境遥感调查中，采用 1∶250 000 电子地图，作为遥感影像配准的原文件，以 2000 年 TM 遥感影像作为目标文件。根据特征鲜明、相对稳定、分布均匀的原则，在原文件、目标文件上选取对应点，作为配准的控制点，进行遥感图像的配准。

经过配准后的遥感影像，采用自动解译与目视纠正相结合的方法，进行遥感图像的解译。自动解译采用监督分类的方法。首先根据类型典型性、影像特征鲜明性，选择训练样地，分别根据不同的类型特征，采用种子特征、AOI 工具获取模板信息等不同方法，进行监督分类自动解译。在自动解译基础上，对于“同像异质”以及“同质异像”的现象，按图斑类型逐一检查，目视纠正。

在编图过程中，将搜集的江苏省有关厅局的专业统计资料和前人的研究成果等进行归纳、整理、集成，实现遥感与非遥感信息结合，为规划高速公路网生态环境影响研究提供信息源。

### 1.3 基础系列图的编制

系列图是按照统一的基础底图、统一的制图设计思想，编制内容具有相关性的一组专题图。江苏省自然保护系列图编制过程，着重要解决以下关键问题：

（1）统一基础底图。将江苏省 1∶250 000 基础地图作简化处理，仅保留水系骨架、县级行政界线、县（市）级以上的城市。

（2）制图分类。制图分类注意了分类原则的统一性和分类系统的协调性。将自然保护区、森林公园、风景名胜区、地质自然保护区统一划分为：列入世界自然保护名录、国家级、省级和县（市）级 4 个级别。将饮用水源地相应地划分为地级市饮用水源地、县级市饮用水源地。土地利用分类、植被分类、草地分类，采用国内有关部门统一的分类系统[7]，根据江苏区域特征选取相应的类型。

（3）图面配置协调性。专题图图面配置协调从以下着手：各个专题图基本色调、色系相协调，不同等级的类型符号设计统一规范，图例设计统一范式，图廓统一。各个专题图统一采用符号法加注记以及区域法表现专题内容。

在参加江苏省生态环境遥感调查的工作基础上，围绕自然保护主题编绘了 10 幅专题图[8]。江苏省自然保护系列图包括：江苏省自然保护区分布图，江苏省森林公园分布图，江苏省风景名胜区分布图，江苏省地质自然保护区和旅游地质分布图，江苏省饮用水源保护区分布图，江苏省湿地分布图，江苏省土地利用图，江苏省植被分布图，江苏省草地分布图。9 幅专题图综合成江苏省自然保护综合图。这 10 幅专题图表现了江苏省不同自然保护对象地域分布规律，为江苏省规划高速公路网生态环境影响研究提供了基础图件。

### 1.4 规划高速公路网与生态环境保护系列图的叠置分析

高速公路网规划方案生态环境影响分析是以 GIS 为基础运用图形叠加进行的。利用 ArcInfo 软件中的拓扑叠加功能，将规划高速公路网与自然保护区分布图、森林公园分布图、风景名胜区分布图、土地利用图、湿地分布图、地质自然保护区和旅游地质分布图、饮用水源保护区分布图、植被分布图、草地分布图分别叠加，生成 9 幅专题分析图。

在分专题要素叠加的同时，将规划高速公路网与江苏省自然保护综合图叠加，生成江苏省规划高速公路网与生态环境背景图，如图 2 所示。利用所有的叠加图件，进行规划高速公路网生态环境影响分析。

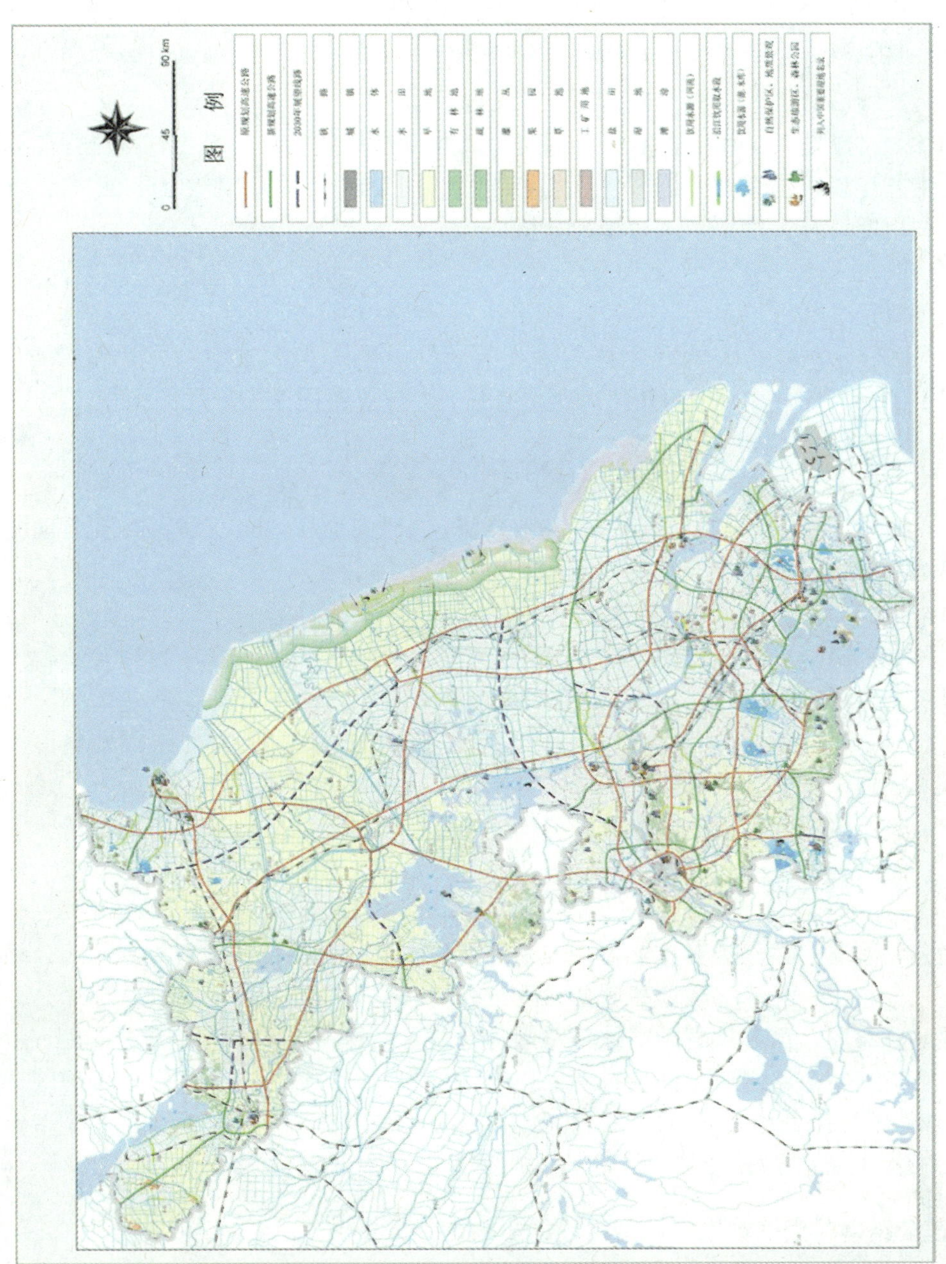


图2 江苏省规划高速公路网与生态环境背景

### 1.5 缓冲分析

缓冲分析是 ArcInfo 软件基本的空间分析功能，可以进行不同地理对象空间贴近度和邻近性分析。缓冲分析的关键是确定缓冲带的宽度。

根据《公路建设项目环境影响评价规范（试行）》[9]规定的评价范围，在进行江苏省高速公路网生态环境影响缓冲分析时，以规划线路两侧 200 m 的范围作为标准，在 ArcInfo 软件中，利用空间分析模块，进行缓冲分析。

### 1.6 统计分析

在编制的系列图件上，按照图斑归类进行统计，计算不同类型单元的面积，公式如下：

$$S_i=A_{ij}B_{ij}X$$

式中，$S_i$ 为 $i$ 类型的面积，$hm^2$；$A_{ij}$ 为 $i$ 类型 $j$ 图斑的面积，$hm^2$；$B_{ij}$ 为 $i$ 类型 $j$ 图斑的数量；$X$ 为控制面积系数。

## 2 结果与分析

### 2.1 高速公路网对生态环境影响专题分析

#### 2.1.1 高速公路网对自然保护对象的影响

高速公路网对自然保护对象的影响，利用下列图进行分析：江苏省规划高速公路网与自然保护区分布图，江苏省规划高速公路网与森林公园分布图，江苏省规划高速公路网与风景名胜区分布图，江苏省规划高速公路网与地质自然保护区和旅游地质分布图。

在江苏省高速公路网对自然保护对象影响评价中，参加评价分析的自然保护区 20 个、森林公园 45 个、风景名胜区 40 个、地质自然保护区 22 个。在这 127 个不同类型保护区中，2 个自然保护区、7 个森林公园，规划高速公路网应注意避绕。

#### 2.1.2 高速公路网对沿江饮用水源取水段的影响

利用江苏省饮用水源保护区分布图与江苏省湿地分布图进行分析。

根据江苏省水功能区划，设计了 9 个沿江集中饮用水源取水段（日取水量 15 万 t），规划过江通道 11 条，其中 5 条与取水段相交叉，对饮用水源取水段的水质有影响。应采取措施避免、减少对沿江饮用水源地的影响。

#### 2.1.3 高速公路网对水土流失的影响

利用江苏省规划高速公路网与植被分布图和江苏省规划高速公路网与草地分布图进行分析。

根据上述分析图，规划线路从茅山主峰与磨盘山主峰之间的鞍部横穿茅山山脉约 5.5 km，穿越镇江以东马迹山—顶山的丘岗地大约 18 km，通过仪六浦丘岗地大约 13 km，这些高速公路将会破坏局部地区地貌景观，增大山地的水土流失量。根据图面统计分析，以上 4 条高速公路从动工到植被完全恢复期间，估计每年将要产生的侵蚀量见表 1。

**表 1　穿越山地公路产生的侵蚀量计算**

| 山地 | 穿越公路名称 | 穿越长度/km | 侵蚀模数/[t/（a/km$^2$）] | 侵蚀量/（t/a） |
|---|---|---|---|---|
| 茅山山脉 | 横六 | 5.5 | 5 000 | 1 573 |
| 仪六浦丘岗地 | 纵四、纵五 | 13.0 | 5 000 | 3 718 |
| 马迹山—顶山 | 联四 | 18.0 | 5 000 | 5 148 |
| 合计 | | | | 10 439 |

注：侵蚀模数采用江苏省最大侵蚀模数值，公路穿越山地长度在图上估算。按平均扰动宽度 57.2 m 计算，1 km 公路占用耕地 5.72 hm$^2$。

根据表 1，以规划的联四、横六、纵四、纵五为例，线路穿越茅山山脉、仪六浦丘岗地、马迹山—顶山，总计 36.5 km，按国家规定高速公路 1 km 占用土地 5.72 hm$^2$，总共毁坏山地植被 208.78 hm$^2$。仪六浦丘岗地植被以含常绿灌木的落叶阔叶林为主，茅山山脉、马迹山—顶山以含常绿阔叶树的阔叶落叶林为主。这些重要的森林生态类型对于维持区域生物多样性和改善小气候，以及区域的可持续发展都具有重要价值。

#### 2.1.4 高速公路网对基本农田的影响

江苏土地开发历史悠久，利用强度高。根据系列图中土地利用图典型线路统计，高速公路压占的土地利用类型主要为水田、坡旱地和平旱地，其面积为统计的规划高速公路占用土地总面积的 76.74%，即高速公路占用的土地绝大部分是基本农田。

#### 2.1.5 高速公路网对太湖生态环境的影响

沪宁高速公路南部复线跨越太湖，使相对封闭的梅梁湾、五里湖变得更加封闭。在夏季盛行东南风的情况下，太湖表面湖流方向朝向梅梁湾、五里湖，这里将成为藻类富集的港湾。梅梁湾、五里湖的富营养化程度将加重。

### 2.2 主要线路生态环境影响分析

利用江苏省规划高速公路网与生态环境背景图，列表逐条公路并分析其对自然保护对象的影响（表 2）。

表 2 江苏省规划高速公路网主要线路生态环境影响分析

| | 线路名称 | 对自然保护对象影响分析 |
|---|---|---|
| 纵 | 纵一：连云港至苏州高速公路<br>支线：临沂至连云港高速公路<br>支线：苏嘉杭高速公路 | 纵一北部的汾灌高速公路已经建成，从连云港西部绕过云台山自然保护区、云台山森林公园、中云山森林公园，对这些保护对象有一定影响。盐城自然保护区、大丰麋鹿自然保护区是国家级自然保护区，对于科学研究有重要意义。纵一处于这些保护区影响范围之外。纵一北部通过连云港市的饮用水源河（蔷薇河）。纵一南部从阳澄湖、澄湖 2 个水源保护区附近经过。在施工与营运中，注意减少对水源地水质的影响 |
| | 纵二：东海经盐城至苏州高速公路 | 应注意避绕夹山森林公园、华都森林公园和要塞森林公园。采取措施保护野漕闸—罗家桥闸沿江饮用水源保护段 |
| | 纵三：新沂至宜兴高速公路 | 中部沿大运河规划线路，在扬州经过南水北调工程水源保护区，应注意减少对南水北调工程水源保护区的影响。在取水区中的镇江段是白鲟豚重点保护区 |
| | 纵四：连云港至宜兴高速公路 | 应避免与老山森林公园相交叉。过江处是南京市秦淮河口—城南河口沿江取水段，应采取水源保护措施 |
| | 纵五：徐州至溧阳高速公路 | 应注意避绕溧阳城西森林公园，基本符合生态保护要求 |
| 横 | 横一：连云港至徐州高速公路 | 为已建成高速公路，设计中已考虑生态环境保护 |
| | 横二：徐州至盐城高速公路 | 在大丰以北已经进入盐城自然保护区实验区范围，距缓冲区外界线约 16km，南距大丰麋鹿自然保护区的北界约 16km。应当采取措施减少对野生动物的影响。注意与建湖九龙沟自然保护区保持一定距离 |
| | 横三：南京至盐城高速公路 | 穿越高邮湖湿地，注意湿地保护 |
| | 横四：南京经扬州、海安至启东高速公路 | 基本无生态障碍 |
| | 横五：南京至南通高速公路<br>支线：崇海过江通道 | 应注意避绕下列生态保护对象：铜山森林公园、狼山森林公园和狼山风景名胜区 |
| | 横六：溧水至太仓高速公路 | 沿途注意避绕生态保护对象，特别注意避绕与线路交叉的凤凰山风景名胜区。注意保护饮用水河段 |
| | 横七：高淳至太仓高速公路 | 基本无生态障碍，与生态环境相适宜 |
| | 横八：沪宁高速公路沪宁南部通道 | 穿越宁镇山地的南部，对山体完整性、生物多样性有一定影响。在运营中注意沿途水源地水质保护。跨太湖线路会增加梅梁湾、五里湖的富营养化，应采取工程措施 |
| | 横九：沪苏浙高速公路江苏段 | 无生态障碍 |
| 联 | 联一：宿迁至新沂高速公路 | 注意与森林公园保持一定距离 |
| | 联二：台儿庄至观音机场高速公路 | 无生态障碍 |
| | 联三：泗洪至泗阳高速公路 | 无生态障碍 |
| | 联四：泰州至常州高速公路 | 采取保护措施，保护饮用水水源地 |
| | 联五：无锡至南通高速公路 | 穿越沿江饮用水源取水段，注意水质保护 |
| | 联六：南京至高淳高速公路 | 无生态障碍 |

# 3 减缓规划高速公路网对生态环境影响的对策与措施

## 3.1 减少规划高速公路网生态环境破坏的对策

根据上述江苏省高速公路网生态环境影响研究结果，提出如下对策。

（1）避绕生态保护对象。根据自然保护区、森林公园与规划高速公路网叠置分析结果，公路应避绕、远离 2 个自然保护区和 7 个森林公园。

（2）修改跨湖线路方案。对于跨越太湖的沪宁高速公路南部复线，建议绕梅梁湾、五里湖，沿太湖边规划线路；或者修建湖底隧道，沿原规划线路方向，通过梅梁湾、五里湖。

（3）合理规划穿越山地线路，减少对山地生态系统的破坏。建议穿越茅山的线路沿山地河谷规划，特别是选择山脊线两侧水系溯源侵蚀的对称河谷，规划沿河线路，减少公路修建的土方量，减少地表植被的破坏。穿越仪六浦丘岗地、盱眙高岗地的线路，地形起伏小，注意平、纵、横 3 个面的综合平衡；正确处理三者关系，把利用地形与提高线路质量有机结合。

（4）减少平原区生态破坏。在平原区，尽量减少占用基本农田，减少高路堤对农田的压占和对农耕作业的阻隔；尽量减少对湿地的破坏，保护湿地生态系统。在平原水土流失、地质灾害敏感区，采取有力的保护措施。

（5）沿江饮用水源地与过江通道位置调整。已经建成的与规划建设的越江通道 11 处，其中 5 处与沿江饮用水源取水段交叉。特别是五峰山过江通道，位于南水北调水源保护区。对与沿江饮用水源取水段交叉的过江通道，或者通过调整水源取水段位置，或者根据桥址工程地质状况，调整桥址位置，使过江通道不与饮用水源取水段交叉，保障沿江饮用水源地水质。

（6）确保镇江段白鳍豚生存环境安全。被称为“水中大熊猫”的白鳍豚，是中国特有的珍稀水生野生动物，为国家一级保护动物，中国仅剩下 2 个种不足 200 头。我国二级保护水生野生动物江豚，目前数量也在锐减。国家已制定了《白鳍豚保护行动计划》，将豚类列为重点保护对象。珍贵豚类省级自然保护区地处长江镇江段和畅洲北汊，地跨镇江、扬州 2 市，面积 43.4 $km^2$。在纵五与纵三线路之间的长江水面规划中，应为白鳍豚保留足够的生存空间，确保镇江段白鳍豚保护区的生存环境安全。

## 3.2 减少规划高速公路网生态环境影响的技术措施

（1）耕地保护措施 a．公路设计适当降低路基高度，尽量减少路基边坡压占耕地数量，减少挖方取土占用耕地。b．公路纵坡降设计尽可能缩短最小纵坡的长度，增加变坡点，以减少占用农田数量。c．取土坑、施工便道的设置，尽量占用旱田、低产田、未利用土地而少占用基本农田。取土坑、施工便道、临时沙石堆料场，在公路建成后立即进行复垦，恢复土地生产力。d．施工时表土被剥离，表土、底土应分开堆放，利用表土覆盖复垦土地，短时期内可尽快恢复土地生产力。

（2）水土流失防止措施　a．在山地丘陵区选线时，穿越山地的线路尽量选择山垭和山脊线的鞍部，减少挖方对山体的切割，减少对植被的破坏。b．在穿越山地的路堑段，对土坡采取生物砌块护坡和喷播草种植被护坡等方法以恢复植被，防止水土流失。对易风化的岩石坡采取喷浆方法护坡，防止土石流失。c．公路穿越山地丘陵时，采用挡土墙、天沟、涵洞等组合排水系统，预防由于排水不畅引起的滑坡、崩塌和水土流失。

（3）湿地保护措施　a．尽可能避绕湿地，减少公路对湿地的影响。b．必须穿越湿地的地段，采取高架桥的方法穿越湿地。

（4）过江通道对饮用水源保护地影响减小措施　公路排水自成体系。降雨时，路面的表面水通过贯通的排水沟导出，排入天然河沟内。污水在排入河沟前，设计人工湿地，进行达标处理。保证饮用水源不受影响。人工湿地的设计，可采用垂直流人工湿地、水平推流式人工湿地。

（5）对自然保护区保护措施　a．公路与保护区距离不少于 200 m。b．公路与保护区距离低于 200 m 路段，设立禁鸣牌、隔声墙等设施。c．在公路穿过动物种类比较多的区域，修建动物通道，防止由于公路的阻隔作用而限制动物的活动区域。d．公路建设时，对古树、珍稀树种挂牌采取绝对保护措施。e．对于具有重要科研价值的地质剖面、古化石遗址竖立标志进行保护。对于具有观赏价值的地质旅游资源进行保护，禁止取土、开山。

## 参考文献


[1] 毛文永．生态环境影响评价概论[M]．北京：中国环境科学出版社，2003：274-290.

[2] 李月辉，胡远满，李秀珍，等．道路生态研究进展[J]．应用生态学报，2003，14（2）：447-452.

[3] 程胜高．高速公路环境评价与发展[M]．北京：中国环境科学出版社，2002：34-59.

[4] 郭文军，曾学贵．铁路线路环境影响评估及高速铁路线路方案优化选择的研究[J]．铁道工程学报，2002（1）：74-77.

[5] 晏晓林．基于公路环境保护的 G1S 应用与开发[J]．中国公路学报，1998，11（4）：33-37.

[6] 庞华强，谈至明．公路网可持续发展水平评价理论及方法[J]．交通科技，2003（2）：78-80.

[7] 全国农业区划委员会．土地利用现状调查技术规程[M]．北京：测绘出版社，1984：5-13.

[8] 胡孟春，马荣华，缪旭波，等．江苏省自然保护系列图的编制 [J]．南京林业大学学报：自然科学版，2003，27（增刊）：129-132.

[9] JTJ 005—96 公路建设项目环境影响评价规范（试行）[S]．北京：人民交通出版社，1996：7-121.


# Impacts of Planned Expressway Network on Eco-environment in Jiangsu


**Abstract:** With the aid of the RS and GIS technology and remote-sensing information，a thematic series of nature conservation maps were plotted out. By overlaying the series of maps with the planned expressway network map for buffer analysis and statistical analysis，impacts of the planned expressway network on eco-environment were studied. Among the planned 5 vertical，9 horizontal and 6 linking expressways，9 will have certain impacts on 9 of the 127 different nature reserves, and among the 11 across the Yangtze River, 5 will affect the drinking water reserves along the Yangtze River. About 76.74% of the land that is to be occupied by the planned expressways will be basic farmland. The expressways striding over the Taihu Lake will aggravate eutrophication of the Meiliang Bay and Wuli Lake. In response to the above-listed problems, six important strategies are proposed with a view of protecting the eco-environment.

**Key Words:** Jiangsu Province; Planned Expressway Network; Eco-environmental Impact

# 城市河道近自然修复评价体系与方法及其在镇江古运河的应用

**摘要**：城市河道生态修复是国内外关注的重要问题。修复河道近自然程度综合定量评价具有理论与实践意义。以镇江古运河京口闸—迎江桥段生态河道建设为例，以多自然河道理念为指导，建立反映河道生态系统特征、生态系统功能、社会环境效应的综合评价指标体系。以流域内与古运河结构、功能相似的自然河流为基准，建立评价标准集。以生态化改造后的古运河调查数据为基础，运用GEM-AHP 综合算法、模糊综合评价方法，评价自然贴近度。采用的研究方法，对于生态修复、重建后的城市河道评价，具有普遍适用意义。

**关键词**：多自然河道；评价指标体系；评价方法

在欧美和日本等发达国家，随着经济实力的增强以及人们对于水环境要求的提高，在生态河道建设方面加大了力度。提出“近自然河道”“多自然型河川”新理念，投巨资进行污染河道的生态修复，对水环境改善取得良好的效果。莱茵河保护国际委员会于 1987 年提出了莱茵河行动计划，命名为“鲑鱼—2000 计划”。沿岸各国投入数百亿美元用于治污和生态系统建设。到 1995 年建设了大量的湿地、恢复森林植被，使鲑鱼及其他动物群落重返莱茵河。1964 年英国开始对泰晤士河进行治理，通过立法控制工业废水和生活污水排放，建设了完整的城市污水处理系统，种植水生植物绿化岸坡。现在泰晤士河水质明显改善，水生生物数量不断增加，重新成为伦敦的一道风景线。日本在 20 世纪 90 年代初开展了“创造多自然型河川计划”，推行重视创造水边环境的河道施工。

国内对城市生态河道建设非常重视，有许多成功的工程案例。上海市对苏州河进行综合整治，实施一、二期工程，修复了苏州河生态系统，增加了生物多样性，提高了河道水质，消除了河流的黑臭。针对温榆河严重污染问题，北京市“以水为魂，以绿为体，以人为本”，通过国际招投标方案征集，进行生态规划设计，开展综合治理工程。成都市 1993 年启动实施府南河综合整治工程。整治后的府南河沿岸，已成为成都市一道亮丽的风景线。“十五”国家重大科技专项“水污染控制技术与治理工程”，在城市水环境改善方面，选择武汉、苏州等 11 个城市，开展了城市水环境质量改善技术研究与综合示范。形成了适合不同城市的水环境改善技术体系与管理模式。

国内学者总结了国外河流评估经验，提出河流健康的概念及河流健康评估的原则与方法。这对于全国河流评估有普遍指导意义[1-3]。

本文发表于《应用基础与工程科学学报》，2010，18（2）：187-196。署名的还有：张永春，唐晓燕，田猛。

国内外城市生态河道建设的成功案例，提出一个共性问题，如何在河流健康评价原则下，对生态修复后的城市河道建立评价体系，进行科学评价，是工程、环境管理研究领域的重要问题。

以镇江古运河生态河道建设为例，进行了多自然河道评价指标体系与评价方法的研究。以多自然河道理念为指导，以流域内与被评价河道生态系统结构、功能相似的自然河流为原型，选取被评价河道生态系统的关键特征，以实际观测数据为基础，进行与自然河道贴近度评价。

研究方法：定量与定性相结合，构建指标体系；以 GEM-AHP 综合算法计算权重；运用模糊综合评价方法进行评价。

# 1　多自然河道评价指标体系

## 1.1 多自然河道的概念

20 世纪 80 年代，德国提出了“近自然河流”的概念，即河流的规划与建设应当以接近天然河流为目标。在这一思想的影响下，日本于 90 年代倡导多自然型河川建设。

多自然河道以人与自然共生为目标，采用多样性的河道形式，扩展河道自然空间，确保河道上下游水文条件的连续性，防止珍稀动植物的灭绝，营造生物栖息繁殖的环境，改善河流水质环境，确保居民的亲水空间，即具有形态、水文、水质、生物、社会综合标志与功能。多自然河道的建设，就是保持、重现、创造河道原有的多姿多彩的自然风情，即建设富有个性特征和丰富自然环境的河流。

## 1.2 多自然河道评价指标选取原则

根据中国的实际，开展城市多自然河道评价指标体系及方法研究，不仅是我国城市生态河道建设、管理的需要，而且是与国际接轨、学科发展的需要。

多自然河道评价指标的选取，主要考虑：动植物生态系统健康状况；河道的生态功能；河道的社会环境效应。

多自然河道评价参照系统，选取与被评价河道同一流域的相近、未受人类干扰或受人类干扰较少的河流作为评价基准。

## 1.3 多自然河道评价指标及释意

多自然河道评价指标体系为层次结构，一级指标 3 项（$B_1$～$B_3$），二级指标 9 项（$C_1$～$C_9$），三级指标 21 项（$D_1$～$D_{21}$）。指标体系、释义见表 1。

表 1　多自然河道评价指标体系、释义

| 一级指标 | 二级指标 | 三级指标 | 指标释意 |
|---|---|---|---|
| 生态系统特征指标 $B_1$ | 植物个体尺度指标 $C_1$ | 植物高度 $D_1$ | 成熟期植株的高度 |
| | | 根系长度 $D_2$ | 成熟期主根系的长度 |
| | 植物生物量指标 $C_2$ | 单位面积生长量 $D_3$ | 单位时间单位面积植物生物量的增长量 |
| | | 单位面积重量 $D_4$ | 成熟期调查时，单位面积植物有机体重量 |
| | 植物群落特征指标 $C_3$ | 多样性指数 $D_5$ | 物种多样性指数常作为群落稳定性的代表指数。用 Shannon-Wiener 指数表示 |
| | | 优势群落种类 $D_6$ | 群从是群落分类的最小单位。依据水生植物优势度确定 |
| | 动物种类特征指标 $C_4$ | 鱼种类增加比率 $D_7$ | 比河道生态修复前鱼种类增加的程度，百分制表示 |
| | | 昆虫种类增加比率 $D_8$ | 比河道生态修复前昆虫种类增加的程度，百分制表示 |
| 生态系统功能指标 $B_2$ | 河岸生态化特征指标 $C_5$ | 硬质护坡生态化率 $D_9$ | 硬质护坡绿化面积占岸坡的百分率 |
| | | 岸坡植被盖度 $D_{10}$ | 岸坡植被覆盖面积占岸坡面积百分率 |
| | 面源污染净化功能指标 $C_6$ | 总氮含量 $D_{11}$ | 河水总氮含量，国标 GB 3838—2002 |
| | | 总磷含量 $D_{12}$ | 河水总磷含量，国标 GB 3838—2002 |
| | | 坡面侵蚀减少率 $D_{13}$ | 与修复前相比岸坡径流减少百分率 |
| | 河道形态、水文评价指标 $C_7$ | 形态蜿蜒性 $D_{14}$ | 与修复前相比河岸弯曲度增加百分率 |
| | | 水文稳定性 $D_{15}$ | 无冲刷、塌岸为最佳 |
| 社会环境效应指标 $B_3$ | 景观效果指标 $C_8$ | 景观美感度 $D_{16}$ | 从美学、心理学的角度对景观要素视觉效果综合指数，以 10 分制表示 |
| | | 感觉舒适度 $D_{17}$ | 人体与精神的舒适感受。居民亲近自然的放松感、休闲的愉悦感，以 10 分制表示 |
| | | 四季变化丰富性 $D_{18}$ | 植物搭配符合“春花、夏绿、秋实、冬姿”的自然节律，四季色彩变化丰富 |
| | 社会效应评价指标 $C_9$ | 亲水活动频繁性 $D_{19}$ | 有垂钓或戏水为最佳 |
| | | 休闲方便性 $D_{20}$ | 岸边有休闲赏景者为最佳 |
| | | 环境伦理宣传作用 $D_{21}$ | 对居民环境伦理提高的作用，以 10 分制表示 |

## 2　多自然河道评价数学方法

多自然河道采用模糊综合评判方法，包括隶属函数建立、权重确定、评价模型、贴近度计算。

### 2.1　隶属函数

模糊综合评判的第 1 步，建立隶属函数，使模糊评价因子明晰化，不同质的数据归一化。根据多自然河道评判指标的设计，隶属函数分 3 类。

设正向指标 $x_{ij}, 1 \leqslant i \leqslant m, 1 \leqslant j \leqslant n$，正向隶属函数为

$$f(x_{ij})=\begin{cases}1 & x_{ij}\geqslant x_{\max}\\ 1-\dfrac{x_{\max}-x_{ij}}{x_{\max}-x_{\min}} & x_{\min}\leqslant x_{ij}\leqslant x_{\max}\end{cases} \tag{1}$$

设逆向指标 $x_{ij},1\leqslant i\leqslant m,1\leqslant j\leqslant n$，逆向隶属函数为

$$f(x_{ij})=\begin{cases}1 & x_{ij}\leqslant x_{\min}\\ 1-\dfrac{x_{ij}-x_{\min}}{x_{\max}-x_{\min}} & x_{\min}\leqslant x_{ij}\leqslant x_{\max}\end{cases} \tag{2}$$

设中向指标 $x_{ij},1\leqslant i\leqslant m,1\leqslant j\leqslant n$，中向隶属函数为

$$f(x_{ij})=\begin{cases}1-\dfrac{x_{\text{mid}}-x_{ij}}{x_{\text{mid}}-x_{\min}} & x_{\min}\leqslant x_{ij}\leqslant x_{\text{mid}}\\ 1 & x_{\text{mid}}\leqslant x_{ij}\leqslant x_{\text{mid}}\\ 1-\dfrac{x_{ij}-x_{\text{mid}}}{x_{\max}-x_{\text{mid}}} & x_{\text{mid}}\leqslant x_{ij}\leqslant x_{\max}\end{cases} \tag{3}$$

## 2.2 模糊综合评价模型

$\boldsymbol{U}=\{u_1,u_2,\cdots,u_n\}$　　为因素集

$\boldsymbol{V}=\{V_1,V_2,\cdots,V_n\}$　　为决断集

$\boldsymbol{R}$ 是 $\boldsymbol{U}$ 到 $\boldsymbol{V}$ 的模糊变换，给定权重 $a$，使 $\Sigma a=1$。

综合评价模型为　$b=a\bullet\boldsymbol{R}$

由于模糊综合评价模型在实际应用中，特别是在多层次综合评价应用中，信息损失太多，所以采用改进的模糊综合评价模型，如下式：

$$b_j=\Sigma a_i\bullet r_{ij} \tag{4}$$

## 2.3 权重确定

邱菀华教授 1997 年提出了新的群组决策特征根法（GEM）。洪源源等将其与层次分析法（AHP）结合，提出 GEM-AHP 综合算法。这些方法指出权重确定的新途径。

在权重确定过程中，先建立层次结构评价指标体系，然后计算单一准则的下层指标对应上层指标的相对权重。

在相对权重确定中，设 $S_1$，$S_2$，…，$S_m$ 为 $m$ 位专家，评价 $n$ 个对象 $B_1$，$B_2$，…，$B_n$，评分矩阵为：$\boldsymbol{X}=(x_{ij})_{m\times n}$，其中 $x_{ij}\in[I,J]$（$i$=1，2，…，$m$；$j$=1，2，…，$n$）为第 $i$ 位专家对第 $j$ 个评价指标的评分值。将评分矩阵 $\boldsymbol{X}$ 转置自乘 $\boldsymbol{F}=x^T x$，$\boldsymbol{F}$ 的最大特征根对应的向量即为最优决策 $x^*$。用幂法的各次迭代求出 $x^*$，步骤：

① 命 $\boldsymbol{k}=0, y_0=\left(\frac{1}{n},\frac{1}{n},\cdots,\frac{1}{n}\right)^{\mathrm{T}}\in\boldsymbol{E}^n, y_1=\boldsymbol{F}\cdot y_0, z_1=\frac{y_1}{\|y_1\|_2}$；

② 命 $\boldsymbol{k}=1,2,\cdots; y_{k+1}=\boldsymbol{F}\cdot z_k$，$z_{k+1}=\frac{y_{k+1}}{\|y_{k+1}\|_2}$；

③ 用 $|z_k\to z_{k+1}|$ 表示 $z_k$ 与 $z_{k+1}$ 对应分量之差的绝对值最大者，设定精度要求 $\varepsilon$，如果 $|z_k\to z_{k+1}|<\varepsilon$，$z_{k+1}$ 即为所求 $x^*$。将其归一化，即得相对权重。

### 2.4 贴近度及评价等级判别

被评价河道与自然河流的贴近度计算如下式：

$\prod(A_i)=1-(b_i-b_j)$ 取 $\max\prod(A_i)$，确定归属于综合定量评价标准的哪一挡

式中，$A_i$ 为待评价河道贴近度值；$b_i$ 为待评河道综合评价值；$b_j$ 为自然河道综合评价标准中某一阈值。

## 3 多自然河道评价步骤及标准

### 3.1 评价步骤

镇江古运河京口闸—迎江桥段是硬质岸坡城市河道，科研人员与当地水务管理部门协力改造成生态河道。对改造后的生态河道，评价分 3 步进行。

第 1 步，确定评价标准集。以与被评价河段同流域的自然河段，或者附近人类影响较少自然河段为原型，按照多自然河道评价指标体系，在实际生态调查基础上，确定多自然河道评价指标的阈值与分级阈值。利用所建立的隶属函数，归一化处理，运用模糊综合评价方法，建立评价标准集。

第 2 步，计算被评价河道综合评价值。按照评价指标，以被评价河段的实际调查数值为基础，运用多因素模糊综合评价方法，得出被评价河道的综合评价值。

第 3 步，确定评价级别。按照贴近度公式，计算被评价河道综合评价值与评价标准集中各级标准阈值贴近度，确定评价级别。

## 3.2 评价基准

评价基准以南京附近的长江江心洲岸边天然湿地、镇江通内江河段岸边的自然生态系统为原型，以实际调查数据的统计结果为参照系统大部分指标的阈值。同时一些指标阈值参照国标及水质监测数据，也有一些指标阈值参照国内相关研究文献。这些阈值按照等差分级方法，分为优、良、中、差 4 个级别。运用隶属函数（1）（2）（3），对阈值分级的不同质数值归一化。评价基准分级指标值及归一化值见表 2。

**表 2　多自然河道评价基准分级指标值**

| 一级指标 | 二级指标 | 三级指标 | 指标阈值 | 阈值等差分级值（括号内）及归一化值 | | | |
|---|---|---|---|---|---|---|---|
| | | | | 差 | 中 | 良 | 优 |
| 生态系统特征指标 | 植物个体尺度指标 | 植物高度 | 90.1 cm | 0 | 0.332（30） | 0.665（60） | 1.0（90.1） |
| | | 根系长度 | 13.67 cm | 0 | 0.327（4.5） | 0.658（9.0） | 1.0（13.67） |
| | 植物生物量指标 | 单位面积生长量 | 0.134 kg/（$m^2$·d） | 0 | 0.335（0.045） | 0.671（0.09） | 1.0（0.134） |
| | | 单位面积重量 | 1.126 kg/$m^2$ | 0 | 0.333（0.375） | 0.667（0.75） | 1.0（1.126） |
| | 植物群落特征指标 | 多样性指数 | 0.607 | 0 | 0.33（0.202） | 0.66（0.404） | 1.0（0.607） |
| | | 优势群落种类 | 1.3 | 0 | 0.3（0.43） | 0.6（0.86） | 1.0（1.3） |
| | 动物种类特征指标 | 鱼种类增加比率 | 100 分 | 0 | 0.3（30） | 0.6（60） | 1.0（100） |
| | | 昆虫种类增加比率 | 100 分 | 0 | 0.3（30） | 0.6（60） | 1.0（100） |
| 生态系统功能指标 | 河道生态化特征指标 | 硬质护坡生态化率 | 100% | 0 | 0.3（30） | 0.6（60） | 1.0（100） |
| | | 岸坡植被盖度 | 100% | 0 | 0.33（30） | 0.66（60） | 1.0（100） |
| | 面源污染净化功能指标 | 总氮含量 | 1.0 mg/L | 0 | 0.3（2.0） | 0.6（1.5） | 1.0（1.0） |
| | | 总磷含量 | 0.2 mg/L | 0 | 0.3（0.4） | 0.6（0.3） | 1.0（0.2） |
| | | 坡面侵蚀减少率 | 7 m/s | 0 | 0.43（3） | 0.71（5） | 1.0（7） |
| | 河道形态、水文评价指标 | 形态蜿蜒性 | 1 分 | 0 | 0.3 | 0.6 | 1.0 |
| | | 水文稳定性 | 10 分 | 0 | 0.3（3） | 0.6（6） | 1.0（10） |
| 社会环境效应指标 | 景观效果指标 | 景观美感度 | 10 分 | 0 | 0.3（4） | 0.6（7） | 1.0（10） |
| | | 感觉舒适度 | 10 分 | 0 | 0.3（4） | 0.6（7） | 1.0（10） |
| | | 四季变化丰富性 | 75 分 | 0 | 0.33（25） | 0.67（50） | 1.0（75） |
| | 社会效应评价指标 | 亲水活动频繁性 | 100 分 | 0 | 0.33（33） | 0.66（66） | 1.0（100） |
| | | 休闲方便性 | 100 分 | 0 | 0.33（33） | 0.66（66） | 1.0（100） |
| | | 环境伦理宣传作用 | 10 分 | 0 | 0.3（3） | 0.6（6） | 1.0（10） |

## 3.3 评价权重集

以一级评价指标权重计算为例，说明群组决策特征根法的应用。由 $S_1$，$S_2$，$S_3$，$S_4$，$S_5$ 组成决策群组的 5 位专家，对一级评价指标 $B_1$，$B_2$，$B_3$ 评分列于表 3。

表 3 专家评分

| 一级评价指标 | $S_1$ | $S_2$ | $S_3$ | $S_4$ | $S_5$ |
|---|---|---|---|---|---|
| $B_1$ | 8 | 9 | 8 | 7 | 10 |
| $B_2$ | 8 | 9 | 9 | 10 | 10 |
| $B_3$ | 7 | 7 | 7 | 7 | 10 |

由表 3 得

$$\boldsymbol{X}^{\mathrm{T}}=\begin{bmatrix}8 & 9 & 8 & 7 & 10\\ 8 & 9 & 9 & 10 & 10\\ 7 & 7 & 7 & 7 & 10\end{bmatrix},\quad \boldsymbol{F}=\boldsymbol{X}^{\mathrm{T}}\boldsymbol{X}=\begin{bmatrix}358 & 387 & 324\\ 387 & 396 & 352\\ 324 & 352 & 296\end{bmatrix}$$

用幂法各次迭代结果见表 4。

表 4 各次迭代结果

| $k$ | 0 | 1 | 2 | 3 | 4 | 5 | 6 | 7 | 8 |
|---|---|---|---|---|---|---|---|---|---|
| $y_k$ | （1/3，1/3，1/3） | （356.33，378.33，324.00） | （553.934 4，701.089 5，514.188 0） | （574.373 7，771.913 5，408.123 4） | （587.522 4，838.311 0，379.566 0） | （575.228 8，871.453 0，337.964 4） | （560.262 9，901.190 0，299.278 8） | （543.265 8，927.749 0，263.898 ） | （524.558 3，951.243 5，231.724 8） |
| $z_k$ |  | （0.581 8，0.617 7，0.529 0） | （0.537 3，0.680 1，0.498 8） | （0.549 6，0.738 6，0.390 5） | （0.538 1，0.767 8，0.347 7） | （0.524 1，0.794 0，0.307 9） | （0.508 2，0.817 4，0.271 5） | （0.490 7，0.838 1，0.238 4） | （0.472 3，0.856 4，0.208 6） |

令$\varepsilon<0.03$，从表 4 知 $z_8$ 满足精度要求，$\boldsymbol{X}^*=(0.472\,3,0.856\,4,0.208\,6)^{\mathrm{T}}$。将其归一化，一级评价指标相对权重为：$a_{B_1}$=0.307 2，$a_{B_2}$=0.557 1，$a_{B_3}$=0.135 7。以同样算法得：

二级评价指标相对权重：$a_{c_1}$=0.188 8，$a_{c_2}$=0.276 5，$a_{c_3}$=0.379 3，$a_{c_4}$=0.155 4；$a_{c_5}$=0.228 2，$a_{c_6}$=0.649 1，$a_{c_7}$=0.122 7；$a_{c_8}$=0.615 4，$a_{c_9}$=0.384 6。

三级评价指标相对权重：$a_{D_1}$=0.450 8，$a_{D_2}$=0.549 2；$a_{D_3}$=0.500 6，$a_{D_4}$=0.499 4；$a_{D_5}$=0.549 7，$a_{D_6}$=0.450 3；$a_{D_7}$=0.499 9，$a_{D_8}$=0.500 1；$a_{D_9}$=0.500 0，$a_{D_{10}}$=0.500 0；$a_{D_{11}}$=0.333 3，$a_{D_{12}}$=0.333 3，$a_{D_{13}}$=0.333 4；$a_{D_{14}}$=0.549 7，$a_{D_{15}}$=0.450 3；$a_{D_{16}}$=0.333 3，$a_{D_{17}}$=0.333 3，$a_{D_{18}}$=0.333 4；$a_{D_{19}}$=0.333 3，$a_{D_{20}}$=0.333 3，$a_{D_{21}}$=0.333 4。

## 3.4 多自然河道评价标准集

利用表 2 多自然河道评价基准分级指标归一化值及 GEM-AHP 综合算法计算的各级权重集，运用改进的模糊综合评价模型（4），逐级评价、归并，形成多自然河道一级评价指标标准集以及综合评价标准集如下：

$$\boldsymbol{R}=\begin{pmatrix}0 & 0.3212 & 0.6417 & 1.0\\ 0 & 0.3135 & 0.6351 & 1.0\\ 0 & 0.3138 & 0.6380 & 1.0\end{pmatrix}$$ 一级评价指标标准集

$$a=\left(0.3072,\quad 0.5571,\quad 0.1357\right)$$ 一级评价指标权重集

$$b_j=\Sigma a_i\cdot r_{ij}=\left(0,\quad 0.3159,\quad 0.6378,\quad 1.0\right)$$ 综合评价标准集

多自然河道综合评价标准集释义见表 5。

**表 5 综合评价标准集释义**

| 综合评价级 | 差 | 中 | 良 | 优 |
|---|---|---|---|---|
| 综合评价标准值 | 0 | 0.315 9 | 0.637 8 | 1.0 |

# 4 京口闸—迎江桥段多自然河道评价

## 4.1 河道生态模式

镇江古运河京口闸—迎江桥段河道的断面结构，南岸垂直墙下接倾斜浆砌石护坡，北岸垂直墙下接水平土质阶地。生态河道构建的基本模式，是将垂直墙及硬质护坡进行绿化，同时在消落带构建水生植物带。沿河道纵向，形成对称的垂直墙绿化带，硬质护坡、土质岸坡绿化带、消落带水生植物带。

京口闸—迎江桥段生态河道植物配置的基本模式是在垂直墙下建种植槽，栽种爬藤植物；在硬质护坡营造人工植被生长基质，构建灌、草植被带；在消落带利用水下自然坡度，构建水生植物带。

## 4.2 多自然河道的评价

### 4.2.1 评价的基础数据

根据京口闸—迎江桥生态河道实际植物调查资料，以及当地社会、人文、经济文献调

研资料，生态河道评价指标实测值见表 6。利用隶属函数，进行归一化处理。

**表 6 京口闸—迎江桥河段实测值及其归一化值**

| 指标 | | | 实测值 | 归一化值 |
|---|---|---|---|---|
| 生态系统特征指标 | 植物个体尺度指标 | 植物高度 | 76.2 cm | 0.846 |
| | | 根系长度 | 12.9 cm | 0.944 |
| | 植物生物量指标 | 单位面积生长量 | 58.56 g/（$m^2$·d） | 0.44 |
| | | 单位面积重量 | 8 275 g/$m^2$ | 0.735 |
| | 植物群落特征指标 | 多样性指数 | 2.111 | 1.0 |
| | | 优势群落种类 | 10 | 1.0 |
| | 动物种类特征指标 | 鱼种类增加比率 | 30 分 | 0.3 |
| | | 昆虫种类增加比率 | 30 分 | 0.3 |
| 生态系统功能指标 | 河道生态化特征指标 | 硬质护坡生态化率 | 95% | 0.95 |
| | | 岸坡植被盖度 | 90% | 0.9 |
| | 面源污染净化功能指标 | 总氮含量 | 2.1 mg/L | 0 |
| | | 总磷含量 | 0.42 mg/L | 0 |
| | | 坡面侵蚀减少率 | 5 m/s | 0.7 |
| | 河道形态、水文评价指标 | 形态蜿蜒性 | 0.8 | 0.8 |
| | | 水文稳定性 | 10 分 | 1.0 |
| 社会环境效应指标 | 景观效果指标 | 景观美感度 | 10 分 | 1.0 |
| | | 感觉舒适度 | 10 分 | 1.0 |
| | | 四季变化丰富性 | 75 分 | 1.0 |
| | 社会效应评价指标 | 亲水活动频繁性 | 100 分 | 1.0 |
| | | 休闲方便性 | 100 分 | 1.0 |
| | | 环境伦理宣传作用 | 10 分 | 1.0 |

### 4.2.2 模糊综合评价

利用表 6 河道实测值的归一化值及 GEM-AHP 综合算法计算的各级指标的相对权重，运用改进的模糊综合评价模型（4），逐级评价、归并，进行京口闸—迎江桥段生态河道综合评价值计算如下：

$$\boldsymbol{R}=\begin{pmatrix}0.755\,2\\0.471\,8\\1.0\end{pmatrix}\qquad a=(0.307\,2，0.557\,1，0.135\,7)$$

$$b_j=\Sigma a_i\cdot r_{ij}=0.630\,6$$

根据建立的多自然河道综合评价标准集，运用贴近度计算公式，将河道综合评价值 0.630 6 进行等级判别。

$$\Pi(A_i)=1-(0.630\,6-0.637\,8)=0.992\,8；\quad \Pi(A_i)=1-(0.630\,6-0.315\,9)=0.685\,3$$

在多自然河道综合评价标准集（表 5）中，0.315 9 和 0.637 8 分别是中与良的阈值，根据贴近度计算，按照取大原则 $\max\Pi(A_i)=0.992\,8$，京口闸—迎江桥段应归入良的评价等级，确切地应是良⁻。

## 5 结语

（1）以多自然河道理念为指导，建立反映河道生态系统特征、生态系统功能、社会环境效应的综合评价指标体系，以流域内与被评价河道结构、功能相似的自然河流为基准，建立评价标准集，对城市修复河道的近自然程度进行综合定量评价。研究思路对城市生态河道评价具有普遍适用意义。

（2）在研究中采用的 GEM-AHP 综合算法计算各级指标的相对权重，运用改进的模糊综合评价模型逐级评价，是城市修复河道自然贴近度评价的有效数学方法。

### 参考文献

[1] 董哲仁．河流健康的诠释[J]．水利水电快报，2007，28（11）：17-19.

[2] 董哲仁．河流健康评估的原则和方法[J]．中国水利，2005（10）：17-19.

[3] 董哲仁．国外河流健康评估技术[J]．水利水电技术，2005，36（11）：15-19.

[4] 董哲仁．生态水工学的理论框架[J]．水利学报，2003（1）：1-6.

[5] 董哲仁．试论生态水利工程的基本设计原则[J]．水利学报，2003（10）：1-6.

[6] 董哲仁．河流形态多样性与生物群落多样性[J]．水利学报，2003（11）：1-6.

[7] 董哲仁．水利工程经济效益与生态功能综合评价的矩阵方法[J]．水利学报，2006，37（9）：1038-1043.

[8] 姜跃良，王美敬，李然，等．生态水力学原理在城市河流保护及修复中的应用[J]．水利学报，2003（8）：75-78.

[9] 董建伟，焦文玲．近自然态防护工程的理念与研究[J]．吉林水利，2004（11）：10-13.

[10] [日]财团法人河道整治中心．多自然型河流建设的施工方法及要点[M]．周怀东，杜霞，李怡庭，等译．北京：中国水利水电出版社，1996.

[11] 汪培庄，韩立岩．应用模糊数学[M]．北京：北京经济学院出版社，1989.

[12] 邱菀华．群组决策特征根法[J]．应用数学和力学，1997，8（11）：1027-1031.

[13] 洪源源，邱菀华．AHP、GEM 及其综合算法[J]．中国管理科学，2000，8（4）：36-42.

[14] 李如忠．基于指标体系的区域水环境动态承载力评价研究[J]．中国农村水利水电，2006（9）：42-46.

[15] 李如忠，钱家忠，汪家权．水污染物允许排放总量分配方法研究[J]．水利学报，2003（5）：112-115.

[16] 徐祖信．河流污染治理技术与实践[M]．北京：中国水利水电出版社，2003.

## System and Method for Appraisal of Near-natural River Restoration and Its Application to the Grand Canal in Zhenjiang

**Abstract:** Bio-remediation of urban rivers is an important issue that has aroused extensive attention both at home and abroad. Integrative quantitative assessment of nature-similarity degree of restored rivers is of great theoretical and practical significance. A case study was conducted of the section of the Ancient Great Canal between Jingkou Lock and Yingjiang Bridge in Zhenjiang. Following the multi-natural-river conception, an integrative assessment index system was established, reflecting characteristics, functions and socio-environmental effects of river ecosystems. Natural rivers in the region similar to the Great Canal in structure and function were selected as benchmark and an assessment standard set established. Based on surveys of the eco-remedied ancient canal, naturalness degree of the canal was assessed with the aid of the GEM-AHP integrative algorithm and Fuzzy integrative assessment method. This scientific method is found to be extensively applicable to appraising eco-remedied or restored urban rivers.

**Key Words:** Multi-Natural-River; Assessment Index System; Assessment Method

# 黑河流域生态功能区划及其保护

**摘要：**根据整体性、主导性、综合性原则，运用叠置法，将黑河流域划分为 3 个生态功能区、9 个亚区，分析了各个功能区的生态特征及存在的生态问题。分区提出了生态保护措施，并探讨了黑河流域生态保护及管理对策。

**关键词：**黑河流域；生态功能区划；生态功能保护

由于自然环境变化及人类活动强度的增加，黑河流域生态退化严重，生态环境极端脆弱。生态环境的主要问题是：上游林牧矛盾突出，灌木林退化严重，冰川退缩，林线上升，水源涵养功能退化；中游水资源利用率低，沙化、盐渍化严重；下游水资源减少，绿洲面积缩小，土地退化严重，沙尘暴增加。生态环境结构、生态功能变化的趋势正如当地居民总结的"沙漠向农区推进，风蚀区向耕作区推进，农业区向牧业区推进，牧业区向林区推进，雪线向主峰推进"。

生态环境的退化，严重影响群众的生存和社会经济发展，威胁流域生态环境安全，影响国防建设。因此，研究黑河流域景观生态结构及功能，划分生态功能区，采取管理及保护措施，非常必要。

## 1 黑河流域生态环境要素特征

### 1.1 非生物要素特征

黑河发源于青藏高原东北缘的祁连山地，从鹰落峡出祁连山，入张掖绿洲，经正义峡流入内蒙古额济纳荒漠绿洲，最终注入东西居延海。干流全长 821 km，流域面积 13 万 km$^2$，以鹰落峡、正义峡为界，划分为上、中、下游[1]。行政上包括青海的祁连县、甘肃的张掖市、临泽、高台、民乐、山丹、肃南、金塔及内古蒙的额济纳旗。

黑河流域地貌从上游到下游划分为：祁连山地，河西走廊冲、洪积平原，阿拉善剥蚀高平原。相应地，气候也划分为 3 个类型区：上游属青藏高原气候区的祁连山—青海湖气候亚区；中下游属温带蒙—甘气候区，分为温带河西走廊干旱亚区和额济纳温带极端干旱亚区。3 个气候亚区具有不同的气候特征。

黑河流域土壤可划分为山地土系列、地带性土系列、隐域性土系列。祁连山土壤受地

本文发表于《农村生态环境》，2000，18（1）：1-5。署名的还有：蒋建国，张更生，安锋，阵宁利，孔佐俊，王黎明，刘晓云，马荣华，柴发熹。

形气候的影响，垂直带谱明显，自上而下为寒漠土、山地草甸土、山地灰钙土和山地栗钙土。黑河流域地带性土壤为灰棕漠土与灰漠土，主要分布于戈壁荒漠区。另外在绿洲、沿河及巴丹吉林沙漠，分布有隐域性土类，即灌淤土、盐土、潮土及风沙土[2]。

黑河属内陆河，由 39 条支流组成。主干流至狼心山以后分为纳林河、木林河 2 支，分别注入东西居延海。黑河水源补给主要依靠天然降水及冰川融水，其次地下水及灌溉渠系渗漏水补给也占一定比例。

### 1.2 生物要素特征

植被类型分布是地形、气候、土壤、水文因素的综合表征。黑河流域植被在上游祁连山垂直分布规律性明显[3]，植被垂直带谱为：4 000～4 500 m 为高山垫状植被带；3 800～4 000 m 为高山草甸植被带；3 200～3 800 m 为高山灌丛草甸带；2 800～3 200 m 为山地森林草原带；2 300～2 800 m 为山地干草原带；2 000～2 300 m 为草原化荒漠带。

在黑河中下游广阔的戈壁、荒漠区，分布地带性的温带小灌木、半灌木荒漠植被。绿洲以人工栽培农作物和林网为主。在下游三角洲，以胡杨、梭梭、沙枣、红柳、白刺等荒漠特有植被为主。

## 2 黑河流域生态功能区划

### 2.1 生态功能区划原则及方法

#### 2.1.1 区划原则

生态功能区划以自然-社会-经济复合系统理论、景观生态学理论思想为指导，遵循以下原则：

（1）整体性原则　按照系统论中结构—功能原理，即一定的系统结构决定其功能、功能的完整性必须由结构的完整性保证。生态功能分区应遵循景观生态单元及其组合结构的完整性。

（2）主导性原则　决定生态功能分异的因素中，有些是起主导作用。在划分黑河流域生态功能区时，在高级分区中，地形作为主导因素；在次级分区中，则以植被作为主导因素。

（3）自然、社会、经济综合性原则　黑河流域开发历史悠久，人类社会经济活动对自然本底打下深刻的烙印。因此，在分区中应在自然分区的基础上，结合考虑社会经济因素。

#### 2.1.2 区划方法

生态功能区划采用叠置法，即在生态环境单要素区划的基础上，叠置要素区划界线，确定生态功能区划的基本界线。实现叠置的技术方案是：

（1）将遥感磁带信息图像，输入计算机 ER-DAS 软件，进行监督分类，目视纠正，编绘单要素专题图，确定生态环境单要素区划界线。

（2）利用 Arc/Info 软件的多层面叠加功能，以主导因素区划界线为模板，叠置其他非主导因素区划界线，根据景观生态类型单元完整性进行修订后，确定生态功能区划界线。

## 2.2 生态功能分区

遵照上述原则，黑河流域划分 3 个生态功能区及 9 个亚区。

Ⅰ　祁连山水源涵养功能区

$Ⅰ_1$高山寒漠固体水源保持功能亚区

$Ⅰ_2$中山针叶林水源涵养功能亚区

$Ⅰ_3$浅山灌木草地水土保持功能亚区

Ⅱ 走廊平原农田保护防风固沙功能区

$Ⅱ_1$南部陡倾斜平原灌丛荒漠侵蚀防护功能亚区

$Ⅱ_2$北部缓倾斜平原灌丛荒漠侵蚀防护功能亚区

$Ⅱ_3$中部缓倾斜平原人工林农田防护功能亚区

$Ⅱ_4$中部缓倾斜平原乔灌草防风固沙功能亚区

Ⅲ 剥蚀高平原戈壁荒漠自然生态保护功能区

$Ⅲ_1$戈壁荒漠自然生态保护功能亚区

$Ⅲ_2$冲积三角洲绿洲自然生态保护功能亚区

对于黑河流域生态功能区划图需要说明的是，由于上游冰川退缩，在高山带已呈不连续分布，中游绿洲呈串珠状分布。因此在$Ⅰ_1$亚区和$Ⅱ_3$亚区的划分上，未完全按区划要求将其类型区连片，而是保持了自然原貌。

## 2.3 生态功能区的主要特征及存在主要问题

各生态功能区、亚区特征及存在的主要问题如表 1 所示。

**表 1　黑河流域各生态功能区特征及存在问题**

| 生态功能区 | 亚区 | 生态环境特点及存在主要问题 |
| --- | --- | --- |
| 上游 | Ⅰ | 地形以走廊南山、冷龙岭、托来山 3 大复背斜隆起带及黑河上游谷地、珠龙关谷地、梨园河上游谷地 3 个断陷带相间分布。气候东部湿润，西部干燥；年平均降水量 350～495 mm，年平均温度 0～4℃，日照时数 2 200～2 800 h，≥0℃和≥10℃的积温分别为 2 081℃和 1 288℃；无霜期 115 d；植被为山地森林草原<br>存在主要问题：天然林破坏严重，水源涵养功能降低，过度放牧，山地草场退化，灌木林锐减，冰川退缩，雪线上升，林线后退 |
|  | $Ⅰ_1$ | 由于全球气候变暖，冰雪消融加快，固体水资源减少，冰川退缩，雪线上升 |
|  | $Ⅰ_2$ | 由于人为作用，天然林面积减少，林种单一。森林生态系统调节气候、涵养水源功能降低 |
|  | $Ⅰ_3$ | 由于过度放牧，灌木林减少，草地退化严重，水土流失加重 |

| 生态功能区 | 亚区 | 生态环境特点及存在主要问题 |
|---|---|---|
| 中游 | Ⅱ | 地形主要为走廊平原及两侧的山前冲积、洪积平原组成，海拔 1 284～2 500 m；主要地貌类型：冲洪积平原，细土平原，河谷冲积平原，沙漠，戈壁；年降水 104～195 mm，年平均温度 5.7～7.6℃，≥0℃和≥10℃的积温分别为 3 564℃和 3 063℃；无霜期 138～149 d；植被以温带荒漠灌木、半灌木为主，绿洲以人工植被为主。<br>存在主要问题：水资源利用率低，流沙入侵绿洲，土地沙化严重 |
| | $Ⅱ_1$ | 人为大量开垦，山前洪积扇旱作农田向浅山推进。原生的荒漠植被减少，抗风蚀、水蚀功能降低 |
| | $Ⅱ_2$ | 合黎山、龙首山的山前洪积扇、荒漠植被减少，固沙抗蚀功能降低 |
| | $Ⅱ_3$ | 靠近巴丹吉林沙漠的人工绿洲，250 km 风沙线，流沙入侵绿洲，危害农田，土地沙化严重 |
| | $Ⅱ_4$ | 人为过度利用，荒漠植被退化，防风固沙功能降低 |
| 下游 | Ⅲ | 地形以剥蚀高原为主，主要地貌类型：剥蚀中、低山，戈壁，干三角洲，湖盆；气候极端干旱，降水量 50～100 mm，年平均温度 7～8℃，年蒸发量 2 500～3 000 mm；植被以荒漠河岸林、荒漠灌丛为主<br>存在主要问题：水源锐减，绿洲面积缩小，荒漠草场退化严重；湖泊干涸，沙尘暴增加 |
| | $Ⅲ_1$ | 由于地下水减少，过度放牧，荒漠生态系统退化严重 |
| | $Ⅲ_2$ | 黑河中游来水减少，绿洲萎缩，天然植被大量死亡。西居延海干涸，风沙加剧 |

## 3 黑河流域各生态功能区保护措施

### Ⅰ 祁连山水源涵养功能区

保护总目标：天然固体水源，天然水源涵养林，山地草场。保护上游生态系统的水源涵养功能。

$Ⅰ_1$ 高山寒漠固体水源保持功能亚区

保护目标：保护祁连山属黑河流域 368 条冰川，总面积 110.27 $km^2$。

保护措施：保护高山草甸植被，禁止放牧、旅游、登山等人为活动。

$Ⅰ_2$ 中山针叶林水源涵养功能亚区

保护目标：保护祁连山属黑河流域 26 万 $hm^2$ 天然林。保护马麝、蓝马鸡等珍稀动物。

保护措施：保护祁连圆柏、青海云杉天然水源涵养林，建立苗圃，营造人工林。合理轮牧，保护林缘天然草地资源。生态移民，减小草地人口压力。保护天然野生动物资源，建立繁育基地。

$Ⅰ_3$ 浅山灌木草地水土保持功能亚区

保护目标：保护恢复灌木林，解决林牧矛盾。

保护措施：建立、完善围栏，实行轮牧，保护草地资源。山麓带退耕还草，营造干杂果经济林。

### Ⅱ 走廊平原农田保护防风固沙功能区

保护总目标：保护绿洲生态系统；保护耕地生态系统；保护水资源；保护沙漠生态系统。

综合保护措施：调整水资源利用结构，合理规划生态用水。农、林、牧经济—生态措施综合评价，防风固沙功能综合协调[4-5]。

$\text{II}_1$ 南部陡倾斜平原灌丛荒漠侵蚀防护功能亚区

保护目标：保护山地荒漠植被，保护旱作农田，防止风蚀、水蚀。

保护措施：新垦农田，营建防护林网。

$\text{II}_2$ 北部缓倾斜平原灌丛荒漠侵蚀防护功能亚区

保护目标：保护荒漠植被，防止风蚀。

保护措施：天然荒漠植被保护恢复，划定禁牧区，封育荒漠草场。

$\text{II}_3$ 中部缓倾斜平原人工林农田防护功能亚区

保护目标：完善 250 km 风沙线防沙体系，完善农田防护林，保护基本农田。

保护措施：保护恢复绿洲防护体系外围缓冲带，稳定绿洲生态系统；完善、改造绿洲林网，营建经济型防护林；保护基本农田，防治土地退化。

$\text{II}_4$ 中部缓倾斜平原乔灌草防风固沙功能亚区

保护目标：防治土地退化，封育保护荒漠植被。

保护措施：保护荒（沙）漠植被，锁定沙尘源地；保护荒漠湿地，建立候鸟保护基地；防治草场退化，建立草业基地。

**III 剥蚀高平原戈壁荒漠自然生态保护功能区**

保护总目标：保护绿洲生态系统。保护荒漠生态系统，锁定沙尘源。

保护措施：合理分水，合理规划生态用水。保护绿洲、荒漠生态系统，建立胡杨林保护区。

$\text{III}_1$ 戈壁荒漠自然生态保护功能亚区

保护目标：保护荒漠生态系统，锁定沙尘源。

保护措施：围封荒漠草场，合理轮牧，发展半舍饲牧业。

$\text{III}_2$ 冲积三角洲绿洲自然生态保护功能亚区

保护目标：保护绿洲生态系统，保护居延海。

保护措施：建设人工草场，营建灌木林，建立并逐步扩大胡杨林保护区。

# 4 黑河流域生态功能保护对策

## 4.1 行政管理措施

（1）在国家环境保护总局领导下，甘肃省、内蒙古自治区及张掖地区、阿拉善盟环境保护部门参与，组成黑河流域生态功能保护区管理协调机构，组织协调黑河流域生态保护工作。

（2）增强黑河流域管理局的职能，协调上下游水量调配，监督执行分水方案的实施，确保水资源的合理调配。

（3）将生态环境监测纳入环境监测计划中，建立监测站网，监督检查生态环境质量，定期监测，发布生态环境公报。强化工程基建的生态环境审核。

### 4.2 技术管理措施

（1）建立县、地、乡 3 级生态建设技术推广站，配备专职技术干部，对农户进行技术培训、咨询和指导。

（2）在不同生态功能区，根据区域优势，建立一批生态示范乡、示范村。辐射推广，带动农户广泛参与。

### 4.3 政策与法制

（1）建立祁连山水源涵养林营林基金制度。建议建立水源涵养林营林基金，由祁连山自然保护区管理局管理，用于造林补贴和水源涵养林抚育更新。资金筹措渠道：国家拨款；全流域受益单位按受益程度分担筹措。

（2）建立用水许可证制度，制定合理水价，用经济手段激励节水。强化农户的水商品意识，培育水商品市场。彻底改变计划经济的水管理模式。建立用水配给制，定额用水，突破定额须由水政管理部门许可。实行配额以内低价，超额高价，累进加价的经济管理办法。

（3）进一步完善联产承包责任制。明确三荒土地所有权，稳定承包权，搞活使用权，三权分立。允许农民有偿转让，联片规模开发、经营三荒土地。鼓励农户向荒山、荒漠投工投资。

（4）制定优惠政策激励生态产业发展、调动科技人员积极性。制定“知识入股，按股分成”优惠政策，鼓励科技人员将自己的创新成果，应用于生态产业发展。

（5）加强法制建设，加大执法力度，依法保护生态环境。严格执行与生态环境建设有关的《环境保护法》《森林法》《草原法》《水土保持法》《土地管理法》《水法》及即将出台的《荒漠化防治法》，根据地方实际制定、补充地方法规。加大执法力度，依法保护生态环境。

（6）计划生育，控制人口，减轻环境压力。严格执行计划生育政策，将黑河流域人口增长控制在 13‰以下，减轻环境压力，从源头控制生态恶化。

### 4.4 宣传、教育和公众参与

宣传《草原法》《森林法》等法律，使群众知法守法。利用广播、报纸等宣传工具，在“世界环境日”和“世界荒漠化防治日”，有计划、有组织地进行宣传，提高全流域群众的环境意识。

### 4.5 多方筹措，完善投资机制

黑河流域生态建设需要大量资金，而当地财力、群众经济承受力有限。要坚持国家、地方、集体、个人相结合，全方位、多渠道筹措资金。

## 参考文献


[1] 高前兆，李福兴. 黑河流域水资源合理开发利用[M]. 兰州：甘肃科学技术出版社，1991.

[2] 陈隆亨，曲耀光，陈荷生，等. 河西地区水土资源及其合理开发利用[M] .北京：科学出版社，1992.

[3] 伍光和. 甘肃省综合自然区划[M]. 兰州：甘肃科学技术出版社，1997.

[4] 甘肃省土地管理局. 甘肃土地资源[M]. 兰州：甘肃科学技术出版社，2000.

[5] 甘肃省农业区划委员会. 甘肃省农业区域综合开发规划[M]. 北京：改革出版社，1993.


## Eco-Functional Regionalization and Protection of Eco-Functions in Heihe River Basin


**Abstract:** According to the principles of integrity，dominance and comprehensiveness，the Heihe River basin is divided into three eco-functional regions and nine eco-functional sub-regions by the method of overlapping coverage. The ecological characteristics and problems of each functional region and sub-region are analyzed. On such a basis，measures are put forward for protecting ecology in each region and sub-region，and strategies for protection and management of the ecology of Heihe River basin are proposed.



**Key Words:** Heihe River Basin; Eco-function; Division; Protection

# 黑河流域生态功能区划遥感制图方法

**摘要**：论述了利用遥感信息和非遥感信息结合，编制生态功能区划图的方法。介绍了遥感信息增强处理方法，自动监督分类与目视纠正结合的景观解译方法，地学相关分析的区划信息提取方法，遥感信息和非遥感信息叠加复合方法。介绍了生态功能区划图的制图原则、方法以及制图分类系统。文中所介绍的方法，对于全国正在开展的区域生态功能区划，具有一定的指导意义。

**关键词**：黑河流域；生态功能区划；遥感制图

## 1 黑河流域生态环境的基本特征

黑河发源于青藏高原东北缘的祁连山地，从鹰落峡出祁连山，入张掖绿洲，经正义峡流入内蒙古额济纳荒漠绿洲，最终注入东西居延海。干流全长 821 km，流域面积 13 万 $km^2$，以鹰落峡、正义峡为界，划分为上、中、下游。行政上包括青海的祁连县，甘肃的张掖市及临泽、高台、民乐、山丹、肃南、金塔六县，内蒙古的额济纳旗。

黑河流域地貌从上游到下游划分为：祁连山地；河西走廊冲洪积平原；阿拉善剥蚀高平原。相应的气候也划分 3 个类型区。上游属青藏高原气候区的祁连山－青海湖气候亚区。中下游属温带蒙－甘气候区，分为温带河西走廊干旱亚区和额济纳温带极端干旱亚区。3 个气候亚区具有不同的气候特征。

黑河流域土壤可划分为山地土系列、地带性土系列、隐域性土系列。祁连山土壤受地形气候的影响，垂直带谱明显，自上而下为寒漠土、山地草甸土、山地灰钙土、山地栗钙土。黑河流域地带性土壤为灰棕漠土与灰漠土。主要分布于戈壁荒漠区。另外在绿洲、沿河及巴丹吉林沙漠，分布有隐域性土类，灌淤土、盐土、潮土及风沙土。

黑河属内陆河，由 39 条支流组成。主干流至狼心山以后分为纳林河、木林河两支，分别注入东西居延海。黑河水源补给，主要依靠天然降水及冰川融水，其次地下水及灌溉渠系渗漏水补给也占一定比例。

植被类型分布是地形、气候、土壤、水文因素的综合表征。黑河流域植被在上游祁连山，垂直分布规律性明显，植被垂直带谱为：4 000～4 500 m 为高山垫状植被带；3 800～4 000 m 为高山草甸植被带；3 200～3 800 m 为高山灌丛草甸带；2 800～3 200 m 为山地森林草原带；2 300～2 800 m 为山地干草原带；2 000～2 300 m 为草原化荒漠带。

在黑河中下游广阔的戈壁、荒漠区，分布地带性的温带小灌木、半灌木荒漠植被。绿洲以人工栽培农作物和林网为主。在下游三角洲地区以胡杨、梭梭、沙枣、红柳、白刺等

本文发表于《干旱区资源与环境》，2003，17（1）：49-52。署名的还有：马荣华。

荒漠特有植被为主。

黑河流域由于人口不断增长，社会经济的不断发展，流域经济发展与生态环境的矛盾越来越突出。流域生态环境的主要问题是：上游林牧矛盾突出，灌木林退化严重，冰川退缩，林线上升，水源涵养功能退化；中游水资源利用率低，沙化、盐渍化严重。

生态环境退化的形势，影响区域群众的生存和社会经济发展，威胁流域生态环境安全。

黑河流域特别是下游地区，是春季强冷空气入境的途径之一，加之地表植被的退化，成为北方沙尘发源地之一，是重要的起沙扬尘区。广泛的沙尘源与动力机制配合，形成的沙尘暴，向京津地区输送大量的沙尘。通过黑河流域生态功能保护建设，建立绿色生态屏障，阻断京津地区的西路沙尘，对于首都生态安全具有重要意义。

在黑河流域利用遥感资料，编绘生态功能区划图，分区进行保护，是一项十分必要的工作。

## 2 制图信息的获取方法

### 2.1 遥感信息的直接提取

#### 2.1.1 遥感信息增强处理方法

采用2000年8月17日、18日、26日、30日共7景TM 3、4、5波段的卫星影像，在预处理过程中，先进行影像匹配几何纠正，然后经过滤波处理、HIS与RGB变换等步骤，去掉云层。个别受云影响严重地区，采用时相相近的比例尺和分辨率相同的其他影像代替。黑河流域地形起伏比较大，我们的目的是提取植被信息，因此，为了增强土壤、植被和水之间的差别，在一些常规图像增强（如直方图均衡、线性变换、非线性变换等）的基础上，采取遥感影像的比值运算。

#### 2.1.2 监督分类与目视纠正结合景观综合信息解译方法

景观是地形、土壤、植被、水文的自然综合体，对其解译是运用自动监督分类与目视纠正结合方法。首先，根据野外实地路线调查，在卫星影像图上，选取地形相对平坦、景观类型典型、影像特征明显的小区，作为训练样地，根据景观类型综合光谱特征、色度、影纹特征，进行计算机自动分类解译。在监督分类中，定义分类模板，获取模板信息，是重要的第1步。根据景观结构特征，使用了3种不同的方法：对于窄带状的景观，例如干河谷荒漠，采用种子像元扩展获取分类模板信息方法；对于色度、影纹特征一致性好的景观，应用AOI绘图工具在原始影像上直接获取模板信息；对于色度、影纹特征一致性较差的景观，采用在特征空间图像上应用AOI工具产生分类模板的方法。第2步，在自动监督分类的基础上，利用大比例尺地形图，相关专业图件，以及路线调查资料，目视纠正，确定景观类型单元界限。

### 2.2 地学相关分析的间接信息提取方法

遥感影像信息由于受到分辨率的限制，提取信息是有一定的限度。在黑河流域 1∶25 万的 TM 卫星影像，对于森林、草地、农田、冰川、沙漠、戈壁等特征明显的一级生态类型，用自动监督分类与目视纠正结合的直接信息提取方法，很容易确定其类型。对于二级以及二级以下的生态类型，直接信息提取比较困难，特别是“同谱异相”“异谱同相”类型的解译。地学相关分析的解译方法，可以发挥一定的作用。

地学相关分析即利用地理要素与生态类型相关性规律，在卫星影像上间接判断生态类型。在黑河流域地貌是生态类型分布的主导因素，决定区域水热组合再分配，制约生态类型配置结构。分析研究地貌与生态类型空间分布相关规律，是地学相关分析的手段之一。

黑河上游的祁连山地，植被分布受地形垂直高度变化影响非常明显，植被的垂直带谱为：4 000～4 500 m 为高山垫状植被带；3 800～4 000 m 为高山草甸植被带；3 200～2 800 m 为山地干草原带；2 000～2 300 m 为草原化荒漠带。研究这一规律以及每一植被带植被类型分布规律，根据这些规律，结合相关资料，进行逻辑推理判断，对于准确解译山地生态类型及其界限，具有重要意义。

在干旱区水资源的分布对于生态类型分布，起着决定性的作用。在山前冲洪积扇，由于地表坡度以及组成物质的变化，形成地表水的下渗带、地下水溢出带、潴水带，形成旱田、水浇地、沼泽草甸等生态类型有规律的分布。

此外，山地阴坡、阳坡与针叶林、阔叶林分布的关系，沙丘迎风坡、背风坡与沙生植被类型分布的关系，都是相关分析重要方法。

### 2.3 遥感与非遥感信息的复合

在编图的过程中，除了利用 1∶25 TM 磁带数据影像外，搜集了该区的 1∶250 000、1∶100 000 地形图，土地利用图、土壤图、地貌图以及相关的文字材料。这些非遥感资料，作为辅助信息源与遥感信息的结合，对于遥感信息的准确解译起了一定的作用。

特别是对于前人编制的地貌图、土壤图这些相对稳定的生态环境要素图，与根据最新遥感资料解译的现势图，具有比较好的吻合性。这些图件数字化后，以地形图为基准，利用 Arc/Info 软件直接与解译图拓扑叠加，保留共同特征，丰富了解译图的信息量。

## 3 生态功能区划的原则、依据及编图方法

生态功能区划是根据生态系统的生态服务功能的区域差异性进行分区，为调整生态结构、提高生态功能、正确采取保护措施提供科学依据。生态功能区划应遵循以下原则。

### 3.1 生态功能区划原则

生态功能区划以自然-社会-经济复合系统理论，景观生态学理论思想为指导，遵循以下原则：

（1）整体性原则　按照系统论中“结构—功能”原理，即一定的系统结构决定其功能，功能的完整性必须由结构的完整性保证。生态功能分区应遵循景观生态单元以及景观生态单元组合结构的完整性。

（2）主导性原则　决定生态功能区域分异的因素中，有些是起主导作用。在划分生态功能区时应贯彻主导性原则。在高级分区单位中，地形作为主导因素，在次级分区单位中，则以植被作为主导因素。

（3）自然、社会、经济综合性原则　黑河流域开发历史悠久，人类社会经济活动对自然本底打上深刻的烙印。因此，在分区时，应在自然分区的基础上，结合考虑社会经济因素。

### 3.2 生态功能区划的依据

生态系统具有多功能的特征。每一生态系统，既具有环境保护功能，又具有生产功能和社会服务功能。对于黑河流域，从环境保护和国家生态安全角度考虑，主要的生态功能定位为两大功能。一是上游的水源涵养功能，二是中、下游的防风固沙功能。黑河流域生态功能区划的主要依据是水源涵养、防风固沙这 8 个字。这是整个区划的出发点和归宿。

### 3.3 生态功能区划的方法

生态功能区划采用叠置法，即在生态环境单要素区划的基础上，叠置要素区划界限，确定生态功能区划的基本界限。实现叠置技术方案是：

（1）利用遥感磁带合成影像，输入计算机 ERDAS 软件，进行监督分类，目视纠正，并吸收非遥感信息源，划分区域生态环境要素类型单元。在此基础上进行地貌、土壤、植被分类及区划。

（2）利用 Arc/Info 软件的多层面叠加功能，进行环境要素区划界限的叠置，取重合最多处为基本界限，对重合较少处，按主导生态环境要素界限，进行必要的修订，确定生态功能区界线。

## 4　黑河流域生态功能区划

### 4.1 生态功能区划的分级及命名

黑河流域生态功能区划划分为两级，一级生态功能区，以地貌为主导因素，反映的是生态功能的总体格局，其命名，采用大地貌单元+生态功能两名法。二级生态功能区，以植被为主导因素，反映的是区内生态功能差异性，是基本的生态功能类型单位，采用中级地貌单元+植被类型+生态功能三名法。

## 4.2 生态功能分区

遵照上述原则，黑河流域生态功能划分 3 个区及 9 个亚区。

Ⅰ 祁连山水源涵养功能区

$Ⅰ_1$ 高山寒漠固体水源保持功能亚区

$Ⅰ_2$ 中山针叶林水源涵养功能亚区

$Ⅰ_3$ 浅山灌木草地水土保持功能亚区

Ⅱ 走廊平原农田保护防风固沙功能区

$Ⅱ_1$ 南部陡倾斜平原灌丛荒漠侵蚀防护功能亚区

$Ⅱ_2$ 北部陡倾斜平原灌丛荒漠侵蚀防护功能亚区

$Ⅱ_3$ 中部缓倾斜平原人工林农田防护功能亚区

$Ⅱ_4$ 中部缓倾斜平原灌草防风固沙功能亚区

Ⅲ 剥蚀高平原戈壁荒漠自然生态保护功能区

$Ⅲ_1$ 剥蚀戈壁荒漠自然生态保护功能亚区

$Ⅲ_2$ 冲积三角洲绿洲自然生态保护功能亚区

## 4.3 基础底图的设计

在生态功能区划图上，景观类型作为重要的基础层面。根据 1∶750 000 专题图的负载量，黑河流域生态功能区划图，仅表现景观的二级分类单位。制图分类系统如下：

**山地景观类型系列**

山地天然林景观

山地灌丛草甸景观

山地草甸景观

山地荒漠景观

山地半荒漠景观

**平原景观类型系列**

平原荒漠景观

平原半荒漠景观

低湿草甸景观

沼泽景观

**高平原景观类型系列**

高平原荒漠景观

高平原半荒漠景观

荒漠河岸疏林灌丛景观

**人工景观类型系列**

灌耕地景观

旱耕地景观

人工林地景观

**其他类型**

流沙

戈壁

冰川永久积雪

盐碱地

裸露山体

干湖泊

水域

在基础底图层，有选择地设计了水系、道路、居民点，与景观类型一起，作为第 2 层面，以较淡的色度，表现为生态功能区划的背景层。整个图面设计为 3 个层面：背景基础层；区划界限层；注记层。这些图层以数字化地形图为基础叠加。在色系、色度的设计上，力图表现地势特征、景观类型空间分异的视觉效果。

## 5 结论

通过黑河流域生态功能区划图的编制，总结如下两点结论：

（1）计算机自动监督分类、目视纠正，遥感信息与非遥感信息的复合，配合地学相关分析，综合运用这些方法，多途径获取制图信息，是专题制图信息提取的比较好的方法。这些方法各有所长，相互补充，可以提高专题信息解译的准确性，丰富信息源。

（2）传统的区划图编制方法，是单要素区划、多要素综合叠加，手工操作，工序复杂工作量大。利用 arc/info 软件多层面叠加功能，以主导因素的单要素区划界限为模板，叠置其他非主导因素单要素区划界限，多要素图层叠加，再进行人工修订。是贯彻传统区划制图“主导因素法”“叠置法”的比较好的技术路线。

**参考文献**

[1] 高前兆，李福兴. 黑河水资源合理开发利用[M]. 兰州：甘肃科学出版社，1991.

[2] 黄杏元，汤勤. 地理信息系统概论[M]. 北京：高等教育出版社，1990.

[3] 张克权，黄仁涛. 专题地图编制[M]. 北京：测绘出版社，1984.

## Cartographic Method with RS for Eco-functional Regionalization in Heihe River Basin

**Abstract:** Cartographic method of eco-functional regionalization with RS and other information is discussed in the paper. Methodology of RS information enhancement，methodology of landscape interpretation with supervised classification and interpretation with eyes，methodology of extracting information for regionalization with geographic relation analysis，methodology of update-cover with RS information and others，are introduced. On the basis of the mentioned above，cartographic principles and methods and the system of classification for eco-functional regionalization are introduced. The methods mentioned above is very significant to guide the eco-functional regionalization，which is being developing at present in our country.

**Key Words:** Heihe River Basin; Eco-functional Regionalization; Cartography with RS

额济纳旗
金塔
嘉峪关
酒泉
高台
临泽
张掖
山丹
肃南裕固族自治县
民乐
祁连
Ⅲ1
Ⅲ2
Ⅱ1
Ⅱ2
Ⅱ3
Ⅱ4
Ⅰ1
Ⅰ2
Ⅰ3
沼泽
低湿草甸
平原荒漠
平原半荒漠
高平原半荒漠
荒漠河岸疏林灌丛
山地荒漠
山地半荒漠
山地草原
山地草甸
山地灌丛草甸
灌耕地
旱耕地
人工林地
天然林地
裸露戈壁
流沙地
冰川和永久积雪
盐碱地
裸露山体
干湖泊
水域
居民点
省界
县界
铁路
公路
河流
流域界线
一级区划界线
二级区划界线
Ⅰ 祁连山水源涵养功能区
Ⅰ1 高山寒漠固体水源保持功能亚区
Ⅰ2 中山针叶林水源涵养功能亚区
Ⅰ3 浅山灌木草地水土保持功能亚区
Ⅱ 走廊平原农田保护防风固沙功能区
Ⅱ1 南部陡倾斜平原灌丛荒漠侵蚀防护功能亚区
Ⅱ2 北部缓倾斜平原灌丛荒漠侵蚀防护功能亚区
Ⅱ3 中部缓倾斜平原人工林农田防护功能亚区
Ⅱ4 中部缓倾斜平原乔灌草防风固沙功能亚区
Ⅲ 剥蚀高平原戈壁荒漠自然生态保护功能区
Ⅲ1 戈壁荒漠自然生态保护功能亚区
Ⅲ2 冲积三角洲绿洲自然生态保护功能亚区
0 15 30km

# 腾格里沙漠东南缘沙坡头地区环境本底系列图编制中的几个问题

为了系统地总结沙坡头地区环境本底研究成果，揭示沙坡头地区环境本底基本特征，为各专业专题研究提供基础资料，从 1993 年开始，结合台站网络的编图任务，沙坡头沙漠科学研究试验站组织不同专业专家，编绘出版了一套环境本底系列图。这套图包括《腾格里沙漠东南缘沙坡头地区地貌图 1∶100 000》；《腾格里沙漠东南缘沙坡头地区土壤图 1∶100 000》；《腾格里沙漠东南缘沙坡头地区植被图 1∶100 000》。每幅分为晕渲版与不带晕渲版两种，共 6 幅图。

所谓系列图是反映某一地区专题内容相关的一组图，或是反映同一专题内容不同时段的一组动态图，沙坡头环境本底系列图属于前一种。以下对这一系列图编绘中的几个问题谈一些粗浅的看法，诚请同行专家指正。

## 1 编图的基本技术路线及编图程序

沙坡头地区环境本底系列图的编制以已有的环境本底研究报告与图件为基础，充分利用已有遥感信息源，采用目视解译与野外实地调查相结合的工作方法，组织专业人员、制图人员以及遥感人员相互协调，分工负责过渡成图。

在编图过程中搜集了沙坡头建站 30 年来所有的有关地貌、土壤、植被的论文，调查报告及图件。搜集了国家正式出版的沙坡头地区 1∶50 000、1∶100 000、1∶200 000 地形图，站上实测的 20 世纪 70 年代地形图以及 1984 年编的《腾格里沙漠东南缘沙坡头地区景观图》，搜集了本地区 50 年代 1∶25 000 及 1∶35 000 航片，80 年代彩红外航片，还搜集了与沙坡头地区毗邻的宁夏中卫县、内蒙古阿拉善左旗、甘肃景泰县的有关土壤普查和植被调查资料。

在广泛搜集资料的基础上，在近 3 000 $km^2$ 范围内组织了西线、东线两条路线实地调查。着重解决 3 个问题：①建立专业分类的图像解译标志及相关的解译标志；②取得第一手资料；③各个专业相互渗透，实地讨论一些难以确定的过渡类型的归属。

广泛的信息源及实地考察取得的第一手资料，为编图奠定了坚实基础，保证了系列图编图内容的科学性和类型界限的准确性。同时通过室内分析与野外调查，对于土壤、植被的区域特征及空间分布规律有了较深的理解，对于地貌区域分异特征及其与土壤、植被的相互关系也有了更深的理解。地图是地理学的第二语言，是研究成果的直观再现形式，只有深刻地理解研究对象，才能在图上用恰当方法，增强显示效果，提高编图质量。

---

本文发表于《资源生态环境网络研究动态》，1995，6（2）：45-48。署名的还有：彭期龙。

编图的程序如图 1 所示。

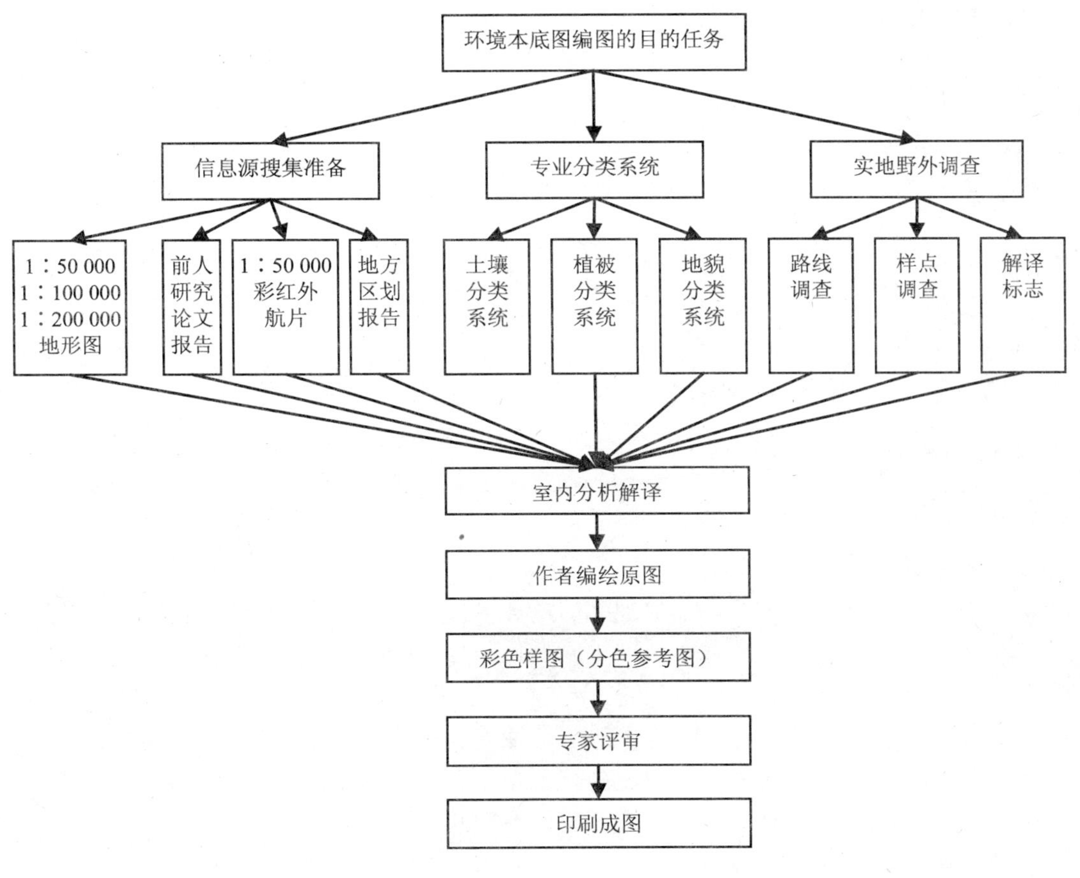


图 1 编图程序

## 2 信息源的选择

在所搜集到的信息源中，分为主要信息源与参考信息源。在此次编图中以 1：50 000 彩红外航片及 TM 卫片为主要信息源。其中划分高级类型单位界限、分析宏观规律时以 TM 卫片为主，而划分低级单位类型界限时以 1：50 000 彩红外航片为主。彩红外航片由红外、红、绿、蓝光波段合成，对于可见光部分及红外部分信息反映清楚，不受天气影响，是反映地貌、植物、土壤最理想的信息源，它与 TM 卫片配合，保证了编图的足够精度。

在西北干旱区，彩红外、TM 卫片选择时相以秋季最好。这时植被反映清晰，土类也可根据影像特征与相关分析判别。西北地区植被稀少，秋季植被对相片的地貌反映影响不大。为节约经费，统一使用秋季卫片。

## 3 关于基础底图的编绘原则

基础底图是专业内容负载的主体，是编绘沙坡头本底图关键环节之一。在基础底图的编绘中，对于比例尺的选择、基础要素的取舍以及底图与卫片、航片的配准等问题进行了探讨研究。采取了以下编图原则。

### 3.1 比例尺的选择与表现内容相适应

在编图过程中，基础底图的比例尺根据所表现内容来决定，即根据上图最小图斑及图面负载是否协调为原则，经过比较，决定采用 1∶100 000 比例尺为基础底图统一比例尺。

### 3.2 基础要素的取舍以保证转绘精度及不冲淡主题为原则

我国地形图大部分是根据 20 世纪 60 年代的航片在 70 年代成图的，而遥感资料是 80 年代的，现势性很强，在这期间由于强烈的风蚀风积过程，河流侵蚀及人为经济活动，使这一地区的地貌、土壤、植被都有不同程度变化，这使两者配准有一定的偏差。为解决这一问题，在基础要素取舍中，尽量多保留一些相对稳定的地物点及自然要素，如大的村镇、铁路、公路、石质山地丘陵。对一些变化大的地理要素，如河流、沙丘等则根据航、卫片对地形图进行现势纠正。在 3 种专业图中统一保留了相同的水系、道路、居民点等基础要素。对于地形基础要素，在植被和土壤图中以不冲淡主题为原则，仅选取地貌图中高一级分类单位，烘托土壤、植被类型分布大势。专业内容采取以基础底图为基准分片转绘的方法，使误差分散，同名点尽可能配准。

## 4 关于制图的分类系统

专业分类与制图分类是两个既有联系又有区别的不同概念。专业分类要求尽可能详尽，充分表达研究的深度。而制图分类则在专业分类的基础上，根据信息源的可解译性及图面的负载量，对其进行适当取舍。根据制图人员与专业人员协商切磋的结果，我们采用以下的分类系统。

地貌图采用三级分类。第一级根据主导营力划分为风成地貌、干燥剥蚀地貌、流水地貌 3 个大类；第二级按照形态原则划分为平地、台地、丘陵、低山、中山 5 个形态类型；第三级形态成因相叠加划分 12 个基本地貌类型。土壤图分为 5 个土纲、5 个亚纲、6 个土类、10 个亚类、21 个土属、35 个土种。植被图分为天然植被与人工植被两大系列。天然植被划分为：灌丛、草原、荒漠、草甸、沼泽 5 个植被型。人工植被统归到栽培植被型。

根据我们编图经验，1∶100 000 自然本底图的制图分类系统一般分为 3～4 级较为适宜。这样通过色系、色度、数字注记等表现手法，将三级分类单位很清楚地表现在 3 个层面，较好地表现了专业分类系统的层次结构，使图面负载也较适中，这样也比较符合人的视觉特点，即使非专业人员也能领悟其中的科学内涵。

## 5 关于制图的协调问题

### 5.1 专业内容的协调

专题地图的专业内容是通过制图分类在图上表现其空间分布的，制图分类单元是上图的基本图斑，系列图专业内容协调即是各专业制图分类系统的协调，各专业分类系统的协调，一方面是横向协调，另一方面是纵向协调。横向协调，即各专业分类系统之间的协调，主要解决相互间详略程度相当、分类级别对应等问题。解决这些问题时，可以从两方面入手：①综合研究分析制图范围内的环境本底特征及区域分异特征；②采用主导因素分析法，分析地形对土壤、植被分布的制约关系。

腾格里沙漠东南缘沙坡头地区，区域地貌可分为三大地形区，南部为香山、野猫山干燥剥蚀中山及山前冲积台地，黄河沿山前流经，形成黄河阶地及河漫滩。中部为腾格里沙漠东南部，全为高大的格状沙丘。北部为通湖山及山前冲积扇。由于地形特征所决定，土壤也相对地分为灰钙土区、风沙土区、灰漠土区。植被也相应地由荒漠灌丛、荒漠草原向沙漠植被过渡。制图区域内可划分 3 个自然景观小区。通过综合分析，主导因子分析，地貌形态成因-植被群丛-土种所对应的分类等级，各专业分类系统以此为基准分解划分为对应的 3 级。纵向协调，即制图区域的分类与全国相应的专业分类系统的协调。这种协调是以地带性规律作指导，分析制图区在全国地貌、土壤、植被分区的位置，找出制图区中分类与全国分类系统之间的衔接关系。以土壤分类系统为例，沙坡头区土壤分类分为土纲、亚纲、土类、亚类、土属、土种 6 级，其实上图只有 3 级：土类、土属、土种。土纲、亚纲仅是与全国高级分类单位衔接。明确区域类型与全国分类的归属关系。

### 5.2 图面的协调

一幅好的地图作品应该是内容与形式的完美统一。分类系统的协调是系列图协调的重要环节。而表现手法及图面设计的协调也是不可忽视的方面。系列图图面协调方面主要抓了以下环节：①色系设计的协调。各图的色系设计基本上为自然色调，因为沙坡头地区处于荒漠草原带，所以系列图以暖色调为主，根据专业内容的不同，其亮度略有差别。地貌图以暗红的亮度较大的暖色为主，土壤图则亮度较弱的暗红色调为主，而植被图以温凉的淡绿色调为主。这样 3 张系列图以暖色为主，以亮度相区别，外观上显得十分协调。②表现手法协调。综合运用底色法、区域法、符号法、晕渲法等常用方法，刻意表现自然景观 3 大块体，专业内容的 3 个层面。用晕渲法突出南部中山、北部低山的立体感。以底色法为基础，以不同色系、色度区分不同层面，强化专业内容的立体空间分布规律。以区域法加注记表现不同图斑的专业内涵。

### 5.3 制图综合的协调

在制图综合的协调中，注意了以下两方面问题：（1）对风沙地貌的类型、形态结构特征、排列方式、疏密程度，各系列图采用了同一综合概括的方法，以相同的详略程度表示。（2）对于各专业图斑的综合程度，以图面的负载适中为限。各图的图幅负载量与典型地段样图相互对比，进行平衡。在沙坡头地区环境本底系列图的编制中，由于从分类系统的制定、图面设计、表现手法各个方面注意了协调，使这套系列图从内容到形式都比较和谐，它们从地貌、植被、土壤不同侧面表现了腾格里沙漠东南缘沙坡头地区景观生态的分异规律，对本区的环境本底特征绘出了一个清晰的轮廓，达到了编图的目的。

**参考文献**

[1] 张克权，黄仁涛. 专题地图编制[M]. 北京：测绘出版社，1984.

[2] 钟德才. 沙坡头地貌类型图编制研究[C]//第三届全国地图学术会议论文选集. 北京：测绘出版社，1980.

# 江苏省自然保护系列图的编制方法

**摘要**：采用遥感图像信息解译、遥感与非遥感信息复合的专题信息提取方法，按照统一的基础底图、统一的制图设计思想，编制了江苏省自然保护10幅专题图：自然保护区分布图；森林公园分布图；风景名胜区分布图；地质自然保护区和旅游地质资源分布图；饮用水源保护地分布图；湿地分布图；土地利用图；植被分布图；草地分布图；自然保护综合图。专题系列图系统、完整、直观地表现了江苏省自然保护对象分布及其背景特征。通过编图，在专题信息提取、多种信息的复合、基础底图的编绘、系列制图分类、专题系列图图面配置设计等方面积累了经验。

**关键词**：江苏省；自然保护；系列图

系列图是按照统一的基础底图，统一的制图设计思想，编制内容具有相关性的一组专题图。为了系统全面地反映江苏省自然保护对象空间分布特征，围绕自然保护主题编绘10幅专题系列图。系列图包括：江苏省自然保护区分布图；江苏省森林公园分布图；江苏省风景名胜区分布图；江苏省地质自然保护区和旅游地质分布图；江苏省饮用水源保护区分布图；江苏省湿地分布图；江苏省土地利用图；植被分布图；草地分布图。9幅专题图综合成江苏省自然保护综合图。专题系列图表现了江苏省不同自然保护对象地域分布规律及其背景特征，为江苏省自然保护、生态建设规划以及各种专题规划提供了基础图件。

## 1 系列图编制方法

### 1.1 编图的关键技术

系列图的编制是一项复杂细致的工作。江苏省自然保护系列图编制过程，着重解决以下关键问题：专题信息提取，多种信息的复合、集成；基础底图的编绘；制图分类原则一致性；专题图图面配置协调性。

#### 1.1.1 专题信息提取与信息的复合

江苏省自然保护系列图的编图信息源来自3个方面，一方面利用遥感图像信息解译提取专题信息，另一方面来自江苏省有关厅局的专业统计资料，也有一些信息来自前人的研究成果、专著。在编图的过程中，将这些来自不同渠道的信息，进行归纳、整理、集成，

本文发表于《南京林业大学学报（自然科学版）》，2003，27（增刊）：129-132。署名的还有：马荣华，刘晓枚，缪旭波，曹学章，唐晓燕，张惠，方颖。

取得了编图所需的丰富资料。为了保持编图资料的现势性，主要采用 2000 年覆盖全省的 TM 卫星影像资料，以及截至 2000 年的专业统计资料，其他渠道的资料作为补充信息。

#### 1.1.2 基础底图的编制

基础底图是编制专题系列图的依托，是表现专题内容空间分布的基础。江苏省自然保护系列图采用统一的基础底图。采用江苏省 1∶250 000 基础地图，为了突出专题内容，对基础底图作了简化和缩编处理。仅保留了水系骨架、县级行政界限、县（市）级以上的城市以及具有定位意义的交通线。

#### 1.1.3 制图分类

制图分类注意了分类原则统一性、分类系统的协调性。在自然保护区、森林公园、风景名胜区、地质自然保护区的分类中，统一划分为：列入世界自然保护名录；国家级；省级；县（市）级 4 个级别。在饮用水源分类中也相应地分为地级市饮用水源地、县级市饮用水源地。

土地利用分类、植被分类、草地分类，采用国内有关部门统一的分类系统，根据江苏区域特征选取相应的类型。

#### 1.1.4 图面配置协调性

专题图图面配置协调从以下方面着手：各个专题图基本色调、色系相协调；不同等级的类型符号设计统一规范；图例设计统一范式；图廓统一。各个专题图统一采用符号法加注记以及区域法表现专题内容。

### 1.2 系列图编制的技术流程

江苏省自然保护系列图编制的技术流程见图 1。

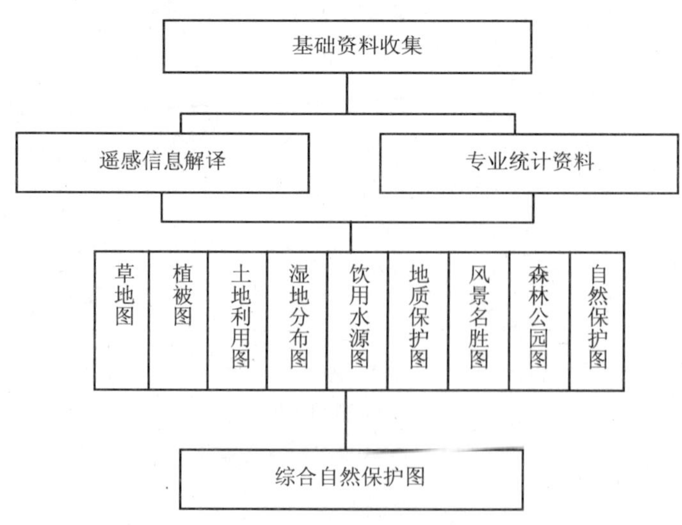


图 1 系列图编制的技术流程

# 2 专题系列图内容

## 2.1 专题系列图内容整体性

各个专题图内容相互协调，是编制专题系列图的重要问题。在制图内容协调方面，首先从编选内容上，各专题图有一定的内在联系。自然保护区、森林公园、风景名胜区、地质自然保护区、水源保护地，是自然保护的主要对象。植被、草地、湿地、土地被覆是其自然背景。这二者具有密切相关性。其次，在制图技术上将专题图综合成一幅自然保护图。通过合理综合、取舍，不同层面的设计，解决了从专题要素系列图到综合图的综合协调。

## 2.2 专题系列图内容

专题图按专题内容的图面表现形式分为：点状、斑状分布专题图；面状分布专题图。

点状、斑状分布专题图，保护对象名录、分布、等级见表1。

**表1　自然保护专题系列图图面表现的内容**

| 保护对象类别、名称 | 所在市、县、区 | 级别 |
|---|---|---|
| **1 自然保护区** | | |
| 泉山自然保护区 | 徐州市 | 省级 |
| 艾山九龙沟自然保护区 | 邳州市 | 县级 |
| 马陵山自然保护区 | 新沂市 | 县级 |
| 云台山自然保护区 | 连云港市 | 省级 |
| 夕照山自然保护区 | 涟水县 | 县级 |
| 向阳水库自然保护区 | 泗洪县 | 县级 |
| 盐城自然保护区 | 盐城市 | 国家级 |
| 建湖九龙口自然保护区 | 建湖县 | 县级 |
| 洪泽湖自然保护区 | 洪泽县 盱眙县<br>泗阳县 泗洪县 | 省级 |
| 运西自然保护区 | 宝应县 | 市级 |
| 向东自然保护区 | 金湖县 | 县级 |
| 铁山寺自然保护区 | 盱眙县 | 县级 |
| 大丰麋鹿自然保护区 | 大丰市 | 国家级 |
| 东台中华鲟自然保护区 | 东台市 | 县级 |
| 绿洋自然保护区 | 江都市 | 市级 |
| 宝华山自然保护区 | 句容市 | 省级 |
| 兴隆沙自然保护区 | 启东市 | 县级 |
| 光福自然保护区 | 苏州吴中区 | 省级 |
| 龙池自然保护区 | 宜兴市 | 省级 |
| 固城湖自然保护区 | 高淳县 | 市级 |

| 保护对象类别、名称 | 所在市、县、区 | 级别 |
| --- | --- | --- |
| 2 森林公园 | | |
| 吴山森林公园 | 赣榆县 | 县级 |
| 夹山森林公园 | 赣榆县 | 县级 |
| 李埝林场森林公园 | 东海县 | 市级 |
| 马陵山森林公园 | 新沂市 | 省级 |
| 环城森林公园 | 徐州市 | 国家级 |
| 云台山森林公园 | 连云港市连云区 | 国家级 |
| 中云林场森林公园 | 连云港市新浦区 | 市级 |
| 朝阳林场森林公园 | 连云港市新浦区 | 市级 |
| 锦屏山森林公园 | 连云港市海州区 | 省级 |
| 石湖林场森林公园 | 东海县 | 县级 |
| 安峰山林场森林公园 | 东海县 | 市级 |
| 大伊山森林公园 | 灌云县 | 市级 |
| 嶂山森林公园 | 宿豫县 | 省级 |
| 华都森林公园 | 盐都县 | 省级 |
| 第一山森林公园 | 盱眙县 | 国家级 |
| 铁山寺森林公园 | 盱眙县 | 省级 |
| 竹镇森林公园 | 六合区 | 市级 |
| 铜山森林公园 | 仪征市 | 省级 |
| 南山森林公园 | 镇江市区 | 国家级 |
| 老山林场森林公园 | 南京市浦口区 | 国家级 |
| 宝华山森林公园 | 句容市 | 国家级 |
| 牛首山森林公园 | 南京市江宁区 | 省级 |
| 南郊森林公园 | 南京市 | 省级 |
| 茅东森林公园 | 金坛市 | 省级 |
| 要塞森林公园 | 江阴市 | 国家级 |
| 狼山森林公园 | 南通市区 | 省级 |
| 虞山森林公园 | 常熟市 | 国家级 |
| 阳山森林公园 | 无锡市惠山区 | 省级 |
| 惠山森林公园 | 无锡市滨湖区 | 国家级 |
| 东进森林公园 | 句容市 | 省级 |
| 无想寺森林公园 | 溧水县 | 市级 |
| 游山森林公园 | 高淳县 | 省级 |
| 溧阳城西森林公园 | 溧阳市 | 省级 |
| 龙潭森林公园 | 溧阳市 | 省级 |
| 宜兴森林公园 | 宜兴市 | 国家级 |
| 上方山森林公园 | 苏州市虎丘区 | 国家级 |
| 东吴森林公园 | 苏州市吴中区 | 国家级 |
| 太湖西山森林公园 | 苏州市吴中区 | 国家级 |
| 太湖东山森林公园 | 苏州市吴中区 | 省级 |
| 肖甸湖森林公园 | 吴江市 | 省级 |

| 保护对象类别、名称 | 所在市、县、区 | 级别 |
|---|---|---|
| 3 风景名胜区 | | |
| 钟山风景名胜区 | 南京市玄武区 | 国家级 |
| 栖霞风景名胜区 | 南京市栖霞区 | 市级 |
| 雨花台风景名胜区 | 南京市雨花台区 | 省级 |
| 汤山温泉风景名胜区 | 南京市江宁区 | 市级 |
| 竹镇林场风景名胜区 | 南京市六合区 | 市级 |
| 金牛山风景名胜区 | 南京市六合区 | 市级 |
| 东芦山风景名胜区 | 溧水县 | 市级 |
| 石臼湖风景名胜区 | 溧水县、高淳县 | 市级 |
| 固城湖风景名胜区 | 高淳县 | 市级 |
| 太湖风景名胜区 | 无锡市区、宜兴市、苏州市吴中区、吴江市 | 国家级 |
| 鸿山风景名胜区 | 无锡市锡山区 | 县级 |
| 斗山风景名胜区 | 无锡市锡山区 | 县级 |
| 定山风景名胜区 | 江阴市 | 市级 |
| 云龙山风景名胜区 | 徐州市泉山区 | 省级 |
| 马陵山风景名胜区 | 新沂市 | 省级 |
| 枫桥风景名胜区 | 苏州市区 | 省级 |
| 虎丘风景名胜区 | 苏州市区 | 省级 |
| 虞山风景名胜区 | 常熟市 | 省级 |
| 沙家浜风景名胜区 | 常熟市 | 县级 |
| 双山岛风景名胜区 | 张家港市 | 县级 |
| 凤凰山风景名胜区 | 张家港市 | 县级 |
| 香山风景名胜区 | 张家港市 | 县级 |
| 阳澄湖风景名胜区 | 昆山市 | 县级 |
| 淀山湖风景名胜区 | 昆山市 | 县级 |
| 浏河风景名胜区 | 太仓市 | 县级 |
| 濠河风景名胜区 | 南通市区 | 省级 |
| 狼山风景名胜区 | 南通市区 | 省级 |
| 水绘园风景名胜区 | 如皋市 | 县级 |
| 绿园风景名胜区 | 如皋市 | 县级 |
| 云台山风景名胜区 | 连云港市海州区、连云区、新浦区、开发区 | 国家级 |
| 第一山风景名胜区 | 盱眙县 | 省级 |
| 蜀岗瘦西湖风景名胜区 | 扬州市区 | 国家级 |
| 南山风景名胜区 | 镇江市区 | 省级 |
| 三山风景名胜区 | 镇江市区 | 省级 |
| 茅山风景名胜区 | 句容市、金坛市 | 省级 |
| 4 地质自然保护区和旅游地质资源 | | |
| 连云港海岸地质景观 | 连云港市 | |
| 花果山变质岩地质景观 | 连云港市 | |
| 孔望山变质岩地质景观 | 连云港市 | |

| 保护对象类别、名称 | 所在市、县、区 | 级别 |
| --- | --- | --- |
| 云龙山地质景观 | 徐州市泉山区 | |
| 九龙口地质景观 | 建湖县 | 县级 |
| 京杭大运河古代水利景观 | 宝应县 | |
| 蜀岗瘦西湖地质景观 | 扬州市区 | 国家级 |
| 六合玄武岩石柱地质景观 | 南京市六合区 | |
| 三山地质景观 | 镇江市 | |
| 南山地质景观 | 镇江市 | |
| 钟山地质景观 | 南京市玄武区 | 国家级 |
| 雨花台地质剖面保护区 | 南京市雨花台区 | 省级 |
| 汤山温泉地质景观 | 南京市江宁区 | |
| 南京古人类遗址 | 南京市江宁区 | |
| 茅山地质景观 | 句容市、金坛市 | |
| 上黄古生物化石产地保护区 | 溧阳市 | |
| 固城湖地质自然保护区 | 高淳县 | 省级 |
| 宜兴三洞岩溶地质景观 | 宜兴市 | |
| 虞山地质景观 | 常熟市 | 县级 |
| 狼山地质景观 | 南通市区 | |
| 太平山花岗岩地质景观 | 苏州市 | |
| 太湖地质景观 | 无锡市区、宜兴市、苏州市吴中区、吴江市 | 国家级 |
| **5 湿地保护区** | | |
| 盐城湿地保护区 | 射阳县、大丰市、滨海县、东台市 | 列入国家重要湿地保护名录 |
| 向阳水库湿地保护区 | 泗洪县 | 县级 |
| 建湖九龙口湿地保护区 | 建湖县 | 县级 |
| 江都绿洋湿地保护区 | 江都市 | 县级 |
| 大丰湿地保护区 | 大丰市、东台市 | 国家级 |
| 固城湖湿地保护区 | 高淳县 | 县级 |
| 启东兴隆沙湿地保护区 | 启东市 | 县级 |
| 高邮湖湿地保护区 | 高邮市、金湖县 | 列入国家重要湿地保护名录 |
| 洪泽湖湿地保护区 | 洪泽县、盱眙县、泗阳县、泗洪县 | 列入国家重要湿地保护名录 |
| 石臼湖湿地保护区 | 溧水县、高淳县 | 列入国家重要湿地保护名录 |
| 太湖湿地保护区 | 无锡市区、宜兴市、苏州市吴中区、吴江市 | 列入国家重要湿地保护名录 |

对于具有面状分布特征的专题图，专题内容说明如下。

（1）江苏省饮用水源保护区分布图

江苏省饮用水源保护区分布图是根据“江苏省水功能区划图”简编，仅编选沿江重要饮用水源取水段、重要湖泊水源保护地以及重要河段饮用水源保护地。

（2）江苏省土地利用图

江苏省土地利用图采用以下制图分类单位：水田；旱地；有林地；疏林地；灌丛；果园；草地；工矿用地；盐田；滩涂。

（3）植被分布图

根据中国植被图分类，江苏省划分自然植被、栽培植被两大系列。自然植被分为：针叶林；阔叶林；灌丛；草丛；草甸；沼泽。栽培植被按耕作制作了进一步划分。

（4）草地分布图

根据中国草地图，江苏省草地类型划分为暖性草丛类；暖性灌草丛类；热性草丛类；热性灌草丛类；低地草甸类。

（5）江苏省自然保护综合图

利用 GIS 强大的叠加功能，将上述 9 幅图叠加，进行制图综合，编绘成江苏省自然保护综合图。在这幅综合图上，设计 3 个层面。地理基础要素，包括水系、城镇、行政区界为第 1 层基础要素层面，植被、湿地、土地被覆等为自然本底层面，自然保护区、森林公园、风景名胜区、地质自然保护区、饮用水源保护地等自然保护对象，为主题层面。江苏省自然保护综合图，从技术上把系列专题图综合在一幅图上，在不同专题内容的综合与协调方面作了尝试与探索。

## 3 结语

江苏省自然保护系列图是系统表现省域内自然保护对象分布特征、相互关系的强有力手段。专题图的编制是一项复杂、细致、技术性很强的工作，在编图中重点解决了信息提取与信息复合、基础底图编绘、制图分类、专题图的协调等关键问题。同时，各专题图叠加、集成，编制综合性自然保护图，进行了尝试。这些为编制自然保护系列图积累了经验。

### 参考文献

[1] 黄杏元，汤勤. 地理信息系统概论[M]. 北京：高等教育出版社，1989.

[2] 张克权，等. 专题地图编制[M]. 北京：测绘出版社，1982.

[3] 胡孟春，马荣华，吴焕忠. 海南省生态环境综合评价制图方法[J]. 地理学报，2000，55（4）：467-474.

[4] 胡孟春，马荣华. 黑河流域生态功能区划遥感制图方法[J]. 干旱区资源与环境，2003，17（1）：49-53.

[5] 胡孟春，陆锦华，等. 科尔沁草原土地荒漠化图[M]. 成都：成都地图出版社，1991.

[6] 江苏省对外开放市县地图集编纂委员会. 江苏省对外开放市县地图集[M]. 福州：福建省地图出版社，1993.

[7] 江苏省地图集编辑组. 江苏省地图集. 1978.

# Compiling Series of Nature Reserve Maps of Jiangsu Province

**Abstract:** Ten thematic maps about nature reserve of Jiangsu province were compiled by methods of image interpretation, thematic extraction from remote sensing images integrated non-remote sensing information, which was based on the same base map with the same guidance of cartographic designing. They are the following: 1st nature reserves distributing map of Jiangsu province; 2nd forest parks distributing map of Jiangsu province; 3rd scenery showplaces distributing map of Jiangsu province; 4th geological nature reserves and geological touring resources distributing map of Jiangsu province; 5th drinking water fountains distributing map of Jiangsu province; 6th marsh land distributing map of Jiangsu province; 7th land use map of Jiangsu province; 8th vegetation distributing map; 9th grass land distributing map; and 10th nature reserves map of Jiangsu province integrated by the 9 maps mentioned above. They showed, systematically, perfectly and rightly, the distribution and background of nature reserve objects of Jiangsu province. All the efforts put in mapping made some valuable experience to the cartography of nature reserve, especially for the following: 1st how to extract thematic data; 2nd how to integrate various of data; 3rd how to edit the base map; 4th how to constitute the coherent classification criterion; 5th how to configure and harmonize the thematic map.

**Key Words:** Jiangsu Province; Nature Reserve; Series of Map

# 俄罗斯 1∶4 000 000 生态地理图编制方法

**摘要：**俄罗斯一些地学研究所与相关的大学通力合作，历经 6 年编制了俄罗斯 1∶4 000 000 生态地理图。这是地学界一项开拓性的工作。奠定了生态环境质量评价与制图的理论与方法论基础。

编图以景观学思想为指导，采用了相应的定量评价标准，评价了生态环境的自然要素，评价了社会经济活动对生态环境的影响。在此基础上，进行了多因素综合评价。

俄罗斯生态地理图编制，采取多层次叠加的方法，以不同自然带景观类型以及土地利用类型作为编图的专题基础，分别叠加生态环境自然要素及社会经济要素评价图层。

在专题基础图编制中，全俄罗斯划分平原景观与山地景观两大组 47 个景观类型。土地利用划分 90 个组合类型。

在生态环境自然、社会经济要素评价中，采用不同的定量评价方法。耕地以土壤侵蚀模数及土壤污染程度进行评价。草地评价综合考虑草地被破坏的程度，以及在放牧条件下草地生态系统的稳定性进行评价。森林综合考虑其恢复能力、森林覆盖度、水土保持功能进行评价。地表水及海水质量评价，采用俄罗斯通用的污染指数分级标准进行评价。自然保护区根据距离污染源远近评价。工业中心生态环境评价主要根据大气质量进行评价。采掘工业根据采掘方式、开采量、土地破坏程度评价。交通运输对生态环境的影响，根据交通运输种类及运输量评价。放射性污染评价根据放射污染影响的范围评价。

**关键词：**俄罗斯；生态地理图；编图方法

受俄罗斯自然资源合理利用及生态委员会、俄罗斯科学技术部委托，莫斯科大学地理系、西伯利亚科学分院地理研究所、圣彼得堡大学地生态系等单位合作，历经 6 年时间编制了“俄罗斯 1∶4 000 000 生态地理图”（эколого-географическая карта российской федерации масштаба 1∶4 000 000）。该图运用综合定量分析的方法，对俄罗斯生态环境现状及人类对生态环境的作用程度，进行了客观评价。表现了全俄罗斯生态环境质量区域差异性，指出应采取保护措施的区域，以及近期应采取紧急措施的区域。该图为俄罗斯生态环境合理利用及保护提供了科学依据。俄罗斯 1∶4 000 000 生态地理图编制，是地学界少有的一项开拓性工作，它为中国生态环境现状评价与制图以及生态环境动态监测，提供了可借鉴的经验。

本文发表于《中国人口·资源与环境》，2005，15：104-107。

## 1 编图的基本原则

景观学为基础、自然、社会、经济综合分析、评价定量化，是“俄罗斯生态地理图”编图的3项基本原则。

俄罗斯生态地理图以景观学观点作为编图的指导思想。景观及其人类对景观作用程度，决定了区域生态环境的状态。景观也是区域生态潜能的反映。人类对自然环境的作用，以及相应的自然环境的反应，都表现在生态环境及其要素的变化上，表现于大气圈、土圈、生物圈、水圈及其综合变化上。景观是作为自然-社会经济系统的本底，人类作用以不同的方式叠加于这一本底之上，人类作用的程度决定了景观的结构及其稳定性。在编图过程中，景观学的基本观点体现在编图的技术路线及方法中。

全俄罗斯生态地理图作为综合图，力图反映人类生存的地理环境-自然综合体质与量的区域差异性，主要表现生态环境多因素多层次多级别的特征。在俄罗斯生态地理制图中，耕作土地、草地、森林、地表水、海水、城市空气质量等自然要素作为生态状态评价的对象。与此同时，也对工矿、交通网等社会经济要素进行了生态危险度评价。

编图中贯彻了定量评价的原则，生态环境评价以综合反映生态环境质与量的指标为基础，不同的评价对象采取不同的计分方法。与定量化原则相应的图例是由一系列评分表组成。评价表分为两类，第一类评分表反映自然景观的特征，评价土壤、天然草场、森林的生态潜能、利用方式、生态状况。第二类评分表反映社会经济系统。在工业中心评分中，主要反映城市大气质量状况。在采矿工业中心评分中，主要反映采矿生态破坏的危险度及废弃物对区域的破坏程度。在交通运输网点的评价中，主要反映交通引起的生态危险度。

俄罗斯生态地理图具有重要科学价值，不但揭示了俄罗斯区域生态环境特征及生态环境质量特征，而且对于每一具体的地理对象，如景观、居民点、工矿点、水文网、交通网等所具有的生态危险度，给予了详尽的表现，进行了具体评价。

## 2 编图技术路线、方法

俄罗斯生态地理图的编制是一项复杂工作，需要对各要素资料搜索、分析、综合，需要编制要素评价系列图。

编图技术流程见图1。

根据技术流程，编图分为3个阶段。

第1阶段是编制生态环境评价的专题基础图。景观图及土地利用图是编制生态地理图的专题基础。景观图和土地利用图，建立了自然与社会相互作用、生态环境要素相互作用评价分析的前提。在景观图编制中，将景观归并为平原景观、山地景观两大组，下属47个类型。景观图作为生态地理图的第1层面。土地利用共划分90个土地利用组合形态。土地利用图为生态地理图第2层面。景观图与土地利用图一起，形成生态地理图编图及其评价的专题基础图。

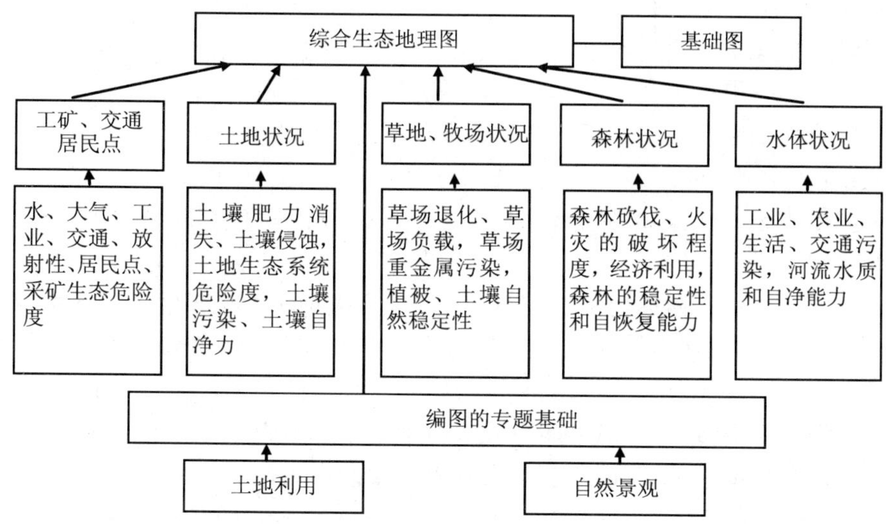


**图 1　编图的技术流程**

生态地理图编制的第 2 阶段是编制专题评价图。根据生态环境评价的含义，选取了以下的评价对象：耕地；天然草场；森林；水体——地表水、海域；城市；采矿工业中心；工矿点；交通网。每一评价对象都编制了相应的评价图。编制了以下专题评价图：工业废弃物与污染源分布图；矿业及对地形破坏程度图；地表水污染评价图；交通运输生态危险度评价图；草场生态状况评价图；森林生态状况评价图等。各个专题图评价等级，一般分为 4～5 级，每一评价对象都有相应的定量评分标准。专题评价图为第 3 层面。

生态地理图编制的第 3 阶段，将所有的专题评价图综合成一个综合评价图，形成第 4 层面。综合评价不同区域生态环境的优劣。

## 3　生态环境要素评价

### 3.1 景观

自然环境可以看做是复杂的区域综合体，综合体是以一系列要素——地质基础、地形、气候、地表水、地下水、土壤、植物、动物相互作用为特征的。景观学是生态环境综合评价与制图的指导思想。

圣彼得堡大学地生态系编著的“全苏 1∶4 000 000 景观图”是目前最完整的景观图。在俄罗斯生态地理图编制中，景观图作为编制的主要依据。

在景观的生态潜力评价中，水热组合起着最重要的作用。气候的生物效率指数（H H 伊万洛夫提出）是最适合的景观生态潜力评价指标。气候的生物效率指数（*TK*）是用高于 10℃活动积温（*T*）与湿润指数（*K*）表示。*TK* 指数涉及最重要的气候参数——温度、空气相对湿度、大气降水。

俄罗斯 *TK* 指数最大值在高加索沿岸平原，大约 30～40。俄罗斯欧洲中部 *TK* 指数 22，是生态最优带。由此带向北，热量储备减少、生长期缩短。向南热量过剩、降水减少，水热组合指数降低。表现出了明显的地带性规律。

景观另一规律是经向变化规律，即生态环境状况由于深入大陆而变差。沿经向随着大陆性气候增强，冬季时间变长，气温变冷，植物种类减少。

第三条区域生态环境分异规律是垂直带性规律，即生态环境随着海拔而变化。山地景观在这方面与平原景观不同。

根据上述规律，俄罗斯境内可以划分 47 个景观类型，每个景观类型具有不同的自然特征与生态潜能。所有 47 个景观类型，按照生态潜力大小，可以划分为 5 个大组，每组具有不同水热组合指数（*TK*）。水热组合指数 0～7 的景观具有很低的生态潜力；9～11 的景观具有低的生态潜力；13～16 的景观具有中等生态潜力；16～22 的景观具有高的生态潜力；水热组合指数高于 22 的景观具有很高的生态潜力。

## 3.2 耕地

土被是生物圈重要的组成部分，土被的破坏会引起生物圈不可逆的变化。耕作土壤的状况，在很大程度上取决于生物化学的强度以及农作物种植制度。不合理种植制度，会引起土壤侵蚀过程。同时工业、交通的废弃物会对土壤造成污染。

为了对耕地状况进行定量评价，生态地理图上给出了土地退化评价的标准。首要的指标是反映土壤肥力的流失过程。采用侵蚀强度表示耕作土壤生态环境状况的指标。土壤侵蚀强度在莫斯科大学地理系编的 1∶1 500 000 全俄罗斯土壤侵蚀图上有详尽的表现。这一土壤侵蚀图，用于生态地理图中耕地生态状况评价。

在编图时，不同区域采用不同的侵蚀指标。相应的侵蚀强度分级及耕地侵蚀危险度分级如表 1 所示。

**表 1 不同区域侵蚀强度分级及评价**

<table>
<tr><th rowspan="2">侵蚀强度分级及评价<br>区域</th><th colspan="9">侵蚀强度/[t/（hm²·a）]</th></tr>
<tr><th>0～1</th><th>1～2</th><th>2～3</th><th>3～4</th><th>4～5</th><th>5～7</th><th>7～10</th><th>10～15</th><th>>15</th></tr>
<tr><td>北高加索</td><td colspan="4">а</td><td colspan="2">б</td><td>в</td><td colspan="2">г</td></tr>
<tr><td>伏尔加河与顿河间</td><td colspan="2">а</td><td>б</td><td>в</td><td colspan="5">г</td></tr>
<tr><td>中部黑土地</td><td colspan="3">а</td><td>б</td><td>в</td><td colspan="4">г</td></tr>
<tr><td>非黑土地带</td><td colspan="2">а</td><td>б</td><td colspan="2">в</td><td colspan="4">г</td></tr>
<tr><td>乌拉尔、西西伯利亚</td><td>а</td><td>б</td><td>в</td><td colspan="6">г</td></tr>
</table>

*а 好；б 较差；в 差；г 危机。

耕地生态状况评价的另一项指标，是土壤污染程度指标。农业生产中，为了最大限度地提高作物产量，应用化学方法保护植物，这会产生一些不良影响。例如破坏生物循环，污染土壤，污染地表水、地下水。在确定农药污染量时，采用的是 1986—1988 年俄罗斯按行政区统计的农药使用量资料。

## 3.3 草地

草地面积占全俄罗斯总面积的 25%。在以牧业为主的一些区域（冻原带与草原带），天然草场生态状况评价，具有重要意义。在编生态地理图时，草地包括了全年放牧和季节性放牧的草地。

草地生态状况评价涉及许多因素，主要有：不同类型草地生态系统的形成、发展特征；对人为活动过程的反应，抗御外部人为因素的稳定性；被破坏程度。草地不仅评价自然植被破坏程度，而且评价放牧条件下，草地生态系统的稳定性。

在编图中，划分 3 个草地退化级别：①弱——（局部）或中度植被利用；②中——强度草场植被利用；③强——过度草场植被利用。

植被破坏程度的标准：①群落成分的变化，相应的牧草质量优劣；②产草量降低，一级与另一级相差 2 倍。群落轻度与中度破坏的特征是，植被在人为作用减小后能恢复到原始状态。

草地生态系统稳定性，是根据植物群落对全年放牧及季节性放牧反应的稳定程度确定。划分 3 级：不稳定群落，不能经受季节放牧或轻度牧场利用，在人为作用的第 1 年消失自己的基本特征；弱稳定群落，可以反复经受季节性或中度放牧。在这一条件下，可以保持最好的产草量及牧草质量；相对稳定群落，在强负载下能保持甚至在强烈负载下变得更好。

在划定草地生态状况等级时，还可根据人为作用结果判定，用植被破坏 25%、50%、75%划定，可以划分为 3 级：好；良好；一般。

根据上述标准，俄罗斯草地评价采用以下综合标准：①好，轻度或中度放牧，植被破坏呈斑状，破坏较微弱，植被破坏达 25%；②良好，季节性或中度放牧，植被破坏达 50%；③一般，强度放牧，植被破坏中度，局部强烈破坏，植被破坏达 75%。

在编草地评价图时使用的基础资料：①俄罗斯天然草场图（1∶4 000 000）；②高校教学用的俄罗斯草地图（1∶4 000 000）；③地形图；④辅助的评价图（水污染，土壤，侵蚀等）。

## 3.4 森林

森林生态评价的主要指标为：森林遭受砍伐后恢复的能力；原始林与次生林比例；林地所占的比例；被破坏的程度；保持土壤水分能力。综合利用这些指标评价为：好；较好；一般；差。

在森林开发区直接指标是森林覆盖率。在评价时考虑了森林覆盖率，采用了 3 级：大于 60%——高森林覆盖率；30%～60%——中森林覆盖率；低于 30%——低森林覆盖率。

以上的评价都有具体指标。表 2 是从考虑保持土壤水分功能，给出的评价指标。表 3 根据人为破坏程度对森林状况进行评价。

表 2　森林保持土壤水分功能评价

| 森林类型 | 覆盖率 | 土壤水分保持功能 | | |
|---|---|---|---|---|
| | | 适宜 | 较差 | 差 |
| 次生林 | 高与中等 | 较好 | 危机 | 危机 |
| 原始林与次生林混合林 | 高 | 好 | 较好 | 危机 |
| | 中 | 较好 | 危机 | 危机 |

表 3　森林破坏程度分级

| 森林破坏程度分级 / 森林覆盖度 | 森林破坏程度分级 | | |
|---|---|---|---|
| | 遭受破坏 | 破坏程度弱 | 无破坏 |
| 天然林 | 森林状况评价 | | |
| | 较差 | 较好 | 很好 |
| 人工林 | 较差 | 较好 | 很好 |

俄罗斯森林状况评价的基础信息，来自“苏联 1∶2 500 000 森林图”（1990），及“俄罗斯 1∶4 000 000 植被图”（1991）。

## 3.5 地表水

水体——河、湖、水库、运河的生态状况，是由其水质所决定。水质评价指标有物理、化学、水生生物等指标，一般通常采用物理—化学指标评价水质。这些指标是全国自然环境监测网通用的。根据水质评价指标，大多数污染物质都有确定的允许含量（ПДК）。比较污染物实际含量与允许含量，可以确定污染程度。

在编制地表水专题图时，采用了水体污染指数作为主要评价指标。污染指数（ИЗВ）的计算如下式。

$$\text{ИЗВ}=\frac{1}{6}\sum\frac{c_j}{M}$$

其中：$M$=ПДК（允许含量）；$c_j$ 为 6 种污染物每一种的含量。

在编制该图时，按污染指数划分为 5 级：①相对清洁；②中度污染；③轻污染；④污染；⑤重污染。

相对清洁的水体，平均污染物的含量不超标。而某一项指标可能超过允许含量 2～4 倍。自然生态功能正常，水质一般可以保证多种用途。

中度污染水体，人类活动明显予以影响。尽管某一单项指标可能超过允许含量 10～20 倍（时间很短），但总体上不产生严重后果。污染指数 1.0～2.5。一般可以饮用、游泳。

轻污染水体，污染指数 2.5～4.0。某些物质的污染指标可能超过允许含量 7～10 倍。在水体、河流的底部，动植物已有很大变化。作饮用水受到限制，养鱼已不可能。

污染水体，污染指数 4.0～6.0，个别污染物指标可能超过允许含量 10～25 倍。水生生物有建群种，一般可用于工业。

重污染水，污染指数＞10，最高可达 50。水体自净能力已完全丧失。

水质评价采用的原始数据，来自按行政区的“地表水年鉴”（出版到 1991 年），编者根据基础数据，进行了 ИЗВ 的计算，主要采用 1989 年数据，并参照了相近年数据。在缺数据的地区，采用间接的指标。

## 3.6 海洋

海洋生态环境评价采用污染物含量（特别是石油污染）、微生物数量以及底栖生物构成等资料。评价采用分级方法，分为相对清洁、轻度污染、污染、严重污染。

编图使用的信息源包括苏联海洋生态状况简报，1∶3 000 000 白令海生态图，白令海及鄂霍茨克海海面石油污染动态图（1∶3 000 000）以及其他正式出版的资料。评价仅在近邻大陆有资料的沿海带。

## 3.7 自然保护区

近些年来，俄罗斯分布于工业开发区的自然保护区的环境状况，受到空气、水环境、土壤污染等影响。

根据人为对自然保护区作用的程度，划分为 3 组：①无外界作用的危险性，自然环境正常；②外界作用的危险性弱（空气、水污染轻微，自然系统功能破坏不大）；③外部作用的危险性十分大（局部生态系统功能被破坏）。

对于靠近各种污染源（钢铁、有色金属、化工、造纸工业）的保护区，评价它们离保护区的远近及可能的空气污染。近保护区的污染源一般为 50～100 km，较远保护区的污染源为 100～300 km，远离保护区的污染源大于 300 km。

## 3.8 工业

居民点、工业中心是重要的生态环境评价要素之一，居民点、工业中心对环境产生污染，即工业污染、交通运输污染、生活污染。工业中心不仅影响所在城市的环境，而且通过大气、地表水对邻区有影响。

在俄罗斯生态地理图上，工业中心的生态状态评价，根据各地的大气质量状况资料采用不同的指标。

在有资料的地点，采用大气污染指数作为评价指标，大气污染指数计算，考虑了允许浓度及 5 种主要污染物的污染危险度分级。

在没有大气污染状况资料的地点。采用与工业有关的反映大气质量的间接指标。

在进行生态状况评价时，考虑地理位置、大气自净能力等减弱或增强生态状况的因素，特别是分布于低洼处的工业区的大气质量。

## 3.9 采掘工业

采掘工业对环境的影响，在生态地理图上从两方面评价：采掘方式和采掘量对土地的破坏程度。

采掘工业对景观及生物圈的破坏，首先是由开采方式决定的，露天或地下开采。露天开采，通过挖掘破坏地表一定面积的土地，此外粉尘污染空气及土壤、地表水、地下水等。地下开采会引起地表变形、地下水污染等。根据调查资料，露天开采对环境的破坏比地下开采大 20 倍。

俄罗斯采矿对地表的破坏面积，主要集中于欧洲部分，根据 1982—1988 年采矿部门的统计资料，以及 1978 年、1986—1988 年的土地毁损资料，对于石油天然气采用了开采期间总采掘量，或采用年平均开采量（适用于西伯利亚、远东）。为了计算开采期间总开采量，利用了采矿区实际年开采量资料。

根据对生物及景观的破坏程度，采用综合参数分析方法（采掘方式及采掘量、土地破坏面积、破坏的深度及数量），土地破坏程度划分 4 级。

（1）很严重，露天开采固体矿；采掘量大于 10 亿 t，破坏地表面积大于 5 000 $hm^2$；自然综合体被破坏，形成人为地形，复垦很困难。

石油开采量大于 10 亿 t，天然气开采量大于 1 万亿 $m^3$；在石油、天然气开采地地表破坏面积大，污染严重。

（2）严重，固体矿以露天开采为主；开采量 1 亿～10 亿 t，地表破坏面 1 000～5 000 $hm^2$；石油开采量 1 亿～10 亿 t，天然气开采量大于 1 000 亿～1 万亿 $m^3$；自然景观被破坏，土地必须恢复整理后方能被利用。

（3）中等，地下开采及露天开采同时采用，固体矿开采量 1 000 万～1 亿 t，土地破坏面积 100～1 000 $hm^2$，土地局部被破坏，可以耕作及景观恢复。石油开采量 1 亿～10 亿 t，天然气开采量 100 亿～1 000 亿 $m^3$；土地受污染及破坏。

（4）轻微，露天开采与地下开采方式，开采量小于 1 亿 t，土地破坏面积 10～100 $hm^2$。可以种植，可以恢复自然景观。石油开采量小于 1 000 万 t，天然气开采量小于 100 亿 $m^3$，对土地有破坏及污染。

在长期开采区域，与生物圈被破坏的同时，进行着各种复杂的变化（化学的，热，放射）。尾矿常常以各种方式对环境产生影响，各种有毒物质（重金属）对人体健康及环境有重要影响。

采矿工业中心的生态危险性评价，与主要矿种的毒性分级相对应划分级别。根据这一指标，在图例中划分：①低；②中等；③较高；④高；⑤很高。

## 3.10 交通运输

交通运输看做是影响生态环境的社会经济因素之一，交通对人类及环境的影响取决于许多因素，如运输货物种类及运量。按照动力的燃料种类，可以划分铁路、公路、铁路运输枢纽站、河运及海运以及城市污染物运输。已经研究出以综合评价运输对人类及环境影响危险度评价为基础的交通网分类。在生态地理图上，以线性符号表示铁路、公路，线性符号的颜色表示生态破坏度，共划分了 3 级：①危险度很高；②危险度高；③危险度中等。铁路评价根据货物流量、旅客流量、列车频次、货物污染进行评价。危险度很高的铁路，货运量大于 3 000 万 t/a，客车密度（20～40 对/a）。危险度高的铁路，货运量 2 000 万～3 000 万 t/a，年货运量小于 2 000 万 t，但以大吨位的金属、非金属矿物等货物为主。危险度中等的铁路，年货运量小于 2 000 万 t，客车密度 10 对/a。

公路的评价采用下列指标：行政级别；运输强度；路面覆盖；运输的货物。公路干线，具有很大运量，生态危险度很高。区域性公路以及矿山公路，属于高生态危险度。地方性公路，为中度轻度，除考虑公路的区域特征，还应考虑公路的数量，运输强度。交通运输枢纽站（工矿中心除外）、海港、河运码头以红色符号表示成三级生态危险度：很高；高；中等。

在编公路生态危险度评价时，采用了比例尺 1∶4 000 000“苏联交通图”，1989 年出版。

### 3.11 放射污染负荷

地方性的放射污染，发生于 20 世纪 40 年代末至 70 年代初。在生态地理图上，主要反映了铯-137，锶-90，钚-239 的污染影响范围。

## 4 表现方法与图面配置

俄罗斯生态地理图的图面配置，由一幅主图和动物分布图、放射源分布图等辅图组成。为了阅读方便，在图面上列出制图分类系统，以及相应的评价等级表。

在全俄罗斯生态地理图上，自然景观的评价与人为作用的评价，采用不同的表现方式。彩色背景表现的是不同自然景观。叠加之上的不同晕线，表现的是不同人为作用下的生态状况。工业及居民点、交通运输枢纽分别用不同符号表示。不同的表现方法的结合，保证了制图的科学性、协调性及美观性。

**参考文献**

[1] федеральная служба геодезии и картографии россии，эколого-географическая карта российской федерации（масштаба 1∶4 000 000），москва，1996.

[2] географичекий факультет МГУ，пояснительная записка к научно_справочной эколого_географической карте российской федерации масштаба 1∶4 000 000，1996.

[3] 吴绍洪，杨勤业，郑度. 生态地理区域界线划分的指标体系[J]. 地理科学进展，2002，21（4）：302-310.

# Mapping Methodology of Eco-geographic Map 1∶4 000 000 in Russian

**Abstract:** Russian eco-geographic map with a scale of 1∶4 000 000 has been completed over 6 years by cooperation with concerted effort between some institutes in geo-science and some universities, which is a pioneer job in geo-science field. And it laid a foundation on theory and methodology in mapping and assessment of eco-environment quality.It evaluated how the natural requisites, society and economy campaigns made an influence on eco-environment with some quantitative evaluation standard guided by the idea of landscape. On the basis of the mentioned above, the integrated evaluation of multi-factors was made.The map was edited with method of multi-layers overlap, that is to say, the natural requisites, society and economy factors were overlapped with different natural landscapes and land-use types, respectively, based on thematic map of different natural landscapes and land-use types. 47 landscape types were divided into two groups, i.e. plain landscape and upland landscape and land use was composed of 90 types during thematic basal mapping. Eco-environment of natural and social and economic factors was evaluated with different quantitative methods. Plough-land eco-environment was evaluated on the basis of soil erosive modulus and soil pollution degree. Grassland eco-environment was evaluated based on consideration of destructive degree and stability of grassland eco-system under condition of feeding. And the evaluation of forest eco-environment considered the integrated factor of restoring ability, covering degree, water and soil holding ability and so on. On the side of evaluating the ground water and sea water eco-environment, the classification standard of pollution index, which is universal in Russia, was adopted. Natural conservation eco-environment was evaluated according to the distance to pollution matter. And the assessment of industry center eco-environment was made mainly according to air quality. Eco-environment of excavating industry was done by the mode of excavating, amount of excavating and land destructing degree. How transport affected eco-environment was evaluated by the transport types and amount of transport. And how the radioactive pollution affected eco-environment was done according to the range of its impact.

**Key Words:** Russia; Eco-geographic Map; Mapping Methodology

# 甘青宁类型区土地利用现状遥感调查研究

“三北”防护林甘青宁类型区调查总面积 31 184.5 万亩，总人口 1 373.29 万人，是我国蒙、汉、回、藏等民族杂居地区。土地经营方式以农牧业为主，农业以旱作农业为主，具有一定规模的灌溉农业，林业占的比重很小。甘青宁类型区土地利用现状遥感调查目的在于运用遥感手段查清该区土地利用状况，为宏观经济决策和区域农林牧土地利用结构调整研究提供基础资料。

## 1 土地利用现状遥感调查工作程序

甘青宁类型区土地利用现状遥感调查按以下步骤开展工作。

（1）典型区试验。根据自然地理及土地利用状况代表性，以盐池县为典型县，进行甘青宁类型区的遥感调查预研究，确定适合于半干旱、干旱区土地利用分类系统，确定相应的技术路线。

（2）进行路线调查，建立野外判读标志。

（3）室内判读，勾绘图斑，转绘于 1∶200 000 地形图上。在 1∶200 000 类型图上量算面积。

（4）照相缩小，转绘于 1∶500 000 基础底图。完成作者原图。

（5）分层设色，交付印刷。

## 2 土地利用现状分类系统

土地利用方式是受区域自然条件和社会经济技术条件制约的，甘青宁类型区土地利用方式具有该区的社会、自然区域特色。建立该区土地利用现状分类系统时，以调查“技术规程”中提出的分类系统为基础。充分考虑区域特点，作了适当的修订和增补。分类时着重考虑以下原则：（1）区域土地经营方式特点；（2）图像解译的可能性；（3）分类的科学性、逻辑严密性、内涵准确性。分类系统以层次结构逐级归类，整个分类系统包括 8 个一级单位、34 个二级单位，还进一步分了 17 个三级单位及 15 个四级单位。原则上较高级类型单位反映土地利用的社会属性，较低级单位主要反映土地利用的自然属性。

甘青宁类型区土地利用分类系统如下。

---

本文发表于《“三北”防护林甘青宁类型区——再生资源遥感应用研究论文集》. 王一谋，游先祥，申元村. 科学出版社，1991：139-144。署名的还有：姚发芬。

1 耕地
11 水田
111 水稻田
12 水浇地
13 旱地
131 平旱地
132 沟旱地
133 坡旱地
134 台旱地
14 菜地
15 弃耕地
2 园地
21 果园
3 林地
31 有林地
311 乔木林地
312 乔灌混交林地
32 灌木林
321 灌木林地
322 稀疏灌木林地
33 疏林地
34 苗圃
4 牧草地
41 天然牧草地
411 草甸草场
4111 草甸冬春草场
4112 盐化草甸冬春草场
4113 盐土草甸冬春草场
412 荒漠草原草场
4121 砂质荒漠草原秋冬草场
4122 砂砾质荒漠草原秋冬草场
4123 土质荒漠草原四季草场
413 草原化荒漠草场
4131 砂质草原化荒漠秋冬草场
4132 砂砾质草原化荒漠秋冬草场
4133 土质草原化荒漠四季草场
414 荒漠草场
4141 砂质荒漠秋冬草场

4142 砂砾质荒漠秋冬草场
4143 土质荒漠四季草场
415 山地草原草甸草场
4151 山地草原四季草场
4152 山地灌丛夏秋草场
4153 山地草甸夏秋草场
42 人工草地
5 城乡居民地及工矿用地
51 城镇
52 农村居民地
53 独立工矿用地
531 开采盐池
532 油气田
54 特殊用地
6 交通用地
61 铁路
62 公路
63 农村道路
7 水城
71 河流
72 湖泊
723 干涸湖
73 水库坑塘
74 苇地
77 滩地
78 冰川及永久积雪
8 未利用土地
81 荒草地
82 盐碱地
83 沼泽地
84 沙地
85 沙滩和干沟
86 裸土地
87 戈壁
88 裸岩
89 其他

## 3 土地利用类型的卫星图像解译

土地利用类型解译采用 TM 7—9 月份标准假彩色合成卫星图像。解译方法用地学相关分析与影像特征分析两种方法。

### 3.1 地学相关分析

土地利用类型的空间分布是受自然地理要素制约的。地学相关分析，即利用地理要素空间分布规律及其与土地利用类型相关性规律，在卫星图像上推断土地利用类型分布。

相关分析的主要目的是搞清楚区域土地利用空间结构规律，根据土地利用空间结构规律，确定靠色度分析难以判定的土地利用类型。地学相关分析主要方法：主导因子分析，综合分析，时间动态分析。

土地利用现状是自然条件和人为条件共同作用的产物。甘青宁类型区在土地经营粗放、技术落后的条件下，严酷的自然环境是制约土地利用方式的决定性因素。在半干旱、干旱区诸地理要素中，地貌及水资源状况是决定土地利用格局最主要的因素。进行相关分析时着重分别进行地貌、水资源与土地利用格局相关性研究。

地貌是土地利用类型分布的骨架。地貌与土地利用相关性研究，按照从宏观到微观顺序从以下三方面着手：大的地貌区土地利用特点；山地土地利用类型随高度变化规律；微地貌界线和土地利用类型界线关系。

甘青宁类型区农业地貌可划分为陇东黄土塬、陇西低山黄土丘陵、阿拉善沙地、宁夏河西走廊冲积洪积平原、敦煌—安西戈壁绿洲、青海海东湟水谷地、祁连山地。各地貌区具有不同的土地利用特点。陇东以旱作农业为主、土地利用类型分布规律是：黄土塬以平旱地为主，黄土梁峁从顶部到沟底依次分布为坡旱地、沟旱地。林地多分布于石质山地，草地零散分布于塬边及坡度较陡的梁峁谷坡。陇西河谷盆地是平旱地、台旱地集中分布区，从黄土丘陵顶部向丘间盆地，依次分布山地草原、坡旱地、平旱地。阿拉善沙地利用以牧业为主，由东向西土地利用类型为荒漠草原、草原化荒漠、荒漠草场。河西走廊绿洲与宁夏黄灌区以水浇地占优势，从山前向冲积平原方向，以旱地、水浇地渐变分布。敦煌—安西则以戈壁和荒漠草场为主，戈壁中有小块绿洲农业。湟水谷地以坡旱地及水浇地为主，谷地以外为高寒草场。

研究甘青宁类型区土地利用随海拔高度变化的规律，对于正确建立解译标志是非常重要的。祁连山中，东部海拔低于 2 400 m 为荒漠草原；海拔 2 400～2 700 m 为山地草原；海拔 2 700～3 200 m 为森林；海拔 3 200～4 200 m 为高山草甸，其中 3 200～3 900 m 阴坡为高寒灌丛草甸。祁连山西部海拔 1 500～2 200 m 为低山丘陵荒漠；海拔 2 200～3 200 m 为中山荒漠草原；海拔 3 200～3 500 m 为亚高山草原；海拔 3 500～4 200 m 为高山草原，海拔 4 200 m 以上为高山寒漠及永久积雪。这些垂直自然带分布高度的研究，结合影像特征可准确地划定土地利用类型界线。

微地貌界线两侧沉积物结构及水分状况差异，在影像上显示明显。而这些地貌界线往往和土地利用类型界线相吻合，这一相关关系有助于卫星图像的解译。一般高阶地和低阶地界线是旱地和水浇地界线，黄土塬边线、黄土丘陵沟缘线是平（台）旱地和坡旱地界线，山前冲洪积扇和冲积平原界线是旱田和水浇地界线，山地阴阳坡界线是林地和草地界线。微地貌形态在卫星图像上显示清楚。以地貌为骨架，结合影像特征判定土地利用类型，可提高解译的准确度。

甘青宁类型区气候干旱，没有灌溉就没有种植业，农耕地利用状况取决于地表水和地下水。农耕地分布与水文网和水系特点密切相关，以水文网为骨架分析灌溉农田和水田分布会收到良好效果。在山前冲积洪积扇，由于地面坡度及组成物质变化，形成地表水下渗带、地下水溢出带和潴水带。与此相应的土地利用类型为旱田、水浇地、沼泽地有规律分布。

综合分析不同地貌类型的水热组合及其差异，甘青宁类型区可划分以下几种土地利用结构，在影像上它们各自具有相应的色调组合。

（1）盆地中同心圆式土地利用结构。从盆地周边山地向盆地中心依次分布森林、草地、旱地、绿洲、荒漠。以柴达木盆地为典型。

（2）山前冲积洪积扇扇状土地利用结构。以河西为代表，从扇顶向扇缘依次是荒漠草场、扇缘细土带、水浇地、沼泽盐渍化土地。

（3）黄土区树枝状土地利用结构。以沟谷水系为骨架，坡旱地、沟旱地、水浇地呈树枝状分布。

（4）内流河道条带状土地利用结构。以河道为中心线向两侧依次为水浇地、荒漠草场，耕地沿河呈带状分布。

（5）山地层状结构。荒漠、草原、森林、草甸、寒漠随高度变化依次呈层状分布。

这些土地利用类型空间结构的总结，对于认识影像色斑和规律，正确判读土地利用类型有重要意义。

在进行相关分析时还注意研究景观时相变化，收集各地农事历及物候资料。甘青宁部分地区农事历见表1。

**表1 甘青宁部分地区农事历表**

| 小麦生长期（日/月）<br>地区 | 播种 | 出苗 | 抽穗 | 黄热 |
|---|---|---|---|---|
| 青铜峡县 | 5/3 | 5/4 | 5/6 | 12/7 |
| 贺兰县 | 15/3 | 10/4 | 7/6 | 15/7 |
| 湟中县 | 30/3 | 20/4 | 15/6 | 25/7 |
| 张掖县 | 1/4 | 22/4 | 19/6 | 29/7 |

树木抽叶期青铜峡4月10日，湟中4月25日，河西4月30日，树木落叶期青铜峡9月30日，湟中9月10日，河西9月5日。

这些农事历、物候变化研究有助于确定最佳时相。甘青宁类型区从东到西与农事历相应分别选择7、8、9月TM卫星图像。农事历的研究也有助于卫星图像解译时不同时相卫星图像颜色密度协调一致。

甘青宁类型区卫星图像解译中地学相关分析表明，综合的思想、时空差异对比及主导因素分析，不仅是综合自然地理研究的基本方法，而且是卫星图像解译中地学相关分析的方法论基础。甘青宁类型区运用地学相关分析法，增加了卫星图像信息容量，提高了“同谱异相”、“异谱同相”土地利用类型的可解性及解译的准确性。

### 3.2 影像特征分析

土地利用类型的景观光谱反射特征集中反映于图像的颜色及颜色密度特征上，人类对于土地开发经营方式表现于图像的几何图形上，因此图像颜色、色度、几何图形是图像特征分析的主要内容。

甘青宁类型区土地利用类型的卫星图像影像解译标志归纳见表 2。

表 2　甘青宁调查区土地利用类型 TM 影像解译标志表

| 解译标志 特征 类型 | 形　状 | 颜　色 | 色　度 |
|---|---|---|---|
| 水稻田 | 正方形、长方形、条块状 | 蓝灰、褐色 | 边界清楚，内部色调不均 |
| 水浇地 | 正方形、长方形、条块状 | 红色、褐红色 | 边界清楚，内部色调均一 |
| 平旱地 | 条块状 | 灰蓝色、淡褐红色 | 色调因地貌部位不同存在差异 |
| 沟旱地 | 树枝状 | 灰色、淡褐色 | 色调较匀 |
| 坡旱地 | 无固定形状 | 灰色、淡褐色 | 色调较匀 |
| 台旱地 | 大斑块的不规则形状 | 灰色、淡褐色 | 色调较匀 |
| 菜地 | 小块正方形、长方形 | 红 | 边界清楚，色调均一 |
| 弃耕地 | 无固定形状 | 灰白 | 边界模糊 |
| 果园 | 形状规则 | 红色 | 色调均一 |
| 乔木林 | 无固定形状 | 红褐色 | 边界清楚，色调均一 |
| 乔灌混交林 | 无固定形状 | 红色、红褐色 | 边界清楚，色调均一 |
| 灌木林 | 无固定形状 | 褐色 | 色调较均 |
| 稀疏灌木林 | 无周定形状 | 褐色 | 色调较均 |
| 苗圃 | 规则斑块 | 红色 | 边界清楚，色调均一 |
| 荒漠草原草场 | 不规则大斑块 | 淡褐红色，灰白色 | 有模糊晕斑 |
| 草原化荒漠草场 | 不规则大斑块 | 淡褐红色、浅灰色 | 色调不均 |
| 荒漠草场 | 不规则大斑块 | 灰色、浅灰色 | 色调不均 |
| 山地草甸草原草场 | 不规则大斑块 | 淡红色 | 质地均一绒布状 |
| 城乡居民地、工矿用地 | 规则的几何图形 | 蓝灰、青灰 | 边界清晰 |
| 铁路、公路 | 线状 | 灰色、青灰 | 两旁有模糊点状 |
| 河流 | 蛇形带状 | 蓝、浅蓝 | 清晰 |
| 湖泊 | 圆形碟形 | 蓝、深蓝 | 色调均一，周围有白色环状 |
| 水库坑塘 | 三角形、圆形 | 深蓝 | 轮廓清楚，坝址呈灰色直线 |
| 苇池 | 不规则斑块 | 鲜红 | 色调均一，边界清楚 |

| 类型 \ 特征 \ 解译标志 | 形 状 | 颜 色 | 色 度 |
|---|---|---|---|
| 滩地 | 条带状 | 灰白 | 色调不均 |
| 永久积雪冰川 | 不规则掌状 | 白色 | 色调均一 |
| 盐碱地 | 不规则斑块 | 白、灰白 | 色调不均 |
| 沼泽地 | 不规则形状 | 蓝灰色 | 边界清楚，内部色调不均 |
| 沙地 | 无固定形状 | 灰棕 | 有波状影纹 |
| 沙滩干沟 | 条带状 | 灰白、蓝灰 | 色调均一，具条纹状 |
| 裸土地 | 无固定形状 | 灰白 | 色调较均 |
| 戈壁 | 大面积斑块 | 暗灰色 | 色调均一，有点状斑砂条纹 |
| 裸岩 | 不规则形状 | 蓝灰色 | 具树枝状影纹 |

## 4 甘青宁类型区土地利用构成

通过土地利用遥感调查，基本摸清了甘青宁类型区土地利用现状。甘青宁类型区农林牧土地利用构成见表 3。

不同的土地利用结构，其社会—生态行为特征不同，为了在干旱脆弱的生态环境下，有效地利用土地资源，取得最佳经济效益，必须研究现有土地利用结构，进行系统诊断，调整土地利用结构。土地利用现状遥感调查研究为该区土地利用结构调整提供了基础数据，为进一步开展农林牧结构调整研究奠定了基础。

**表 3 甘青宁类型区农林牧土地利用构成表**

| 地区 \ 项目 | 耕 地 | | 林 地 | | 草 地 | | 其 他 | |
|---|---|---|---|---|---|---|---|---|
| | 面积/万亩 | % | 面积/万亩 | % | 面积/万亩 | % | 面积/万亩 | % |
| 甘肃省 28 县市 | 3 953.82 | 15.0 | 1 447.21 | 5.5 | 11 960.38 | 45.5 | 8 953.51 | 34.0 |
| 青海省 5 县市 | 351.50 | 22.5 | 192.38 | 12.3 | 766.82 | 49.1 | 251.11 | 16.1 |
| 宁夏回族自治区 8 县市 | 814.75 | 24.6 | 152.05 | 4.6 | 2 001.08 | 60.5 | 339.89 | 10.3 |
| 总 计 | 5 120.07 | 16.4 | 1 791.64 | 5.8 | 14 728.28 | 47.2 | 9 544.51 | 30.6 |

# 水环境改善新技术开发应用研究

◆ 瘦西湖风光电能驱动的曝气生物接触氧化水净化系统结构与功能
◆ 风光电能驱动的曝气生物接触氧化水净化系统的研发
◆ 反渗透膜在分散型农村饮用水深度处理中开发应用研究
◆ Application of Reverse Osmosis Membrane to Drinking Water Treatment in Rural Areas of Taihu Drainage Basin
◆ 太湖源水深度处理直饮的技术工艺

# 瘦西湖风光电能驱动的曝气生物接触氧化水净化系统结构与功能

**摘要**：在瘦西湖选择中试河段，利用太阳能、风能绿色能源，研发了风光电能驱动的曝气生物接触氧化水净化系统。系统由风光互补发电子系统、曝气生物接触氧化子系统、植物生态子系统组成。风光电能驱动的曝气生物接触氧化水净化系统运行正常。按照景观娱乐用水水质标准进行水质监测，采用模糊综合评价与贴近度计算方法，进行了系统水净化功能评价。结果表明，在试验段原水水质低于景观水 C 类，经该系统水净化后，可以达到景观水 B 类。系统的开发与试验，探索了利用绿色能源河湖水净化的新途径。

**关键词**：瘦西湖；风光电能；曝气；水净化系统

瘦西湖位于扬州市北郊，水面长约 4 km，宽约 100 m，现有游览区面积 100 $hm^2$ 左右。瘦西湖是扬州首家国家 5A 级旅游景区。旅游业对景观水的水质提出比较高的要求。根据扬州市环境监测资料，瘦西湖水质为地表水Ⅳ类水。瘦西湖水质改善技术需求迫切。

扬州市位于我国北亚热带，太阳能资源丰富，市区日照时数 1 906 h，日照百分率 50%。风力资源也比较丰富，冬季盛行偏北风，夏季盛行东南风、东风。年平均风速 2.9 m/s，3、4 月平均风速 3.4 m/s，全年 8 级以上大风 12.4 天。

利用太阳能、风能绿色能源，发展低碳经济，是世界各国都非常重视的新方向。如何利用太阳能、风能绿色能源进行瘦西湖湖水净化，是值得研究的问题。为此，我们研发了风光电能驱动的曝气生物接触氧化水净化系统。

## 1 系统结构

风光电能驱动的曝气生物接触氧化水净化系统，由 3 个子系统组成：风光互补发电子系统；曝气生物接触氧化子系统；植物生态子系统。

### 1.1 风光互补发电子系统

风光互补发电子系统如图 1 所示。

太阳能电池板是利用光电转换原理，使太阳的辐射光通过半导体物质转变为电能，这种光电转换的过程通常叫做“光伏效应”。在风光互补发电子系统，采用型号 CSM170-34/S 的单晶硅太阳能电池板。在风光互补发电子系统，采用水平轴、上风向、三叶片式带尾翼

本文发表于《环境工程学报》，2012，6（1）：59-63。署名的还有：张永春，王文林，唐晓燕。

的风力发电机，型号 CSW-0.4/12，额定功率 300W。控制器是控制太阳能电池板和风力发电机，以最佳的充电电流和电压快速、平稳、高效地对蓄电池组充电，并实现蓄电池向负载供电。同时避免过充电和过放电现象的发生，保护蓄电池。风机控制器采用 WS24600 型。光伏控制器采用 SD2430 型。蓄电池作为储能环节，在风力、日照充足的条件下，可以存储供给负载后多余的电能，在风力、日照不佳的情况下输出电能供给负载，蓄电池在系统中同时起到能量调节和平衡负载两大作用。本项目采用胶体密封铅酸蓄电池，型号为 100AH/12V，并联组合。风光互补发电子系统设计成两套，一套为风光互补发电系统，一套为光伏发电系统。

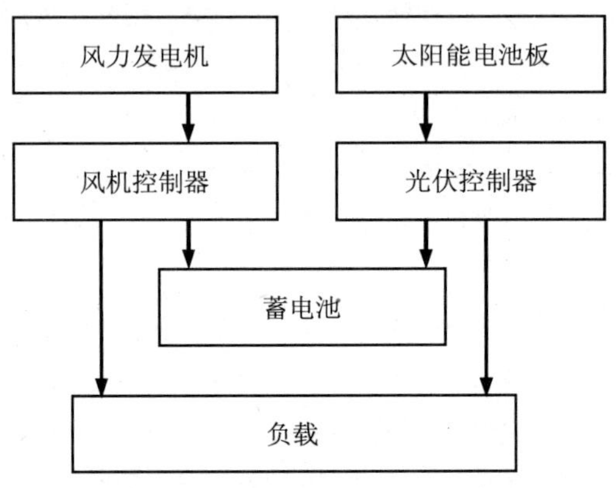


**图 1 风光互补发电子系统**

## 1.2 曝气生物接触氧化子系统

曝气生物接触氧化子系统结构如图 2 所示。基本原理：微生物接触材料附着微生物，曝气使微生物快速繁殖，在微生物的作用下对水质进行净化。

**图 2 曝气生物接触氧化子系统结构**

经实验选用 24 V 直流充气增氧机，曝气效果比较好，运行稳定。气泵型号 HZ-120，额定电压 DC24V，最大压力 0.1 MPa，最大排气量 125 L/min。生物接触氧化系统，选用绳状双环软性和半软性组合填料。其特点是塑料环为依托，负载着维纶丝，维纶丝紧固在塑料环上，在水中丝束分布均匀、容易挂膜。

## 1.3 植物生态子系统

植物生态子系统如图 3 所示。在浮床上栽植黄花鸢尾、西伯利亚鸢尾以及能漂浮水面的空心菜。浮床下挂绳状双环软性填料。所选配的鸢尾保障冬季植物生态系统水净化功能的连续性。浮床下绳状填料为微生物提供载体。

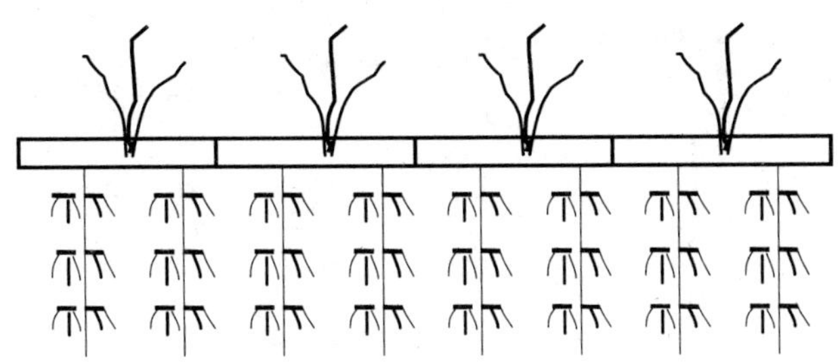

图 3　植物生态子系统

### 1.4 系统整体设计与布局

瘦西湖是在交错河道基础上形成的，实验段布置在一段古河道。

能量平衡是系统整体设计的指导思想。在古河道中根据来水量、水质，微污染水曝气生物接触氧化处理工艺参考气水比，确定气泵的配置与总功率，根据气泵的配置与总功率确定风光互补发电系统的设计规模。

整个系统在实验段是横向水流方向呈条带状布局。依次是：空心菜带；黄花鸢尾带；三排曝气带；黄花鸢尾带；西伯利亚鸢尾带。风光互补发电子系统，设置于近河岸的浮体上。

这样布局结构，各个子系统具有相对独立功能，各个子系统集成形成强化净化水质的整体功能。风光互补发电子系统提供曝气所需要的动能，曝气生物接触氧化子系统通过微生物河水净化，生态浮床植物对营养盐的吸收，浮床下微生物接触材料附着微生物净化水质。

这样布局使河道水流依次经过植物生态净化作用区、曝气生物接触氧化区、植物生态净化作用区，综合运用植物生态、微生物净化河水。整个系统的河水净化机理如图 4 所示。

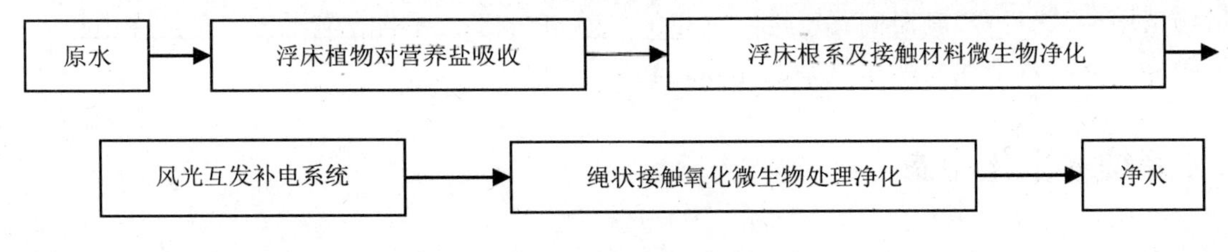


图 4　系统净化机理

## 2　系统运行状态

风光电能驱动的曝气生物接触氧化水净化系统建成后，从 2009 年 11 月 1 日开始，连续运行至 2010 年 7 月 15 日，系统运行正常。选典型冬日与夏日，系统运行状况见图 5、图 6。

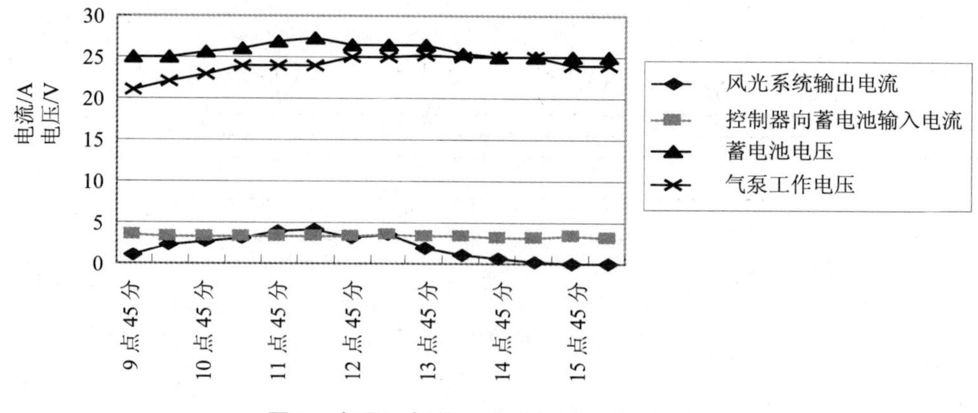


图5　冬日运行状况（2009-12-29，晴）

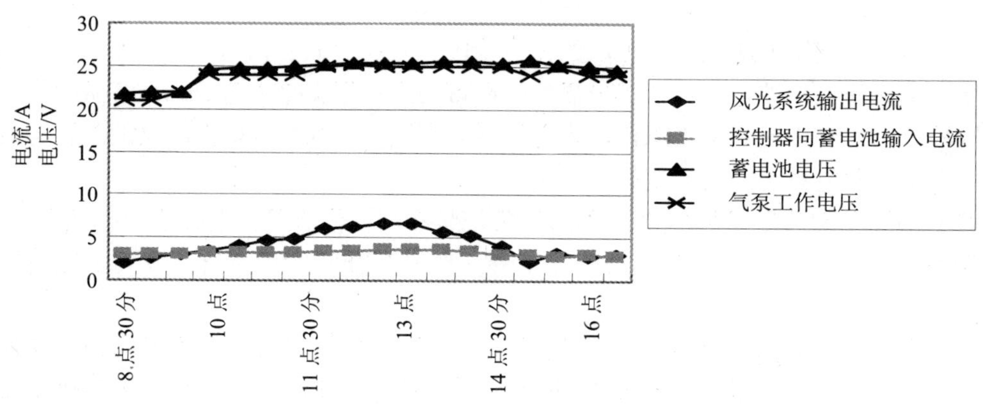


图6　夏日运行状况（2010-5-30，晴）

从图5、图6可以看出：风光系统输出电流，夏日高于冬日；每天风光系统输出电流变化趋势，从8点到11点电流量增加，11点到14点电流输出状态最好，14点以后电流量输出逐渐减少；控制器向蓄电池输入电流，状态平稳；蓄电池电压与气泵工作电压，变化趋势一致，蓄电池保障了气泵的正常运转。

## 3　系统水净化功能

### 3.1　水净化功能评价方法

系统水净化功能，是指经过各个子系统净化处理后，水质综合评价与原水水质综合评价相比较，景观娱乐用水的水质提高程度。

瘦西湖是全国著名旅游景观湖泊，执行的是《景观娱乐用水水质标准》（GB 12941—91）。水质监测采用该标准21项水质指标。

系统水净化功能的综合定量评价，分为3个步骤：各子系统净化后水质综合评价；评价基准阈值的确定；计算各子系统净化后水质综合评价值与评价基准阈值的贴近度，确定其水净化功能。

### 3.1.1 模糊综合评价

水质评价采用改进的模糊综合评价方法，先建立隶属函数，然后进行模糊综合评价。

景观娱乐用水水质标准，分 A 类、B 类、C 类，共 21 个指标。其中有些为正向指标，有些为逆向指标。隶属函数：

设正向指标 $x_{ij}$，$1 \leqslant i \leqslant m$，$1 \leqslant j \leqslant n$，正向隶属函数为：

$$f(x_{ij})=\begin{cases}1 & x_{ij} \geqslant x_{\max} \\ 1-\dfrac{x_{\max}-x_{ij}}{x_{\max}-x_{\min}} & x_{\min} \leqslant x_{ij} \leqslant x_{\max}\end{cases} \tag{1}$$

设逆向指标 $x_{ij}$，$1 \leqslant i \leqslant m$，$1 \leqslant j \leqslant n$，逆向隶属函数为：

$$f(x_{ij})=\begin{cases}1 & x_{ij} \leqslant x_{\min} \\ 1-\dfrac{x_{ij}-x_{\min}}{x_{\max}-x_{\min}} & x_{\min} \leqslant x_{ij} \leqslant x_{\max}\end{cases} \tag{2}$$

评价的数学模型为：

令 $\boldsymbol{U}=\{U_1,U_2,\cdots,U_n\}$ 为因素集

$\boldsymbol{V}=\{V_1,V_2,\cdots,V_n\}$ 为决断集

$\boldsymbol{R}$ 是 $\boldsymbol{U}$ 到 $\boldsymbol{V}$ 的模糊变换，给定权重 $a$（$a$ 采用等权重），使 $\Sigma a=1$，

综合评价模型为 $b=a\bullet\boldsymbol{R}$

改进的模糊综合评价模型，如下式：

$$b_j=\Sigma a_i \bullet r_{ij} \tag{3}$$

### 3.1.2 基准阈值

景观娱乐用水综合评价基准阈值，是根据景观娱乐用水水质标准，以 A 类水的各项指标值综合评价值为 1，按照（1）（2）（3）式，计算 B 类水、C 类水的各项指标值综合评价值。计算结果分别为 0.7、0.5。景观娱乐用水综合评价基准阈值见表 1。

表 1 景观娱乐用水综合评价基准阈值

| 类别 | A | B | C |
|---|---|---|---|
| 综合评价基准阈值 | 1 | 0.7 | 0.5 |

### 3.1.3 贴近度

贴近度的计算，是依据监测所得21项指标值，按照（1）（2）（3）式计算，所得综合评价值，按照公式（4），计算其与表1中阈值的贴近度。根据贴近度，进行各个子系统水净化功能评价。

$$\prod(A_i)=1-(b_i-b_j) \tag{4}$$

式中，$A_i$为贴近度值；$b_i$为各个子系统净化后水质综合评价值；$b_j$为表1中某一阈值。取$\max\prod(A_i)$，确定贴近度。

## 3.2 原水水质指标及综合评价

原水水质指标见表2。

表2　原水水质指标

| 指标 | 1 | 2 | 3 | 4 | 5 | 6 | 7 | 8 | 9 | 10 | 11 | 12 | 13 | 14 | 15 | 16 | 17 | 18 | 19 | 20 | 21 |
|---|---|---|---|---|---|---|---|---|---|---|---|---|---|---|---|---|---|---|---|---|---|
| 值 | 20 | 有 | 有 | 0.1 | 23 | 7 | 4 | 6.2 | 11.1 | 2.04 | * | * | 0.115 | 0.03 | 0.02 | 0.01 | 0.51 | 0.002 | 0.07 | 92 000 | 92 000 |

注：水质检测单位：南京市环境保护局，下同。

指标编号含义：1. 色，度；2. 嗅；3. 漂浮物；4. 透明度，m≥；5. 水温，℃；6. pH值；7. 溶解氧，mg/L≥；8. 高锰酸盐指数，mg/L≥；9. 生化需氧量（$BOD_5$）mg/L≤；10. 氨氮，mg/L≤；11. 非离子氨，mg/L≤；12. 亚硝酸盐氮，mg/L≤；13. 总铁，mg/L≤；14. 总铜，mg/L≤；15. 总锌，mg/L≤；16. 总镍，mg/L≤；17. 总磷（以P计），mg/L≤；18. 挥发酚，mg/L≤；19. 阴离子表面活性剂，mg/L≤；20. 总大肠菌群，个/L≤；21. 粪大肠菌群，个/L≤（下同；* 项因测试设备原因未测）。

根据表2数据，按照（1）（2）式计算各个指标对于标准值的隶属度，其中描述性“有”，隶属度为0。按（3）式，原水综合评价值为0.485，取表1中C类综合评价基准阈值0.5，按照（4）式计算贴近度，Π（$A_i$）=1－（0.5－0.485）=0.985。原水水质略低于景观娱乐用水C类。

## 3.3 植物生态子系统水净化功能

植物生态子系统水净化后水质指标见表3。

表3　植物生态子系统水净化后水质指标

| 指标 | 1 | 2 | 3 | 4 | 5 | 6 | 7 | 8 | 9 | 10 | 11 | 12 | 13 | 14 | 15 | 16 | 17 | 18 | 19 | 20 | 21 |
|---|---|---|---|---|---|---|---|---|---|---|---|---|---|---|---|---|---|---|---|---|---|
| 值 | 12 | 无 | 无 | 0.3 | 23 | 7 | 7 | 5.2 | 10.7 | 0.689 | * | * | 0.071 | 0.03 | 0.02 | 0.01 | 0.33 | 0.007 | 0.09 | 54 000 | 92 000 |

根据表 3 数据，按照（1）（2）式计算各个指标对于标准值的隶属度，其中描述性“无”，隶属度为 1。按（3）式，综合评价值为 0.675，取表 1 中 B 类综合评价基准阈值 0.7，按照（4）式计算Π（$A_i$）=1－（0.7－0.675）=0.975。非常接近景观娱乐用水 B 类。

## 3.4 曝气生物接触氧化子系统水净化功能

曝气生物接触氧化子系统净化后水质指标见表 4。

表 4　曝气生物接触氧化子系统净化后水质指标

| 指标 | 1 | 2 | 3 | 4 | 5 | 6 | 7 | 8 | 9 | 10 | 11 | 12 | 13 | 14 | 15 | 16 | 17 | 18 | 19 | 20 | 21 |
|---|---|---|---|---|---|---|---|---|---|---|---|---|---|---|---|---|---|---|---|---|---|
| 值 | 8 | 无 | 无 | 0.5 | 23 | 7.5 | 12 | 5.2 | 10.7 | 0.689 | * | * | 0.071 | 0.03 | 0.02 | 0.01 | 0.33 | 0.007 | 0.09 | 54 000 | 54 000 |

根据表 4 数据，按照（1）（2）（3）式计算，综合评价值为 0.685。取表 1 中 B 类综合评价基准阈值 0.7，按照（4）式计算Π（$A_i$）=1－（0.7－0.685）=0.985。非常接近景观娱乐用水 B 类。

## 3.5 各个子系统水净化功能比较

根据系统水净化功能综合评价，将 A 类、B 类、C 类水基准阈值与各个子系统净化功能综合评价值进行比较，见图 7。

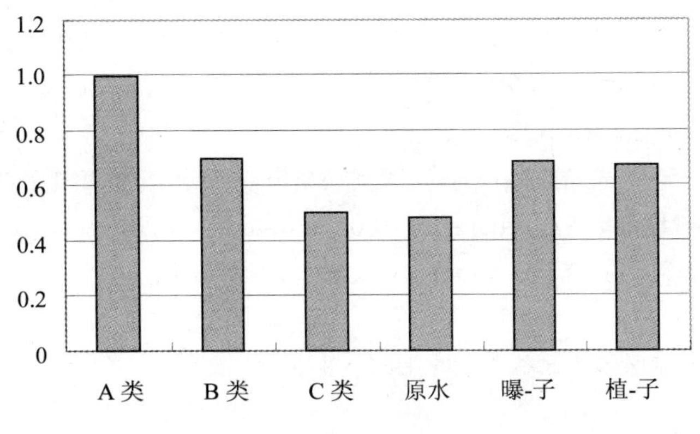


图 7　水净化功能比较

从图 7 可以看出，原水水质低于景观水 C 类，植物子系统、曝气生物接触氧化子系统水净化处理后，水质非常接近景观水 B 类，即可以提高景观水水质一个等级。以原水水质为基础，植物生态子系统对水质提高的贡献率是 39.17%，曝气生物接触氧化子系统对水质提高的贡献率是 41.24%。

## 4 结论

（1）采用风能、太阳能绿色能源，驱动曝气生物接触氧化子系统，结合植物生态子系统，进行湖水净化，系统运行表明技术方案是可行的，水质监测结果表明是有效的。系统的开发与试验，探索了利用绿色能源河湖水净化的新途径。

（2）水质监测与水净化功能评价结果表明，原水水质低于景观水 C 类，风光电能驱动的曝气生物接触氧化水净化系统，水净化后水质可达到景观水 B 类，即与原水相比可以提高一个等级。

### 参考文献

[1] 扬州市地方志年鉴编纂委员会. 扬州年鉴 2009[M]. 北京：新华出版社，2009.

[2] 扬州市郊区人民政府. 扬州市郊区志[M]. 北京：方志出版社，1996.

[3] 冯垛生，宋金莲，赵慧，等. 太阳能发电原理与应用[M]. 北京：人民邮电出版社，2007.

[4] 刘宏，吴达成，杨志刚，等. 家用太阳能光伏电源系统[M]. 北京：化学工业出版社，2007.

[5] 谈蓓月，卫少克. 风光互补发电系统的优化设计[J]. 上海电力学院学报，2009，25（3）：244-246.

[6] 黄廷林，丛海兵，周真明，等. 强化原位生物接触氧化技术改善水源水质的试验研究[J]. 环境科学学报，2006，26（5）：785-790.

[7] 戴栋超，黄廷林，王震，等. 生态组合技术净化景观水体实验研究[J]. 西安建筑科技大学学报：自然科学版，2006，38（6）：786-789.

[8] 丛海兵，黄廷林，廖晶广，等. 扬水曝气器的水质改善功能及提水、充氧性能研究[J]. 环境工程学报，2007，1（1）：7-13.

[9] 刘科军，吕锡武. 跌水曝气生物接触氧化预处理微污染水源水[J]. 水处理技术，2008，34（8）：55-58.

[10] 汪培庄，韩立岩. 应用模糊数学[M]. 北京：北京经济学院出版社，1989.

[11] 景观娱乐用水水质标准 GB 12941—91.

[12] 胡孟春，张永春，唐晓燕，等. 城市河道近自然修复评价体系与方法及其在镇江古运河的应用[J]. 应用基础与工程学学报，2010，18（2）：1-9.

[13] 余根鼎，江敏，李利，等. 模糊综合评价在景观水体水质评价中的应用[J]. 上海海洋大学学报，2009，18（6）：734-740.

[14] 王占生，刘文君. 微污染水源饮用水处理[M]. 北京：中国建筑工业出版社，1999.

## The Structure and Functions of a Water Purification System of Aeration Biological Contact Oxidation Powered by Photovoltaic/Wind Hybrid Power System In Slender West Lake

**Abstract:** The PV/wind hybrid system driven aeration biological contact oxidation water purification system utilizing green energy ( solar and wind ) was set up in the pilot-scale experiment river reach in

Slender West Lake. The system have three component parts，PV/wind hybrid subsystem，aeration biological contact oxidation subsystem and plant biological subsystem. The PV/wind hybrid system driven aeration biological contact oxidation water purification system worked in a good condition. The water quality was monitored according to the Water quality standard for landscape and recreation area，the water purification functions have been evaluated using Fuzzy integrative assessment and proximity computation method. The data showed that raw water in the test river section was below class C；through purification of the system，the water reached class B by the standard for landscape and recreation area. The development and test of the system explores a new approach to purify river and lake water using green energy.

**Key Words:** Slender West Lake；Wind and Photovoltaic Power；Aeration；Water Purification System

# 风光电能驱动的曝气生物接触氧化水净化系统的研发

**摘要**：按照系统集成的设计思想，利用太阳能、风能绿色能源，研发了风光电能驱动的河湖水净化系统。系统由风光互补发电子系统、曝气生物接触氧化子系统、植物生态子系统组成。连续运行结果表明，系统对于水体充氧、改善水体水质，有比较强的功能。曝气区溶解氧保持6.5～11.2 mg/L，按照景观娱乐用水水质标准，系统净化处理后的水比原水提高一个等级。系统的开发与试验，探索了利用绿色能源进行河湖水净化的新途径。

**关键词**：风光电能；水净化系统；研发

我国幅员辽阔，风能、太阳能资源丰富。据中国气象科学研究院估算，我国风能资源贮量为32.26×$10^{11}$W，实际可开发量为2.53×$10^{11}$W。据估算，我国陆地表面每年接受太阳辐射能年总量在3.35×$10^3$～8.40×$10^3$ MJ/$m^2$，平均值约5.86×$10^3$ MJ/$m^2$。

如何利用丰富的风能、太阳能资源，进行河湖水净化处理，是值得研究的问题。为此，我们以扬州瘦西湖的一处古河道为试验地，进行风光电能驱动的河湖水净化系统开发研究。

## 1 系统的设计思想

### 1.1 工艺设计思想

系统集成是工艺设计的指导思想。风光电能驱动的河湖水净化系统，集成了风光互补发电技术工艺、曝气生物接触氧化技术工艺、生态浮床技术工艺。根据河湖的自然环境特点，以河湖水原位处理为目标进行系统设计，形成大流量河湖水净化的综合技术体系。

所设计的风光电能驱动的河湖水体净化系统，工艺流程如图1所示。水净化的基本原理：生态浮床植物对营养盐吸收，浮床下微生物接触材料附着微生物净化水；曝气生物接触氧化使微生物快速繁殖，在生物膜上微生物的新陈代谢的作用下，对水质强化净化。

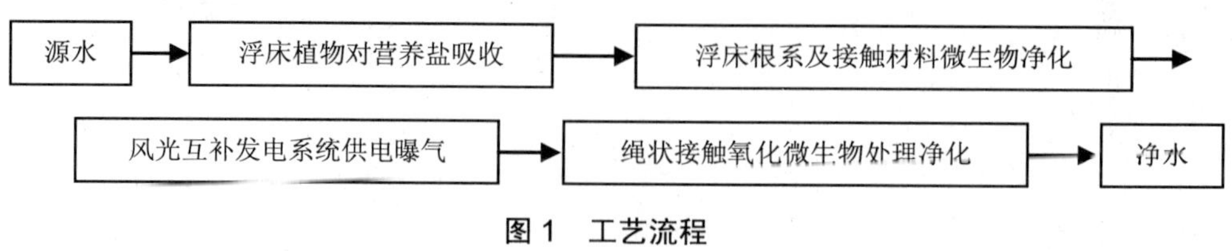


图1 工艺流程

本文发表于《生态与农村环境学报》，2010，26（增刊）：74-77。署名的还有：张永春，王金辉，王文林，唐晓燕。

### 1.2 系统结构优化设计思想

所研发的河湖水净化系统，是将太阳能、风能转化为生物能的过程。能量平衡是系统结构优化设计的指导思想。在中试的古河道中，根据来水量、水质，微污染水曝气生物接触氧化处理工艺参考气水比，确定气泵的配置与总功率，根据气泵的配置与总功率确定风光互补发电系统设计规模。

## 2 系统结构与布局

### 2.1 系统结构

风光电能驱动的河湖水净化系统，由 3 个子系统组成：风光互补发电子系统；曝气生物接触氧化子系统；植物生态子系统。

单独的太阳能或风能系统，受时间和地域的约束，很难全天候利用太阳能和风能资源。太阳能与风能在时间上和地域上具有互补性，风光互补发电系统是在资源利用方面的最佳匹配。设计采用风光互补电源系统，风光互补发电子系统由太阳能光电板、小型风力发电机、系统控制器组成。结构见图 2。

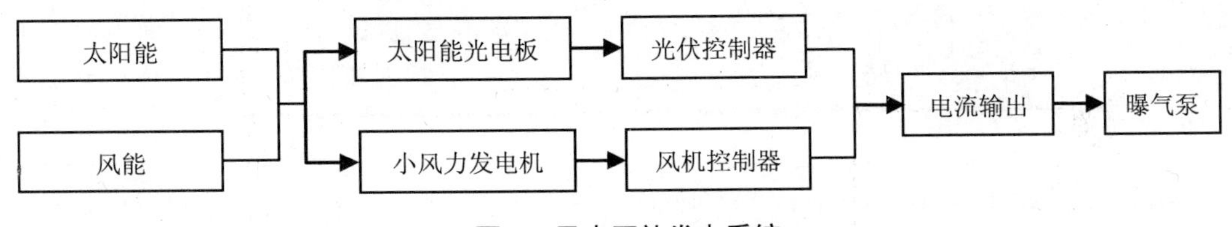


图 2　风光互补发电系统

生物接触氧化是兼有活性污泥法与生物膜法优点的新型水处理技术。它具有容积负荷高、占地面积小、便于管理等优点，广泛应用于不同行业污水处理中。近年来，在微污染河水处理中有应用。

曝气生物接触氧化子系统结构是用不锈钢方管焊接成长 5 m、宽 1 m、高 1 m 的框架，依托浮体浮在水中，在框架垂向悬挂绳状接触氧化材料。曝气系统设计采用管道+喷嘴的传统曝气系统。在框架下部安装曝气头，用软管与充气增氧泵连接。

经过筛选用 3 个型号的 24 V 直流充气增氧泵，曝气效果比较好，运行相对稳定。生物挂膜材料采用绳状生物接触材料，与管道+喷嘴的传统曝气系统一体布置。绳采用 4 mm 尼龙绳，维纶丝外圈直径 40～45 mm，表面积 1.4 $m^2$。

植物生态子系统结构如图 3 所示。在浮床上栽植黄花鸢尾、西伯利亚鸢尾，以及漂浮水面的空心菜。浮床下挂绳状双环软性填料。选配这些植物，保障冬季植物生态系统净化水功能的连续性。浮床下的绳状填料为微生物提供载体。

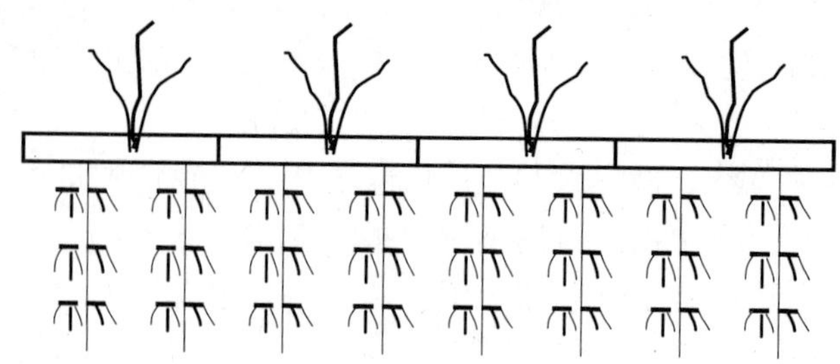

图 3 植物生态子系统

## 2.2 系统布局

瘦西湖是在交错的河道基础上形成的，实验段布置在一段古河道。系统布局见图 4。

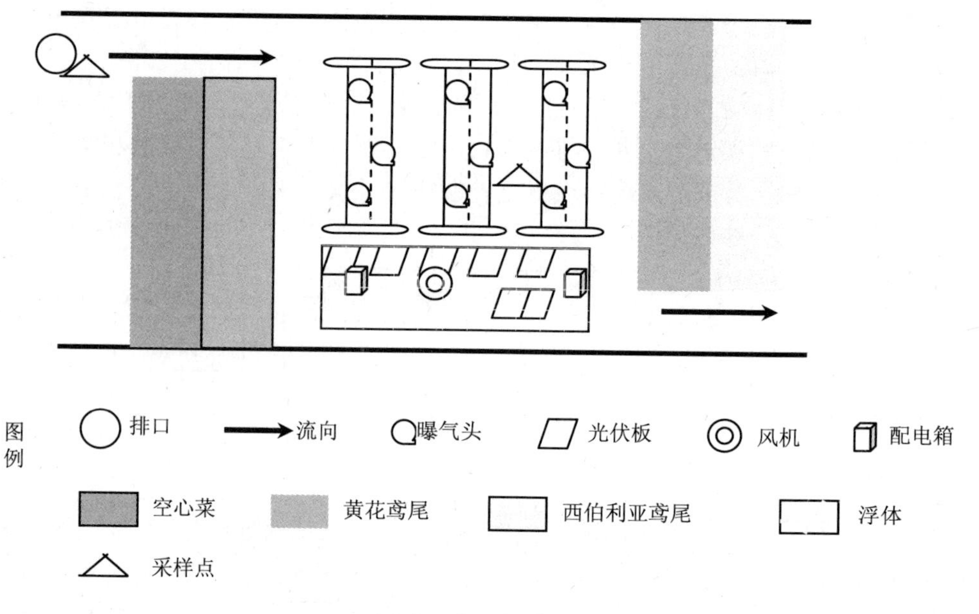


图 4 系统布局图

在实验段整个系统是横向水流方向呈条带状布局。依次是：漂浮空心菜分布带；黄花鸢尾分布带；三排曝气带；黄花鸢尾分布带；西伯利亚鸢尾分布带。风光互补发电子系统设置于近河岸的浮体上。

# 3 系统复氧功能

熊万永等、周杰等对曝气复氧治理黑臭河道的机理进行了研究，指出：对黑臭河流进行人工曝气，可加速水体的复氧过程，迅速氧化有机物厌氧降解时产生的 S 及 FeS 等致黑臭物质，有效地改善或缓解黑臭现象。

系统建成后，利用手持便携式溶氧仪对于系统的复氧功能进行了测定。分别进行的垂直断面与时间序列溶解氧测定，结果表明曝气区溶解氧保持在比较高的水平。

## 3.1 曝气头垂直断面溶解氧测定

在试运行期间（2009 年 9 月 9 日），对曝气头垂直断面进行了溶解氧的测定。测定方法是：距曝气中心点每 10 cm 一个点测溶解氧，观察溶解氧距中心点的水平方向变动值；在曝气中心点，每 10 cm 深度一个点测溶解氧，观察溶解氧随深度垂直方向变动值。测定结果如图 5、图 6 所示。

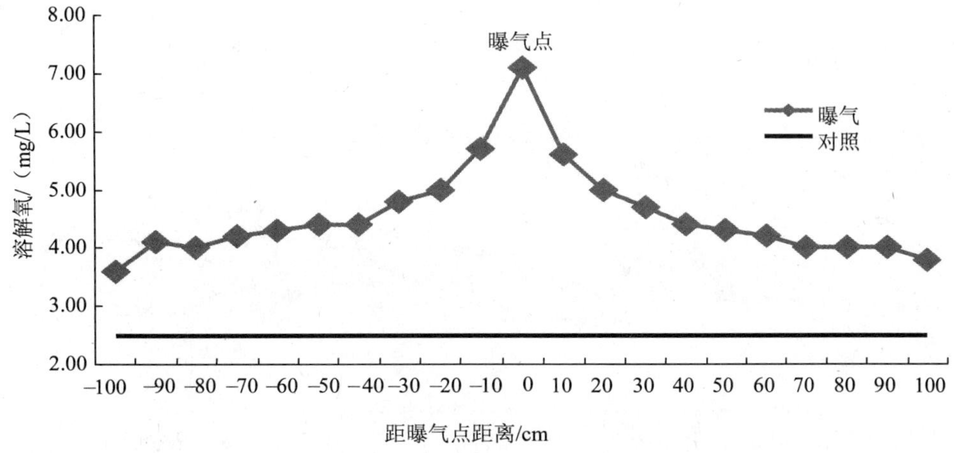


**图 5 距曝气中心点溶解氧水平方向的变化值**

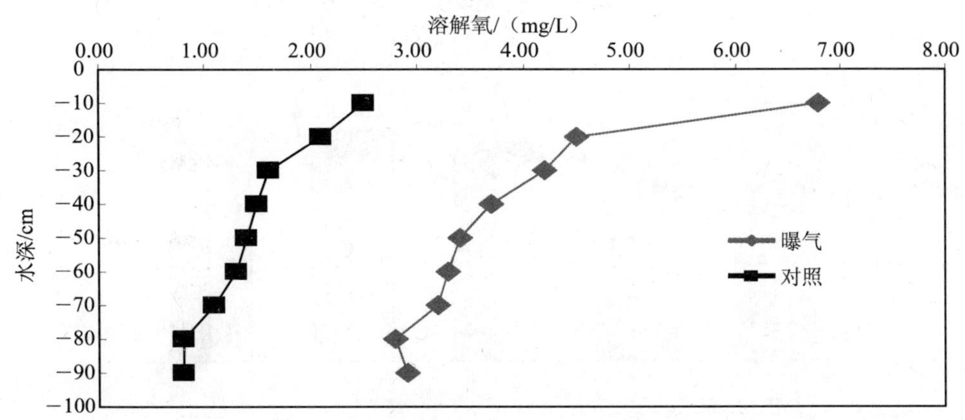


**图 6 在曝气中心点溶解氧随深度的变化值**

曝气垂直断面测试结果表明：（1）一个曝气头，以中心为圆点 1 m 的半径范围，从中心向边缘溶解氧在 3.8～7.0 mg/L 范围变化，远高于黑臭水体溶解氧临界值 2.5 mg /L；（2）一个曝气头，中心位置以水表面为起点向下深度 1 m 范围，溶解氧在 2.9～6.3 mg/L 范围变化，也远高于黑臭水体溶解氧临界值 2.5 mg/L。而非曝气的对照区，自水面到−15 cm，溶解氧高于 2.5 mg/L，−15 cm 以下深度低于 2.5 mg/L。

### 3.2 时间序列溶解氧测定

曝气生物接触氧化子系统建成后，从 3 月 1 日开始至 7 月底连续运行，逐日进行溶解氧测定。选每月 1 日、10 日、20 日、30 日的实测数据，绘制曝气区、非曝气区溶解氧变化趋势对比曲线图，如图 7、图 8 所示。

从图 7 看出，从春季到夏季随着气温升高，曝气区、非曝气区溶解氧变化呈增加趋势，溶解氧保持 6.5～11.2 mg/L。

从图 8 中看出，3 月、4 月、5 月、6 月、7 月平均溶解氧，曝气区比非曝气区增加百分比分别是 5.96%、5.97%、3.76%、6.53%、7.30%，平均值为 5.90%。

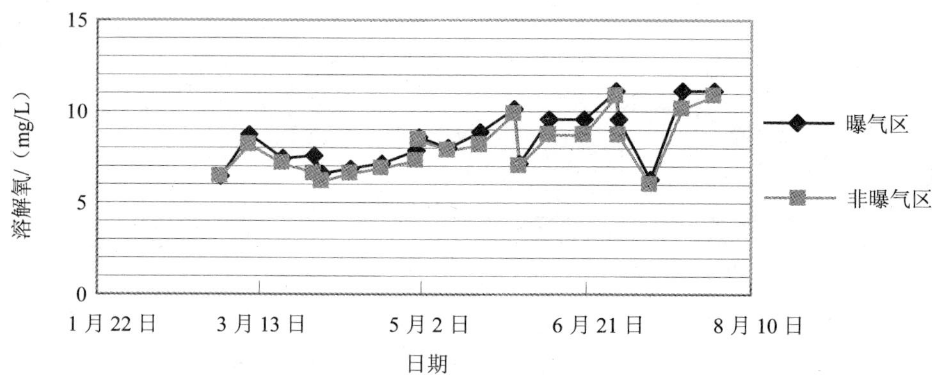


图 7 曝气区、非曝气区溶解氧变化趋势对比

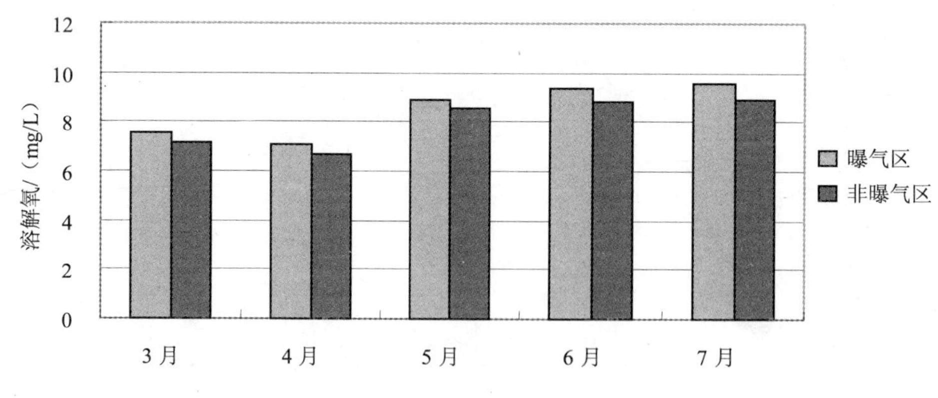


图 8 曝气区、非曝气区溶解氧月平均变化对比

## 4 系统水净化功能

系统建成后连续运行 7 个多月，对原水与净化处理后的水取样（取样点如图 4 标示）。按照《景观娱乐用水水质标准》（GB 12941—91）进行分析，分析方法与使用仪器详见监

测报告书，结果见表 1。

**表 1　原水与净化处理水水质对比**

| 指标 | 色/度 | 嗅 | 漂浮物 | 透明度/m ≥ | 水温/℃ | pH | 溶解氧/（mg/L）≥ | 高锰酸盐指数/（mg/L）≥ | 生化需氧量（$BOD_5$）/（mg/L）≤ | 氨氮/（mg/L）≤ |
|---|---|---|---|---|---|---|---|---|---|---|
| 原水 | 20 | 有 | 有 | 0.1 | 23 | 7 | 4 | 6.2 | 11.1 | 2.04 |
| 净化水 | 8 | 无 | 无 | 0.35 | 23.6 | 8.5 | 7.2 | 14.0 | 7.3 | 0.026 |

| 指标 | 非离子氨/（mg/L）≤ | 亚硝酸盐氮/（mg/L）≤ | 总铁/（mg/L）≤ | 总铜/（mg/L）≤ | 总锌/（mg/L）≤ | 总镍/（mg/L）≤ | 总磷/（mg/L）≤ | 挥发酚/（mg/L）≤ | 阴离子表面活性剂/（mg/L）≤ | 总大肠菌群/（个/L） | 粪大肠菌群/（个/L） |
|---|---|---|---|---|---|---|---|---|---|---|---|
| 原水 | * | * | 0.115 | 0.03 | 0.02 | 0.01 | 0.51 | 0.002 | 0.07 | 92 000 | 92 000 |
| 净化水 |  |  | 0.37 | 0.006 | 0.028 | 0.014 | 0.41 | 0.11 | 0.15 | 200 | 50 |

注：原水质检测单位：南京市环境保护局；净化水检测单位：扬州大学。* 项因测试设备原因未测。

《景观娱乐用水水质标准》分 A 类、B 类、C 类 3 类，每类 21 项指标。净化处理后的水样，2 项指标因技术设备原因未检测，其余 19 项指标中：优于 A 类 8 项，占 38%；符合 A 类、B 类 5 项，占 24%；优于 C 类 4 项，占 19%；低于 C 类 2 项，占 9%。原水 19 项指标中：优于 A 类 6 项，占 30%；符合 B 类 3 项，占 15%；优于 C 类 2 项，占 9%；低于 C 类 8 项，占 38%。从以上分析可以看出，净化处理后的水比原水至少提高一个等级。

在表 1 对比分析的项目中，净化处理水与原水比较，色度、透明度、溶解氧、氨氮、总大肠菌群、粪大肠菌群等 6 项指标，有大幅度的提高。提高的倍数分别是：0.5，2.5，77，0.8，460，1 840。也就是水体的感官指标提高幅度大。

## 5　结论

（1）根据系统集成与能量平衡的设计思想，综合采用风能、太阳能发电技术，曝气生物接触氧化技术，结合植物生态水净化技术，研发了风光电能驱动的河湖水净化系统。系统运行、水质监测结果表明是有效的。系统的开发与试验，探索了利用绿色能源河湖水净化的新途径。

（2）风光电能驱动的曝气生物接触氧化水净化系统的结构，由 3 个子系统组成：风光互补发电子系统；曝气生物接触氧化子系统；植物生态子系统。在实验段整个系统是横向水流方向呈条带状布局。其水净化机理：风光互补发电子系统提供动能；曝气生物接触氧化子系统通过微生物对河水净化；生态浮床植物对营养盐吸收，浮床下接触材料附着微生物净化水质。

（3）中试河段曝气区、非曝气区溶解氧监测表明，曝气区水体溶解氧含量保持 6.5～11.2 mg/L，该系统对于提高水体溶解氧有比较强功能。原水水样与净化处理后的水样对比检测表明，净化处理后的水比原水至少提高一个等级，该系统提高水体水质效果是明显的。

## 参考文献


[1] 薛桁，朱瑞兆，杨振斌，等. 中国风能资源贮量估算[J]. 太阳能学报，2001，22（2）：167-170.

[2] 冯垛生，宋金莲，赵慧，等. 太阳能发电原理与应用[M]. 北京：人民邮电出版社，2007.

[3] 刘宏，吴达成，杨志刚，等. 家用太阳能光伏电源系统[M]. 北京：化学工业出版社，2007.

[4] 艾斌，杨洪兴，沈辉，等. 风光互补发电系统的优化设计 CAD 设计方法[J]. 太阳能学报，2003，24（3）：540-546.

[5] 谈蓓月，卫少克. 风光互补发电系统的优化设计[J]. 上海电力学院学报，2009，2（3）：244-246.

[6] 熊万永，李玉林. 人工曝气生态净化系统治理黑臭河流的原理及应用[J]. 四川环境，2004，23（2）：34-36.

[7] 周杰，章永泰，杨贤智. 人工曝气复氧治理黑臭河流[J]. 中国给水排水，2001，17（4）：47-49.

[8] 黄廷林，丛海兵，周真明，等. 强化原位生物接触氧化技术改善水源水质的试验研究[J]. 环境科学学报，2006，26（5）：785-790.

[9] 戴栋超，黄廷林，王震，等. 生态组合技术净化景观水体实验研究[J]. 西安建筑科技大学学报，2006，38（6）：786-789.

[10] 丛海兵，黄廷林，廖晶广，等. 扬水曝气器的水质改善功能及提水、充氧性能研究[J]. 环境工程学报，2007，1（1）：7-13.

[11] 刘科军，吕锡武. 跌水曝气生物接触氧化预处理微污染水源水[J]. 水处理技术，2008，34（8）：55-58.

[12] 景观娱乐用水水质标准 GB 12941—91.

[13] 南京市环境检测中心站. 监测报告. （2010）宁环监（水委）字第（200）号.


## The Study and Design of System of Aeration Biological Contact Oxidation by Photovoltaic/Wind Hybrid Power


**Abstract:** According to design idea of integration system, the PV/wind hybrid system driven water purification system utilizing green energy ( solar and wind ) was set up. The system have three component parts, PV/wind hybrid generation subsystem, aeration biological contact oxidation subsystem and plant biological subsystem. The status of system operation shows: system has good effect for reoxygenation and improve water quality of river and lake. The dissolved oxygen after aeration reached 6.5 ~ 11.2 mg/L, according to the water quality standard for landscape and recreation area, water after treatment better than raw water a degree. The development and test of the system explores a new approach to purify river and lake water using green energy.



**Key Words:** Wind and Photovoltaic Power; Water Purification System; Study and Design

# 反渗透膜在分散型农村饮用水深度处理中开发应用研究

**摘要**：以反渗透膜为主，综合集成超滤、微滤、砂滤、活性炭吸附、紫外线消毒等技术措施，设计安装了适合农村自来水、井水、河水不同饮用水源深度净化处理的3套设备。运行结果表明，设备对于饮用水源中的有机物、微生物、色味臭，以及自来水中的余氯，处理效果非常明显。研究成果为解决分散型农村安全饮用水问题，提供了比较好的技术方案。

**关键词**：反渗透膜；自来水；井水；河水

水是生命之源，饮用水是健康之本。饮用水与人民群众的健康和生活质量密切相关。我国农村饮用水的现状并不乐观。水利部提出了《农村饮用水安全评价指标体系》，应用这一评价体系对全国农村饮用水综合评价结果，有3亿多农村人口饮用水是属于不安全状态。卫生部2000年曾进行抽样调查，农村饮用水不合格占37.9%。

针对农村饮用水现状，在江苏宜兴市大浦镇，选择小水厂、井水、河水3种水源，开展了农村饮用水深度净化技术开发研究。针对3种不同水源的特征，研制以反渗透膜为主，超滤、微滤膜组合的饮用水处理设备（pilot plant），分别在井水、河水、自来水取水点安装、调试、运行。设备连续运行状态良好，自来水、井水经过深度处理后达到直饮水标准，河水经过处理后达到优质饮用水标准。为解决分散型农村饮用水安全问题，探索了新的途径。

## 1 饮用水源水质特征

在江苏宜兴市大浦镇，小水厂出水、井水、河水是3种不同的饮用水源。按照饮用水标准对3种水源的水质进行了检测。在检测的34项指标中：小水厂出水超标3项；井水超标3项，2项指标偏高；河水超标8项。超标状况如表1所示。从超标指标可以看出，3种水源存在的主要问题是：自来水厂出水余氯含量严重超标，出水有很浓的蓝藻味；河水有机污染严重，细菌数量高；井水矿物质含量高、水的硬度大。

本文发表于《江苏环境科技》，2008，21（3）：39-42。署名的还有：张永春，唐晓燕，沈海风，王文林，权五源，宋準相，Hyenggeuk，Moon Youngsil，Lee。

表 1　不同水源超标状况

| 编号 | 超标项目 | 单位 | 卫生部饮用水标准 | 原水类型及超标状态 |
|---|---|---|---|---|
| | 水厂出水 | | | |
| 1 | 臭和味 | | 无异臭，无异味 | 蓝绿藻味 |
| 2 | 浑浊度 | NTU | ≤1 | 1 |
| 3 | 游离余氯 | mg/L | ≥0.05 | 0.30 |
| | 井水 | | | |
| 1 | 浑浊度 | NTU | ≤1 | <1 |
| 2 | TDS | mg/L | ≤1 000 | 486 |
| 3 | 细菌总数 | CFU/mL | ≤100 | 1 300 |
| 4 | 总大肠菌群 | | 每 100 mL 水样中不得检出 | 23 |
| 5 | 总硬度（以 $CaCO_3$ 计） | mg/L | ≤450 | 202 |
| | 河水 | | | |
| 1 | 臭和味 | | 无异臭，无异味 | 土腥味 |
| 2 | COD（以 $O_2$ 计） | mg/L | ≤3 | 3.4 |
| 3 | 挥发酚类（以苯酚计） | mg/L | ≤0.002 | 0.017 |
| 4 | 浑浊度 | NTU | ≤1 | 5 |
| 5 | 肉眼可见物 | | 不得含有肉眼可见物 | 中等量棕色絮状物沉淀 |
| 6 | 色度 | 度 | ≤15，并不得呈现其他异色 | 35 |
| 7 | 细菌总数 | CFU/mL | ≤100 | 1 200 |
| 8 | 总大肠菌群 | | 每 100 mL 水样中不得检出 | 920 |

## 2 技术路线与处理工艺

### 2.1 技术路线

针对不同水源特征进行技术工艺综合集成，根据饮用水源水质分析，针对自来水厂出水余氯含量严重超标，出水有很浓的蓝藻味，河水有机污染严重，井水矿物质含量高、硬度大的不同问题，综合集成反渗透、超滤、微滤、活性炭过滤以及新消毒技术，有针对性地进行工艺设计。

根据农村居住分散特点进行设备组装以适应农村居住特点与管理水平，组装的设备具有小型、灵活、自动化程度高的特点。

### 2.2 处理工艺

#### 2.2.1 自来水深度处理设备的工艺流程

自来水深度处理的水质目标是，进一步去除有机污染物，消除出水的蓝藻味，降低余氯含量，深度处理后水质达到直饮水的标准。根据这一水质目标，综合采用活性炭过滤、离子交换、微滤、反渗透处理、紫外消毒技术，所设计的大浦镇水厂深度处理工艺流程见图 1。工艺流程分为三大部分：1—12 为前处理，利用双介质过滤、活性炭过滤、微滤以及离子交换器，进行预处理；13—14 为反渗透膜深度处理，由高压泵与单支 4 英寸[①]卷式膜组成，是处理设备的核心部分；15—18 为产品水及其消毒处理。

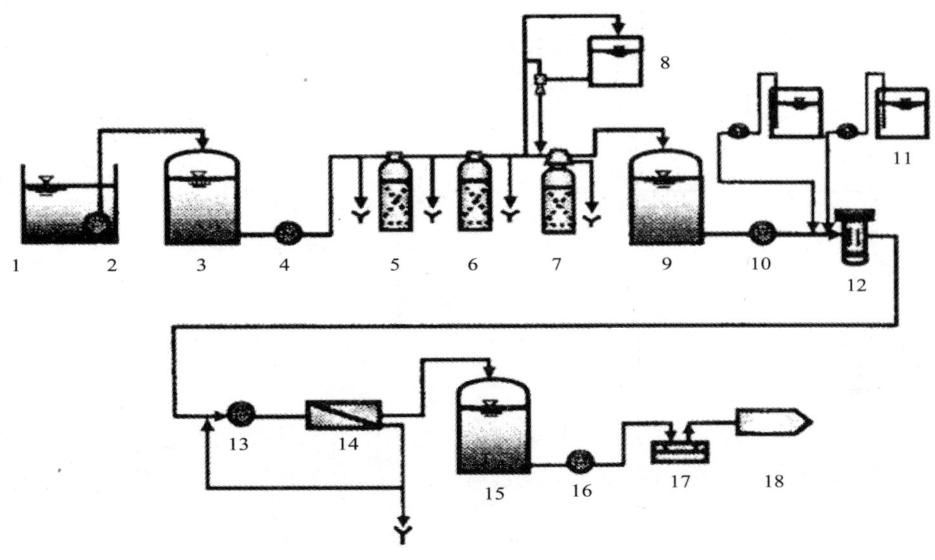


1. 原水；2. 原水泵；3. 储水罐；4. 加压泵；5. 双介质过滤器；6. 活性炭过滤；7. 离子交换器；8. 加药箱；9. 储水罐；10. 加压泵；11. 加药箱；12. 微滤膜；13. 高压泵；14. 反渗透膜；15. 产品水储水罐；16. 出水泵；17. 紫外消毒；18. 出水

**图 1　自来水深度处理工艺流程**

### 2.2.2　井水深度处理设备工艺流程

井水深度处理的水质目标是，消除浅层地下水复合微污染，去除过量矿物质，软化水质。深度处理后水质达到直饮水的标准。根据这一水质目标，主要采用离子交换、反渗透技术设计井水深度处理设备。安装在大浦镇一农户家中，工艺流程见图 2。工艺流程分为三大部分：1—12 为前处理；13—14 为反渗透膜深度处理；15—17 为产品水及其消毒处理。

### 2.2.3 河水深度处理设备工艺流程

针对河水有机污染严重，泥沙、悬浮物含量高的特点，综合采用超滤、微滤、反渗透处理技术，使河水深度处理后的水质，达到优质饮用水的标准。河水深度处理设备，安装在大浦林庄港村河边，工艺流程见图 3。如图所示，工艺流程分为三大部分：1—9 为前处理，利用超滤、微滤进行预处理；10—11 为反渗透膜深度处理；12—14 为产品水及其消毒处理。

---

① 1 英寸=25.4 mm。

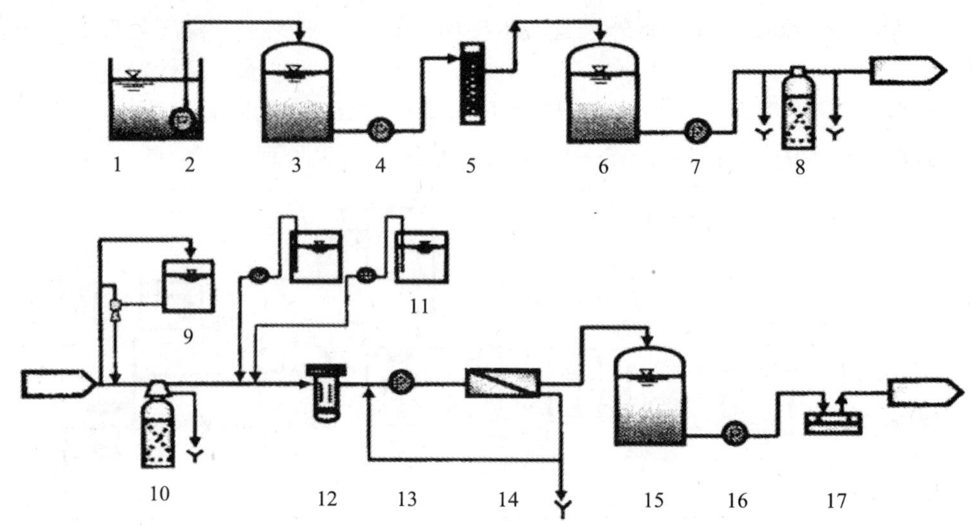


1. 原水；2. 原水泵；3. 储水罐；4. 加压泵；5. 超滤膜；6. 储水罐；7. 加压泵；8. 活性炭过滤；9. 加药箱；10. 离子交换器；11. 加药箱；12. 微滤膜；13. 高压泵；14. 反渗透膜；15. 产品水储水罐；16. 出水泵；17. 紫外消毒

**图 2　井水深度处理设备工艺流程**

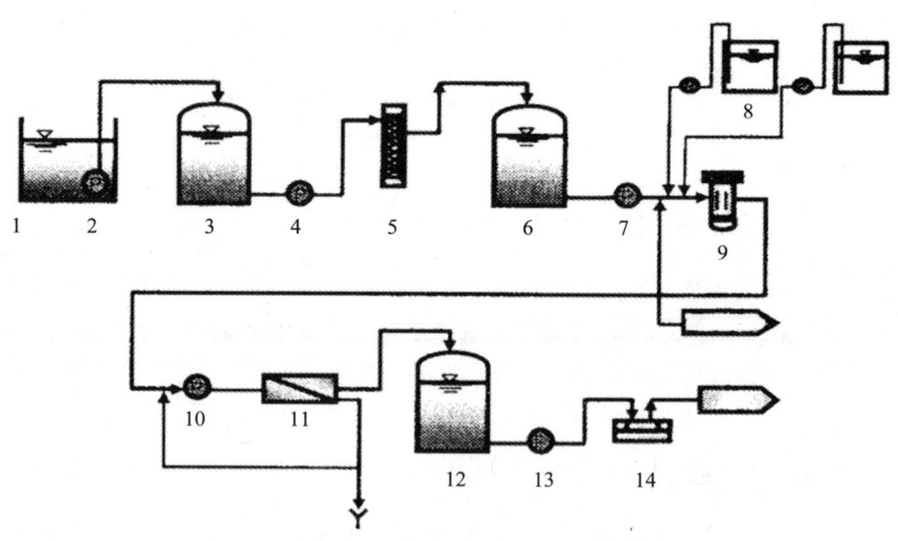


1. 原水；2. 原水泵；3. 储水罐；4. 加压泵；5. 超滤膜；6. 储水罐；7. 加压泵；8. 加药箱；9. 微滤膜；10. 高压泵；11. 反渗透膜；12. 产品水储水罐；13. 出水泵；14. 紫外消毒

**图 3　河水深度处理设备工艺流程**

# 3 运行与处理效果

## 3.1 运行状况

反映设备运行状况参数分两组，一组是 4 个泵的压力参数，一组是供水量和反渗透膜工作状态以及产品水出水量参数。这些参数在设备的相关仪表可直接读取。各个参数及其含义如下：

Raw water pump　原水水箱出水泵压力（单位：MPa）
R/O feed pump　反渗透膜供水泵压力（单位：MPa）
R/O prod pump　反渗透膜产品水出水泵压力　（单位：MPa）
H/P pump inlet　反渗透膜供压的高压泵进口压力（单位：MPa）
H/P pump outlet　反渗透膜供压的高压泵出口压力（单位：MPa）
Raw water　原水供水量（单位：L/min）
R/O prod water　产品水出水量（单位：L/min）

设备调试后，采用间歇性运行方式，总运行 45 天。以自来水深度处理设备为例，取 9 月 18—27 日时间段的运行参数记录，参数变化曲线见图 4。曲线图反映各项参数随时间变化平稳，设备运行状态良好。

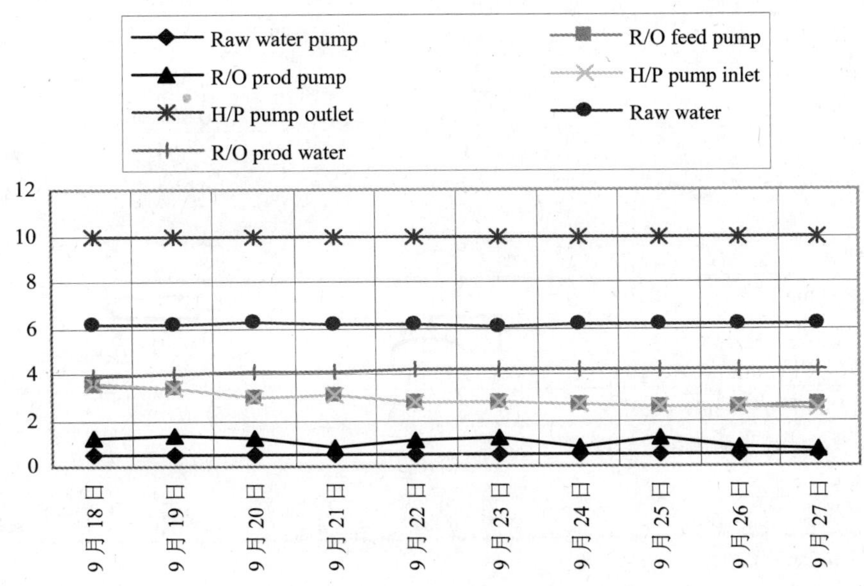


图 4　自来水深度处理设备运行状态

## 3.2 处理效果

### 3.2.1 自来水、井水深度处理结果

自来水、井水处理产品水与直饮水国家标准比较见表 2。从表 2 可以看出，自来水厂水与井水经过深度处理后，各项指标达到瓶（桶）装饮用纯净水卫生标准（GB 17324—2003）。

表 2 自来水、井水处理产品水与直饮水标准比较

| 项目 | | GB 17324—2003 瓶（桶）装饮用纯净水卫生标准 | 自来水厂水深度处理产品水 | 井水深度处理产品水 |
|---|---|---|---|---|
| 感官指标 | 色度/（度 ≤） | 5，不得呈现其他异色 | ＜5 | ＜5 |
| | 浊度/（NTU ≤） | 1 | ＜1 | ＜1 |
| | 臭和味 | 无异味、异臭 | 无异味、异臭 | 无异味、异臭 |
| | 肉眼可见物 | 不得检出 | 无 | 无 |
| 理化指标 | pH 值 | 5.0～7.0 | 6.75 | 6.5 |
| | 电导率/（μS /cm ≤） | 10 | 9 | 9 |
| | 高锰酸钾消耗量/（mg/L ≤） | 1.0 | 0.8 | 0.7 |
| | 氯化物/（mg/L ≤） | 6.0 | 3.9 | 0.89 |
| | 亚硝酸盐/（mg/L ≤） | 0.002 | 0.001 | 0.001 |
| | 四氯化碳/（mg/L ≤） | 0.001 | 0.000 3 | 0.000 5 |
| | 铅/（mg/L ≤） | 0.01 | 0.001 | 0.005 |
| | 总砷/（mg/L ≤） | 0.01 | 0.001 | 0.001 |
| | 铜/（mg/L ≤） | 1.0 | ＜0.002 | 0.002 |
| | 氰化物/（mg/L ≤） | 0.002 | 0.002 | 0.002 |
| | 挥发酚（以苯酚计）/（mg/L ≤） | 0.002 | 0.002 | 0.002 |
| | 三氯甲烷/（mg/L ≤） | 0.02 | 0.02 | 0.02 |
| | 游离氯/（mg/L ≤） | 0.005 | 0.005 | 0.005 |
| 微生物指标 | 菌落总数/（CFU/mL ≤） | 20 | ＜1 | ＜1 |
| | 大肠菌群/（MPN/100 mL ≤） | 3 | 未检出 | 未检出 |
| | 致病菌（系指肠道致病菌和致病性球菌） | 不得检出 | 未检出 | 未检出 |
| | 霉菌、酵母菌/（CFU/mL） | 不得检出 | 未检出 | 未检出 |

注：检测单位：南京市疾病预防控制中心，下同。

### 3.2.2 河水深度处理结果

河水水质与深度处理后的水质指标以及生活饮用水标准比较见表 3。从表中可知，河水经深度处理后，达到优质饮用水的标准。

表 3　河水处理产品水与饮用水标准比较

| 编号 | 检验项目 | 单位 | 卫生部饮用水标准 | 河水深度处理产品水 |
|---|---|---|---|---|
| 1 | Al | mg/L | ≤0.2 | ＜0.020 |
| 2 | pH |  | 6.5～8.5 | 6.50 |
| 3 | 臭和味 |  | 无异臭，无异味 | 无 |
| 4 | 粪大肠菌群 |  | 每 100 mL 水样中不得检出 | 未检出 |
| 5 | 氟化物 | mg/L | ≤1 | ＜ 0.01 |
| 6 | Cd | mg/L | ≤0.005 | ＜0.001 |
| 7 | $Cr^{6+}$ | mg/L | ≤0.05 | ＜0.004 |
| 8 | Hg | mg/L | ≤0.001 | ＜0.000 1 |
| 9 | COD（以 $O_2$ 计） | mg/L | ≤3 | ＜ 0.1 |
| 10 | 挥发酚类（以苯酚计） | mg/L | ≤0.002 | ＜0.002 |
| 11 | 浑浊度 | NTU | ≤1 | ＜1 |
| 12 | 硫酸盐 | mg/L | ≤250 | ＜0.04 |
| 13 | 氯仿 | mg/L | ≤0.06 | 0.002 5 |
| 14 | 氯化物 | mg/L | ≤250 | 0.60 |
| 15 | Mn | mg/L | ≤0.1 | 0.001 |
| 16 | Pb | mg/L | ≤0.01 | ＜0.005 |
| 17 | 氰化物 | mg/L | ≤0.05 | ＜ 0.002 |
| 18 | TDS | mg/L | ≤1000 | 23 |
| 19 | 肉眼可见物 |  | 不得含有肉眼可见物 | 无 |
| 20 | 色度 | 度 | ≤15，并不得呈现其他异色 | ＜5 |
| 21 | As | mg/L | ≤0.05 | ＜0.001 |
| 22 | 四氯化碳 | mg/L | ≤0.002 | ＜0.000 3 |
| 23 | Fe | mg/L | ≤0.3 | 0.026 |
| 24 | Cu | mg/L | ≤1 | 0.011 |
| 25 | Se | mg/L | ≤0.01 | ＜0.001 |
| 26 | 细菌总数 | CFU/mL | ≤100 | ＜1 |
| 27 | 硝酸盐（以 N 计） | mg/L | ≤20 | ＜0.01 |
| 28 | Zn | mg/L | ≤ 1 | 0.003 |
| 29 | 阴离子合成洗涤剂 | mg/L | ≤0.3 | ＜0.03 |
| 30 | 总α放射性 | Bq/L | ≤0.5 | ＜0.01 |
| 31 | 总β放射性 | Bq/L | ≤1 | 0.01 |
| 32 | 总大肠菌群 |  | 每 100 mL 水样中不得检出 | 未检出 |
| 33 | 总硬度（以 $CaCO_3$ 计） | mg/L | ≤450 | 2.5 |

## 4 农村适用性分析

### 4.1 技术工艺针对性

研究地点的小水厂，采用传统的沉淀、砂滤、加氯消毒的处理工艺，出水存在两个主要问题：①取水口位于距太湖入湖口不远的地方，太湖富营养化导致夏秋季蓝藻暴发，太湖涨潮及风流场引起蓝绿藻倒灌，出厂水有很浓的蓝藻味道。②过量使用氯消毒，出厂水余氯超标严重。

小水厂出水经过反渗透膜组合处理设备的处理，解决了这两个问题。出水已经完全消除了蓝藻味，口感很好。水厂的自来水余氯含量 0.30 mg/L，超过饮用水余氯含量标准 0.05 mg/L 的 5 倍。经过深度处理后，出水的余氯含量达到标准 0.05 mg/L。

研究地点的井水中，溶解性总固体比较高，为 486 mg/L，总硬度也比较高，为 202 mg/L，长期饮用对人体健康会产生不良影响。井水深度处理设备，处理后的水溶解性总固体为 22 mg/L，总硬度为 2.8 mg/L。

研究地点河水的感官指标及微生物指标基本不合格。其中色度、浑浊度、肉眼可见物严重超标，细菌总数 1 200 CFU/mL，超过卫生标准 12 倍，总大肠菌群也严重超标。河水深度处理设备对这些菌类进行了有效处理。

### 4.2 运行管理方便性

三套设备的管理，利用自动控制系统可以无人值守。也可以利用手动操作系统，配合管道系统的控制开关，启动某一子系统的运行。

RO 膜的定期清洗，是保障出水质量、延长设备使用寿命的关键。RO 膜需要根据进水、出水压力差判别标志，定期清洗。UF 膜的清洗，每次运行结束，需要使用清洁水反冲、正冲。这些过程，完全可以设定时间自动进行，完全适应农村管理水平。

### 4.3 经济可承受性

在研究地点，对农民饮用水支付愿望进行了调查。一般家庭用于饮用水每月 20～30 元。利用反渗透膜组合处理设备深度处理产品水，成本是小自来水厂出水的 2 倍，一般家庭每月饮用水支出 40～60 元。在江苏省南部农村，完全可以承受。

## 5 结语

以反渗透膜为主，综合集成超滤、微滤、砂滤、活性炭吸附、紫外线消毒等技术措施，设计的自来水、井水、河水净化设备，具有很好的深度处理功能，能够满足分散型农村供水技术需求。它对于饮用水源的感官性状和一般化学指标、微生物指标、有机物指标，有非常好的处理效果。有针对性地解决了农村 3 种不同饮用水源的突出问题，对于自来水中的余氯、河水中有机物、井水中矿物质，均有很好的去除效果。设备运行状况及处理效果表明，设计的技术方案是成熟的。这些技术设备在解决分散型农村饮用水问题，具有广泛适用性。

## 参考文献

[1] 汪恕诚. 保障饮用水安全保护生命健康[J]. 水利建设与管理，2005（3）：4-14.

[2] 陈昌杰，黄承武，王子石，等. 全国生活饮用水质与水性疾病调查[J]. 中国公共卫生学报，1990，9（1）：7-9.

[3] 高乃云，严敏，乐林生. 饮用水强化处理技术[M]. 北京：化学工业出版社，2005.

[4] 刘茉娥，等. 膜分离技术应用手册[M]. 北京：化学工业出版社，2001.

[5] 卫生部卫生法制与监督司. 生活饮用水卫生规范. 2001.

[6] 中华人民共和国卫生部，中国国家标准化管理委员会. 瓶（桶）装饮用纯净水卫生标准 GB 17324—2003.

# The Applied Research of Reverse Osmosis Membrane on Advanced Purifying of Drinking Water in Decentralized Rural Area

**Abstract:** Based on reverse osmosis membrane technology，three sets of pilot plants which combine the techniques of UF，MF，sand filtration，AC adsorption and UV sterilization are designed and installed to purify the drinking water from different drinking-water sources such as tap water，well water and water from river. The running data shows that the pilot plants have good effects on the treatments of indices such as organic substances，microorganism，color，smell，odor and the residual chloride as well. The results of the research provide a better alternative technique scheme for resolving the problems of safe drinking water in decentralized rural area.

**Key Words:** Reverse Osmosis; Tap Water; Well Water; River Water

# Application of Reverse Osmosis Membrane to Drinking Water Treatment in Rural Areas of Taihu Drainage Basin

In Taihu drainage basin, drinking water sources mainly include river water, reservoir and lake water, puddle and vault water, well water and spring water as well. The major problems of rural drinking water in Taihu drainage basin as follows: the low overall level of rural water supply severely affecting people's health and normal life, insufficient drinking water sources in some rural areas and low guaranteed rate as well as poor-quality rural drinking water.

## 1 Application of reverse osmosis membrane to well water treatment

According to the quality of well water, the water quality objective for further treatment of well water reverse osmosis membrane is to eliminate compound micropollution of shallow groundwater, remove excessive minerals and soften water quality so that the water quality after further treatment reaches the standard of water for direct drinking. Based on this water quality objective, ion exchange and reverse osmosis have been adopted as main technologies for designing the technology of well water further treatment. The equipment has been installed in a farmer house at Dapu Town, with the technology flow shown in Figure 1.

## 2 Membrane treatment technology of river water

In allusion to the characteristics of serious organic pollution and high contents of mud, sand and suspended matter of the river water, integrated technologies of ultra filtration, micro filtration (MF) and reverse osmosis treatment are adopted for the purpose of making the river water quality after further treatment reach the standard of high quality drinking water. The equipment of river water further treatment has been installed by the river of Linzhuanggang Village, Dapu Town, with the technology flow shown in Figure 2.

---

本文发表于《第十三届世界湖泊大会论文集》，557-566。署名的还有：Zhang Yongchun, Tang Xiaoyan, Shen Haifeng, Wang Wenlin (Nanjing Institute of Environmental Sciences, State Environmental Protection Administration).
O Hyun, Kwon James O, Kwon Jun Sang, Song Hyeong Geuk, Moon Tae Young, Pae Hao Jun, Li Sha, He Hyeng Geuk, Moon Young Sil, Lee. (D.M. Puretech Co., Ltd.).

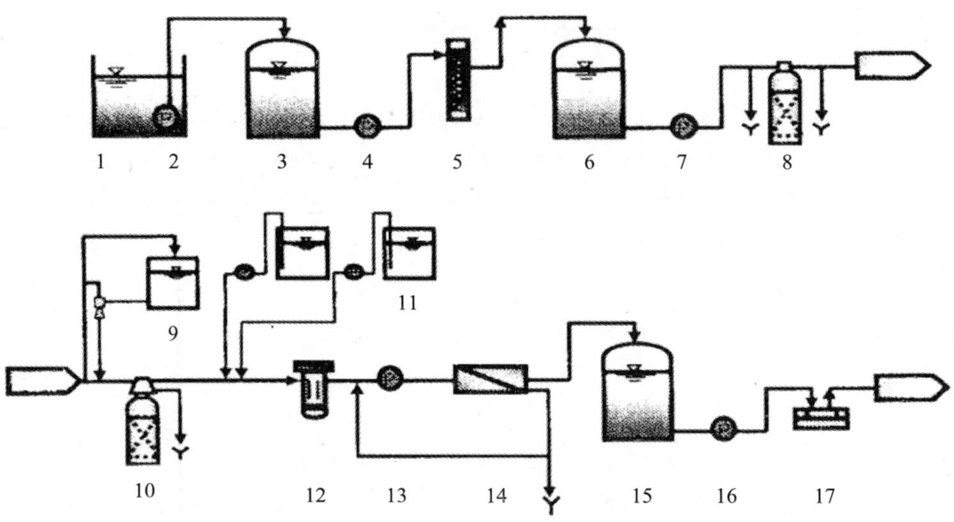


Figure 1　Schematic diagram of technology flow of well water further treatment equipment

In the figure：1. Raw-water pond；2. Raw-water feed pump；3. Raw water tank；4. Raw water pump；5. Ultra filter；6. Filtered water tank；7. R/O feed pump；8. A/C filter；9. Dosing tank；10. Softener；11. Dosing tank；12. Micro filter；13. High-pressure pump；14. Reverse osmosis membrane；15. R/O product water tank；16. R/O product water pump；17. U/V sterilizer

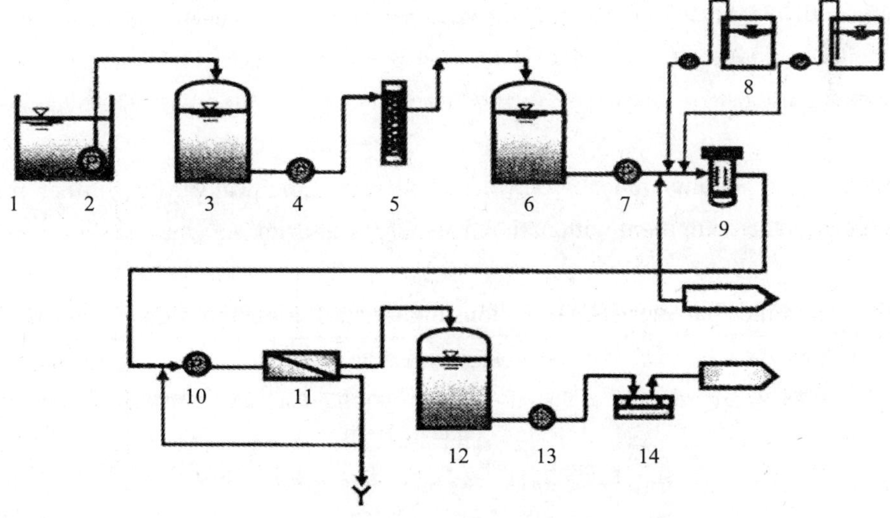


Figure 2　Schematic diagram of technology flow of river water further treatment equipment

In the figure，1. Raw-water pond；2. Raw-water feed pump；3. Raw water tank；4. Raw-water pump；5. Ultra filter unit；6. Filtered water tank；7. R/O feed pump；8. Dosing tank；9. Micro filter（MF）；10. High-pressure pump；11. R/O unit；12. R/O product water tank；13. R/O product water pump；14. U/V sterilizer

## 3 Further treatment technology of Taihu Lake raw water

Based on the main existing problems of Taihu Lake raw water, experimental studies on Taihu Lake raw water further treatment direct drinking were carried out, combined technology focusing on bio-filtration and R/O membrane was designed and corresponding further treatment equipment was assembled. The flow of equipment was designed to be 10 $m^3$/d and water output was designed to be 6 $m^3$/d.

The technology flow of the equipment is shown in Figure 3.

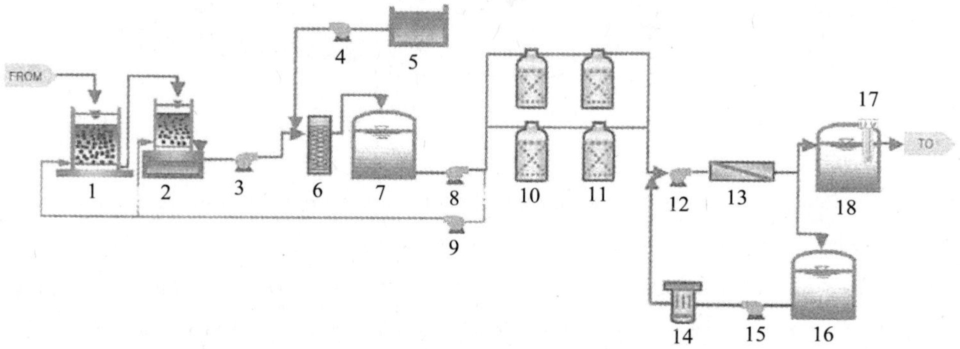


Figure 3 Technology flow diagram of further treatment of Taihu Lake raw water

In the figure: 1. Bio-Filter1; 2. Bio-Filter2; 3. Bio water pump; 4. NaClO-Pump; 5. NaClO-Tank; 6. U/F unit; 7. Raw water tank; 8. R/O feed pump; 9. Back wash pump; 10. A/C Filter; 11. Micro Filter; 12. H/P pump; 13. R/O Unit; 14. CIP Filter; 15. CIP pump; 16. CIP tank; 17. UV sterilizer; 18. R/O Product water tank

Comparison of quality indexes between well water and water after further treatment by combined membrane equipment with national standards of drinking water is shown in Table 1.

Table 1 Comparison among well water, product water and standards of drinking water

| No. | Tested item | Unit | Standards of drinking water by Ministry of Public Health | Well water | Product water after further treatment of well water |
|---|---|---|---|---|---|
| 1 | Al | mg/L | ≤0.2 | 0.061 | <0.020 |
| 2 | pH | | 6.5～8.5 | 7.39 | 6.50 |
| 3 | Smell | | No foreign odor, no peculiar smell | No | Not |
| 4 | Fecal coliform bacteria | | Not detectable in per 100 mL water sample | Not detected | Not detected |
| 5 | Fluoride | mg/L | ≤1 | 0.32 | <0.01 |
| 6 | Cd | mg/L | ≤0.005 | <0.001 | <0.001 |

| No. | Tested item | Unit | Standards of drinking water by Ministry of Public Health | Well water | Product water after further treatment of well water |
|---|---|---|---|---|---|
| 7 | $Cr^{6+}$ | mg/L | ≤0.05 | <0.004 | <0.004 |
| 8 | Hg | mg/L | ≤0.001 | <0.000 1 | <0.000 1 |
| 9 | COD（Calculated by $O_2$） | mg/L | ≤3 | 0.6 | < 0.1 |
| 10 | Volatile phenols（Calculated by phenol） | mg/L | ≤0.002 | <0.002 | <0.002 |
| 11 | Turbidity | NTU | ≤1 | <1 | <1 |
| 12 | Sulphate | mg/L | ≤250 | 93.8 | 0.56 |
| 13 | Chloroform | mg/L | ≤0.06 | 0.019 3 | 0.006 9 |
| 14 | Chloride | mg/L | ≤250 | 63.0 | 0.89 |
| 15 | Mn | mg/L | ≤0.1 | 0.003 | <0.001 |
| 16 | Pb | mg/L | ≤0.01 | <0.005 | <0.005 |
| 17 | Cyanide | mg/L | ≤0.05 | <0.002 | <0.002 |
| 18 | TDS | mg/L | ≤1 000 | 486 | 22 |
| 19 | Objects visible to naked eye | | Objects visible to the naked eye disallowed | No | No |
| 20 | Color | Degree | ≤15，no other peculiar colors allowed | <5 | <5 |
| 21 | As | mg/L | ≤0.05 | <0.001 | <0.001 |
| 22 | Carbon tetrachloride | mg/L | ≤0.002 | 0.000 4 | 0.000 5 |
| 23 | Fe | mg/L | ≤0.3 | 0.073 | 0.009 |
| 24 | Cu | mg/L | ≤1 | 0.003 | <0.002 |
| 25 | Se | mg/L | ≤0.01 | <0.001 | <0.001 |
| 26 | Bacteria count | CFU/mL | ≤100 | 1 300 | <1 |
| 27 | Nitrate（Calculated by N） | mg/L | ≤20 | 10. 6 | 0.12 |
| 28 | Zn | mg/L | ≤ 1 | <0.001 | <0.001 |
| 29 | Anion synthetic detergent | mg/L | ≤0.3 | <0.03 | <0.03 |
| 30 | Total α radioactivity | Bq/L | ≤0.5 | 0.08 | 0.06 |
| 31 | Total β radioactivity | Bq/L | ≤1 | 0.03 | 0.07 |
| 32 | Total coliforms | | Not detectable in per 100 mL water sample | 23 | Not detected |

With quality of outlet water following operating river water further treatment equipment stabilized，sample water for analysis. Comparison of quality indices of river water and further treated water with standards of drinking water shown in Table 2.

Table 2 Comparison among river water, product water and standards of drinking water

| No. | Tested item | Unit | Standard of drinking water by Ministry of Public Health | River water | Product water after further treatment of river water |
|---|---|---|---|---|---|
| 1 | Al | mg/L | ≤0.2 | 0.111 | <0.020 |
| 2 | pH | | 6.5~8.5 | 7.44 | 6.50 |
| 3 | Smell | | No foreign odor, no peculiar smell | Earthy smell | Not |
| 4 | Fecal coliform bacteria | | Not detectable in per 100 mL water sample | Not detected | Not detected |
| 5 | Fluoride | mg/L | ≤1 | 0.55 | < 0.01 |
| 6 | Cd | mg/L | ≤0.005 | <0.001 | <0.001 |
| 7 | $Cr^{6+}$ | mg/L | ≤0.05 | <0.004 | <0.004 |
| 8 | Hg | mg/L | ≤0.001 | <0.000 1 | <0.000 1 |
| 9 | COD (Calculated as $O_2$) | mg/L | ≤3 | 3.4 | < 0.1 |
| 10 | Volatile phenols (Calculated as phenol) | mg/L | ≤0.002 | 0.017 | <0.002 |
| 11 | Turbidity | NTU | ≤1 | 5 | <1 |
| 12 | Sulphate | mg/L | ≤250 | 58.6 | <0.04 |
| 13 | Chloroform | mg/L | ≤0.06 | 0.003 5 | 0.002 5 |
| 14 | Chloride | mg/L | ≤250 | 80.7 | 0.60 |
| 15 | Mn | mg/L | ≤0.1 | 0.224 | 0.001 |
| 16 | Pb | mg/L | ≤0.01 | <0.005 | <0.005 |
| 17 | Cyanide | mg/L | ≤0.05 | <0.002 | < 0.002 |
| 18 | TDS | mg/L | ≤1 000 | 311 | 23 |
| 19 | Objects visible to naked eye | | Objects visible to the naked eye disallowed | Precipitation of moderate brown floccule | Not |
| 20 | Chroma | Degree | ≤15, no other peculiar colors allowed | 35 | <5 |
| 21 | As | mg/L | ≤0.05 | <0.001 | <0.001 |
| 22 | Carbon tetrachloride | mg/L | ≤0.002 | <0.000 3 | <0.000 3 |
| 23 | Fe | mg/L | ≤0.3 | 0.453 | 0.026 |
| 24 | Cu | mg/L | ≤1 | 0.003 | 0.011 |
| 25 | Se | mg/L | ≤0.01 | <0.001 | <0.001 |
| 26 | Bacteria count | CFU/mL | ≤100 | 200 | <1 |
| 27 | Nitrate (Calculated as N) | mg/L | ≤20 | 2.28 | <0.01 |
| 28 | Zn | mg/L | ≤ 1 | <0.001 | 0.003 |
| 29 | Anion synthetic detergent | mg/L | ≤0.3 | <0.03 | <0.03 |
| 30 | Total α radioactivity | Bq/L | ≤0.5 | 0.01 | <0.01 |
| 31 | Total β radioactivity | Bq/L | ≤1 | 0.08 | 0.01 |
| 32 | Total coliform bacteria colony | | Not detectable in per 100 mL water sample | 920 | Not detected |
| 33 | Total hardness (Calculated as $CaCO_3$) | mg/L | ≤450 | 174 | 2.5 |

Comparison between treated water and standards of purified water shown in Table 3.

Table 3　Comparison of product water and hygienic standards of bottled（barreled）drinking purified water

| Item | | GB 17324—2003 *Hygienic Standard of Bottled Purified Water for Drinking* | R/O equipment further treated product water | Comparison |
|---|---|---|---|---|
| Sensory indexes | Chroma and degree/≤ | 5，no other peculiar colors allowed | <5 | Superior to the standard |
| | Turbidity/（NTU ≤） | 1 | <1 | Superior to the standard |
| | Smell | No foreign odour and peculiar smell | No foreign odour and peculiar smell | Conform to the standard |
| | Objects visible to the naked eye | Not detectable | No | Conform to the standard |
| Physiochemical indexes | pH value | 5.0～7.0 | 6.75 | Conform to the standard |
| | Conductance ratio/（μS/cm ≤） | 10 | 9 | Superior to the standard |
| | Consumption of potassium permanganate/（mg/L≤） | 1.0 | Not tested | |
| | Chloride/（mg/L≤） | 6.0 | 2.52 | Superior to the standard |
| | Nitrite/（mg/L≤） | 0.002 | Not tested | |
| | Carbon tetrachloride/（mg/L≤） | 0.001 | 0.000 3 | Superior to the standard |
| | Lead/（mg/L≤） | 0.01 | 0，005 | Superior to the standard |
| | Total arsenic/（mg/L≤） | 0.01 | 0.001 | Superior to the standard |
| | Copper/（mg/L≤） | 1.0 | <0.002 | Superior to the standard |
| | Cyanide/（mg/L≤） | 0.002 | 0.002 | Conform to the standard |
| | Volatile phenols（calculated as phenol）/（mg/L≤） | 0.002 | 0.002 | Conform to the standard |
| | Trichloromethane/（mg/L≤） | 0.02 | 0.000 6 | Superior to the standard |
| | Free chlorine/（mg/L≤） | 0.005 | Not tested | |

| Item | | GB 17324—2003 *Hygienic Standard of Bottled Purified Water for Drinking* | R/O equipment further treated product water | Comparison |
|---|---|---|---|---|
| Microorganism indexes | Bacterial count/（CFU/mL ≤） | 20 | <1 | Superior to the standard |
| | Coliforms/（MPN/100 mL ≤） | 3 | Not detected | Superior to the standard |
| | Pathogenic bacteria（Refers to intestinal pathogenic bacteria and pathogenic cocci） | Not detectable | Not detected | Conform to the standard |
| | Mold and microzyme/（CFU/mL） | Not detectable | Not detected | Conform to the standard |

In allusion to the characteristics of serious organic pollution and high contents of mud，sand and suspended matter of the river water，integrated technologies of ultrafiltration（UF），microfiltration（MF）and reverse osmosis treatment are adopted in designing the further treatment equipment for river water. Aimed at the main problems of organic compound polluted water source in Taihu Lake，combined technology focusing on bio-filtration and R/O membrane has been designed and the corresponding further treatment equipment assembled. Three sets of equipments have good effects on the treatments for purifying water. The product water has reached the standard of direct drinking water by the further treatment of raw water from Taihu Lake and well water. The high-quality drinking water is reached by the further treatment of river water.

# 太湖源水深度处理直饮的技术工艺

**摘要：**针对太湖有机复合污染饮用水源的主要问题，设计了生物过滤、反渗透膜为主的组合技术工艺。工艺包括：曝气生物滤池前处理系统；超滤、微滤、反渗透膜组合处理系统；紫外消毒产品水出水系统。在设计中着重解决了关键部分的设计：生物滤池前处理系统；膜组合处理系统优化；清洗系统；自动控制系统。设备运行结果表明，所设计的技术工艺是适合太湖有机污染富营养化源水的深度净化处理，产品水可以达到高品质直饮水的标准。试验研究为太湖源水的深度净化，找到了一条可行的技术途径。

**关键词：**太湖源水；反渗透膜；技术工艺

太湖是沿岸的苏州、无锡、湖州的饮用水水源地。2007 年春季太湖蓝藻暴发，引发的饮用水问题，引起党和国家领导高度重视和社会的广泛关注。针对太湖有机复合污染水源，设计了曝气生物滤池与膜系统组合处理工艺，组装了处理设备，进行了运行与处理效果研究，探索了太湖源水深度净化直饮的技术途径。

## 1 太湖源水水质

按照饮用水国家标准的指标，对太湖源水的水质进行了检测，检测结果见表 1。

表 1 太湖源水水质

| 编号 | 检验项目 | 单位 | 太湖源水 |
|---|---|---|---|
| 1 | pH | | 7.70 |
| 2 | 臭和味 | | 蓝藻味 |
| 3 | 氟化物 | mg/L | 0.5 |
| 4 | Cd | mg/L | ＜0.001 |
| 5 | $Cr^{6+}$ | mg/L | ＜0.004 |
| 6 | Hg | mg/L | ＜0.000 1 |
| 7 | 耗氧量（$OD_{Mn}$法，以 $O_2$ 计） | mg/L | 2.4 |
| 8 | 挥发酚类（以苯酚计） | mg/L | ＜0.002 |
| 9 | 浑浊度 | NTU | 400 |
| 10 | 硫酸盐 | mg/L | 70.0 |
| 11 | Al | mg/L | 3.22 |
| 12 | 氯化物 | mg/L | 43.2 |
| 13 | Mn | mg/L | 0.36 |
| 14 | Pb | mg/L | ＜0.008 |

| 编号 | 检验项目 | 单位 | 太湖源水 |
|---|---|---|---|
| 15 | 氰化物 | mg/L | ＜0.002 |
| 16 | TDS | mg/L | 295 |
| 17 | 肉眼可见物 | | 大量泥沙沉淀 |
| 18 | 三氯甲烷 | | ＜0.000 6 |
| 19 | 色度 | 度 | 灰色 |
| 20 | As | mg/L | ＜0.001 |
| 21 | 四氯化碳 | mg/L | 0.000 3 |
| 22 | Fe | mg/L | 0.57 |
| 23 | Cu | mg/L | 0.014 |
| 24 | Se | mg/L | ＜0.001 |
| 25 | 硝酸盐（以 N 计） | mg/L | 1.15 |
| 26 | Zn | mg/L | 0.001 |
| 27 | 阴离子合成洗涤剂 | mg/L | ＜0.03 |
| 28 | 总α放射性 | Bq/L | 0.13 |
| 29 | 总β放射性 | Bq/L | 0.05 |
| 30 | 总硬度（以 $CaCO_3$ 计） | Mg/L | 127 |
| 31 | 总大肠菌群 | MPN/100 mL | 170 |
| 32 | 大肠埃希氏菌 | MPN/100 mL | 12 |
| 33 | 菌落总数 | CFU/mL | 2000 |
| 34 | 耐热大肠菌群 | MPN/100 mL | 170 |

## 2 太湖源水深度处理工艺

1993 年国家制定并颁布实施了《生活饮用水源水质标准》。按照这一标准，作为饮用水源的太湖源水存在如下的问题：

（1）蓝藻味很浓。根据太湖源水检测结果可知，太湖源水有很浓的蓝藻味。

（2）浑浊度高。太湖源水的浑浊度为 400 度（NTU），国家饮用水源水质标准为≤3 度（NTU），超过国家标准 133 倍。

（3）肉眼可见物明显。在太湖源水中含有大量泥沙沉淀，不符合饮用水源水质标准。

（4）有异色。国家饮用水源水质标准规定：色度不超过 15 度，并不得呈现其他异色。而太湖源水的颜色为灰色。

（5）菌群数量高。是国家饮用水源水质标准的 2 倍。

### 2.1 工艺流程

针对太湖源水存在的主要问题，设计了以生物过滤、反渗透膜为主的组合工艺，组装了相应的深度处理设备。设备的设计流量为 10 $m^3$/d，设计产水量 6 $m^3$/d。设备的工艺流程如图 1 所示。

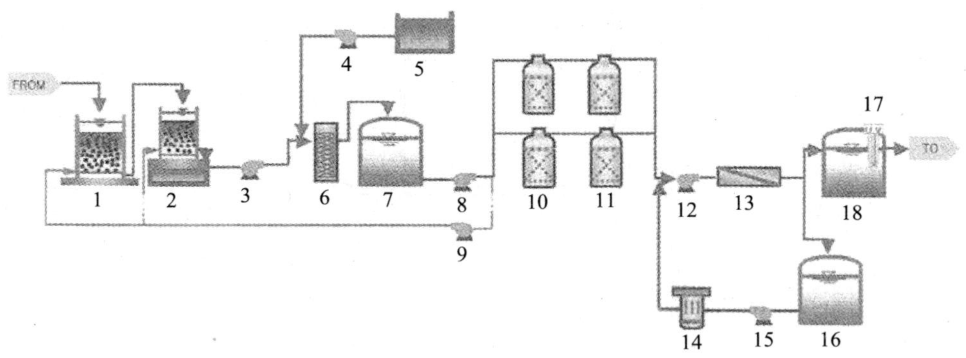


1. Bio-Filter1——生物滤池 1
2. Bio-Filter2——生物滤池 2
3. Bio water pump ——生物滤池出水泵
4. NaClO-Pump——NaClO 泵
5. NaClO-Tank ——NaClO 罐
6. U/F unit——超滤
7. Raw water tank ——原水罐
8. R/O feed pump——反渗透供水泵
9. Back wash pump ——反冲泵
10. A/C Filte——活性炭
11. Micro Filte ——微滤
12. H/P pump ——高压泵
13. R/O Unit ——反渗透膜
14. CIP Filte ——清洗液滤膜
15. CIP pump ——清洗泵
16. CIP tank ——清洗液罐
17. UV——紫外消毒
18. R/O Product water tank ——反渗透产品水

**图 1 太湖源水深度处理工艺流程**

如图 1 所示，技术工艺包括：曝气生物滤池前处理系统（1—2）；超滤、微滤、反渗透膜组合处理系统（3—16）；紫外消毒产品水出水系统（17—18）。

## 2.2 关键技术工艺设计

膜技术应用太湖有机复合污染水源处理，必须解决好前处理、清洗、系统优化组合等工艺设计，这些是膜技术应用于太湖源水处理的关键。

### 2.2.1 生物滤池前处理系统设计

根据太湖源水特征，采用反渗透膜处理设备的关键是要进行前处理。太湖源水深度处理工艺前处理部分，采用曝气生物滤池（BAF）水处理技术。曝气生物滤池结构见图 2。

BAF 采用降流式，分两层，上层为曝气系统、填料，下层为处理后的储水设施。填料为螺旋形聚乙烯塑料，具有重量轻、比表面大、半浮于水的特点，为微生物的理想栖息处。BAF 具有脱氮、去除有机污染、降低悬浮物很强的功能，保障膜组合系统对水质的基本要求。

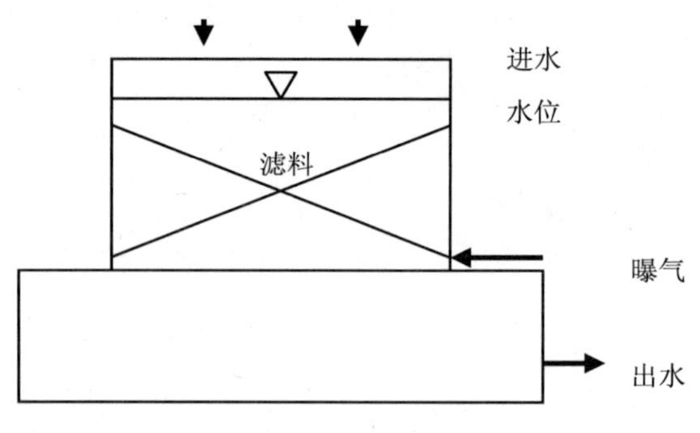


图 2 曝气生物滤池结构

### 2.2.2 膜处理系统优化设计

膜处理系统包括超滤、微滤、反渗透 3 部分。在膜系统设计中膜通量均衡是应该考虑的重要问题。膜通量失衡，将会造成各个部分膜负荷不均，产水效率严重下降。在膜处理系统的设计中，对超滤、微滤、反渗透 3 部分，采用选择通量相当膜元件配置和分段供压的设计方法。首先选配通量匹配的超滤、微滤、反渗透膜元件，再根据其供压要求配置加压泵，这样保证了超滤、微滤、反渗透 3 部分膜通量的均衡，保障了 3 部分运行的协调性。

膜处理系统设计第 2 个应考虑的问题是系统优化。膜处理系统优化设计分两个步骤，一是确定优化目标，二是进行多方案比选。优化目标选取出水水质、产水率、运行成本，即出水水质要好、产水率要高、运行成本要低。根据 3 个目标，加权求和综合评分，进行多方案比选，确定最优方案。

### 2.2.3 清洗系统设计

膜污染是膜使用的必然现象，也是不可忽视应认真解决的问题。由于膜污染，会使膜给水侧膜表面的溶液浓度高于给水侧湍流主体平均溶液浓度，即产生浓差极化现象。解决膜浓差极化问题，主要的技术措施是设计清洗系统，对膜元件定期清洗。

清洗系统设计 3 套方案。第 1 套是设计用次氯酸钠（NaClO）对 UF 膜消毒灭菌。当 UF 工艺启动（关闭）时，NaClO 添加系统即自动启动（关闭），为 UF 膜提供 NaClO 溶液。第 2 套方案是设计用碱溶液为 RO 膜定期清洗的 CIP 系统，当反渗透膜产水量较之正常值下降 15%以上或运行压力较之正常值上升 15%以上，手动 CIP 系统，0.1% NaOH 溶液对反渗透膜进行清洗。第 3 套方案是设计反冲回路，当每天运行结束，用净水对 UF、RO 膜反冲洗。

### 2.2.4 自动控制系统设计

整套设备的控制，设计了可编程控制器自动控制系统。采集工艺流程中传感器（水位、压力、流量）的反馈信号，经过运算处理后，进行各个部分的协调与控制。在控制系统与配电系统箱的面板上，有水位、风机、水泵、不同膜处理单元工作状态显示器，显示设备各个系统动态过程。与此同时，设计手动控制系统，进行设备不同部分的控制操作。当设备出现异常情况，蜂鸣器发出警报时，可以利用手动紧急制动。设备采用手动与自动控制两套控制系统，方便了操作管理，可以实施无人值守。

# 3 处理效果

## 3.1 产品水水质

太湖源水深度处理后，产品水与卫生部《生活饮用水水质卫生规范（2001）》比较见表 2。从比较可以看出，太湖源水经过设备处理的产品水，8 项指标符合卫生部饮用水标准，其余 26 项指标优于卫生部饮用水标准。

表 2 太湖源水深度处理产品水与卫生部饮用水水质卫生规范比较

| 编号 | 检验项目 | 单位 | 生活饮用水水质卫生规范（2001） | 太湖源水深度处理产品水 |
|---|---|---|---|---|
| 1 | pH | | 6.5～8.5 | 7.95 |
| 2 | 臭和味 | | 无异臭，无异味 | 无 |
| 3 | 氟化物 | mg/L | ≤1 | <0.03 |
| 4 | 镉 | mg/L | ≤0.005 | <0.001 |
| 5 | 铬（六价） | mg/L | ≤0.05 | <0.001 |
| 6 | 汞 | mg/L | ≤0.001 | <0.000 1 |
| 7 | 耗氧量（$COD_{Mn}$法，以 $O_2$ 计） | mg/L | ≤3 | <0.3 |
| 8 | 挥发酚类（以苯酚计） | mg/L | ≤0.002 | <0.002 |
| 9 | 浑浊度 | NTU | ≤1 | <0.5 |
| 10 | 硫酸盐 | mg/L | ≤250 | 2.51 |
| 11 | 铝 | mg/L | ≤0.2 | <0.020 |
| 12 | 氯化物 | mg/L | ≤250 | 2.52 |
| 13 | 锰 | mg/L | ≤0.1 | <0.001 |
| 14 | 铅 | mg/L | ≤0.01 | <0.005 |
| 15 | 氰化物 | mg/L | ≤0.05 | <0.002 |
| 16 | 溶解性总固体 | mg/L | ≤1 000 | 26 |
| 17 | 肉眼可见物 | | 不得含有肉眼可见物 | 无 |
| 18 | 三氯甲烷 | mg/L | ≤0.06 | <0.000 6 |
| 19 | 色度 | 度 | ≤15，并不得呈现其他异色 | 符合 |
| 20 | 砷 | mg/L | ≤0.05 | <0.001 |
| 21 | 四氯化碳 | mg/L | ≤0.002 | <0.000 3 |
| 22 | 铁 | mg/L | ≤0.3 | 0.008 |
| 23 | 铜 | mg/L | ≤1 | <0.002 |
| 24 | 硒 | mg/L | ≤0.01 | <0.001 |
| 25 | 硝酸盐（以 N 计） | mg/L | ≤20 | 0.07 |

| 编号 | 检验项目 | 单位 | 生活饮用水水质卫生规范（2001） | 太湖源水深度处理产品水 |
|---|---|---|---|---|
| 26 | 锌 | mg/L | ≤ 1 | <0.001 |
| 27 | 阴离子合成洗涤剂 | mg/L | ≤0.3 | <0.03 |
| 28 | 总α放射性 | Bq/L | ≤0.5 | 0.01 |
| 29 | 总β放射性 | Bq/L | ≤1 | 0.06 |
| 30 | 总硬度（以 $CaCO_3$ 计） | mg/L | ≤450 | 12 |
| 31 | 总大肠菌群 | MPN/100 mL | 不得检出 | 未检出 |
| 32 | 大肠埃希氏菌 | MPN/100 mL | 不得检出 | 未检出 |
| 33 | 菌落总数 | CFU/mL | ≤100 | <1 |
| 34 | 耐热大肠菌群 | MPN/100 mL | 不得检出 | 未检出 |

太湖源水深度处理后，产品水与国家《瓶（桶）装饮用纯净水卫生标准》比较见表 3。

**表 3 太湖源水深度处理产品水与瓶（桶）装饮用纯净水卫生标准比较**

| 项 目 | | GB 17324—2003 瓶（桶）装饮用纯净水卫生标准 | 反渗透膜设备深度处理产品水 | 比 较 |
|---|---|---|---|---|
| 感官指标 | 色度/（度 ≤） | 5，不得呈现其他异色 | <5 | 优于标准 |
| | 浊度/（NTU ≤） | 1 | <1 | 优于标准 |
| | 臭和味 | 无异味、异臭 | 无异味、异臭 | 符合标准 |
| | 肉眼可见物 | 不得检出 | 无 | 符合标准 |
| 理化指标 | pH | 5.0～7.0 | 6.75 | 符合标准 |
| | 电导率/（μS /cm ≤） | 10 | 9 | 优于标准 |
| | 高锰酸钾消耗量/（mg/L ≤） | 1.0 | 未测 | |
| | 氯化物/（mg/L ≤） | 6.0 | 2.52 | 优于标准 |
| | 亚硝酸盐/（mg/L ≤） | 0.002 | 未测 | |
| | 四氯化碳/（mg/L ≤） | 0.001 | 0.000 3 | 优于标准 |
| | 铅/（mg/L ≤） | 0.01 | 0.005 | 优于标准 |
| | 总砷/（mg/L ≤） | 0.01 | 0.001 | 优于标准 |
| | 铜/（mg/L ≤） | 1.0 | <0.002 | 优于标准 |
| | 氰化物/（mg/L ≤） | 0.002 | 0.002 | 符合标准 |
| | 挥发酚（以苯酚计）/（mg/L ≤） | 0.002 | 0.002 | 符合标准 |
| | 三氯甲烷/（mg/L ≤） | 0.02 | 0.000 6 | 优于标准 |
| | 游离氯/（mg/L ≤） | 0.005 | 0 | 优于标准 |
| 微生物指标 | 菌落总数/（CFU/mL ≤） | 20 | <1 | 优于标准 |
| | 大肠菌群/（MPN/100 mL ≤） | 3 | 未检出 | 优于标准 |
| | 致病菌（系指肠道致病菌和致病性球菌） | 不得检出 | 未检出 | 符合标准 |
| | 霉菌、酵母菌/（CFU/mL） | 不得检出 | 未检出 | 符合标准 |

GB 17324—2003 瓶（桶）装饮用纯净水卫生标准 21 项指标，太湖源水经过处理设备处理后，产品水经检测，除高锰酸钾消耗量、亚硝酸盐两项指标未测，其余检测的 19 项指标，12 项优于标准，7 项符合标准。根据检测结果，处理后的产品水基本达到直饮水的标准。

## 3.2 沿流程处理效果变化

沿工艺流程，选择浑浊度、$COD_{Mn}$、电导率 3 个指标测试，结果如图 3、图 4、图 5 所示。由图表明，反渗透膜是太湖源水深度处理的关键工艺。

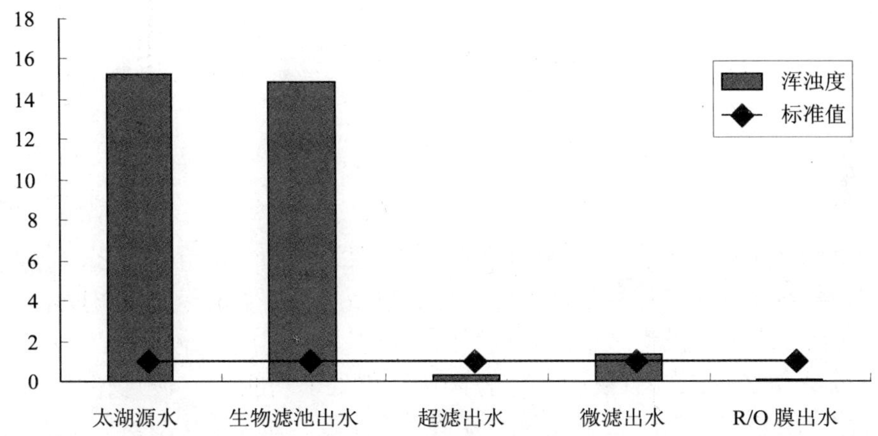


**图 3　浑浊度沿流程变化**

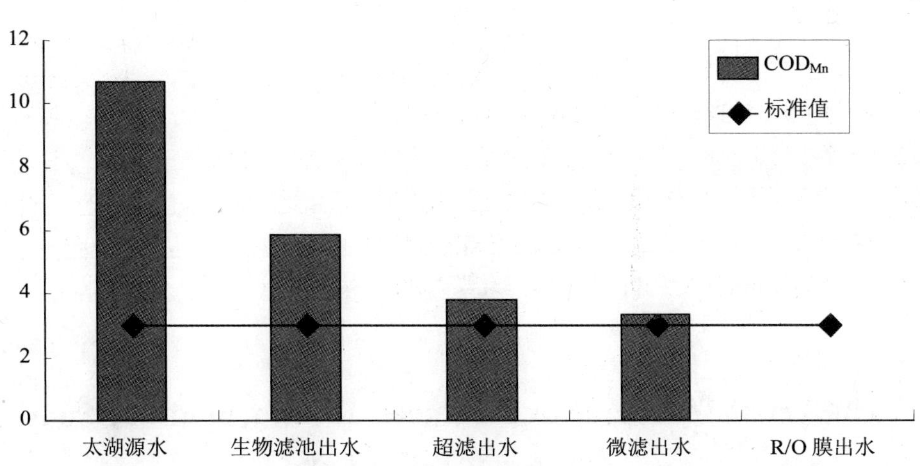


**图 4　$COD_{Mn}$ 沿流程变化**

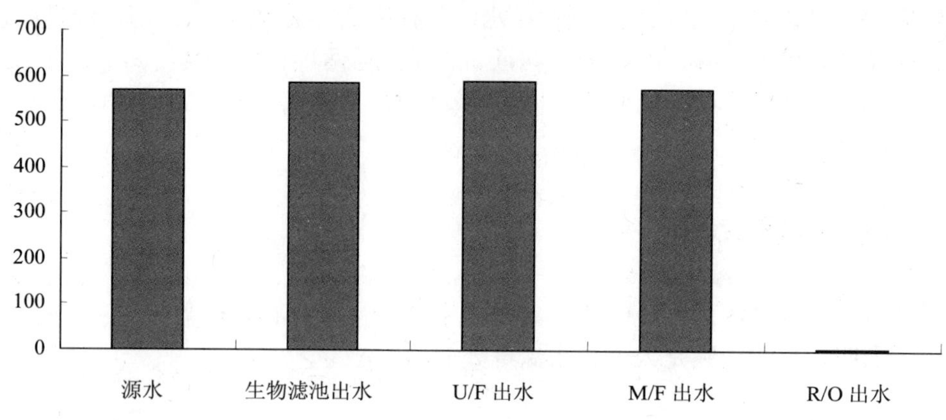


图 5　电导率沿流程变化

## 4　结语

设备运行和出水结果表明，生物过滤、反渗透膜为主的优化组合工艺，是适合太湖有机污染富营养化源水的深度净化处理，可以达到高品质直饮水的标准。在技术工艺的设计中，曝气生物滤池是膜系统有效的前处理系统，可以达到进膜系统水质的要求。3 套清洗系统解决有机复合污染水源对膜的污染，保障膜正常处理功能。曝气生物滤池和清洗系统，是膜系统应用于有机复合污染源水处理的可靠技术保障。在超滤、微滤、反渗透膜组合处理系统中，反渗透膜处理是水质达到直饮标准的关键工艺。

### 参考文献

[1] 卫生部卫生法制与监督司. 生活饮用水卫生规范. 2001.

[2] 瓶（桶）装饮用纯净水卫生标准. GB 17324—2003.

[3] 刘茉娥，等. 膜分离技术应用手册[M]. 北京：化学工业出版社，2001.

[4] 高乃云，严敏，乐林生. 饮用水强化处理技术[M]. 北京：化学工业出版社，2005.

[5] 董秉直，曹达文，陈艳. 饮用水膜深度处理技术[M]. 北京：化学工业出版社，2006.

[6] 靖大为. 反渗透系统优化设计[M]. 北京：化学工业出版社，2006.

## The Art of Technique in Advanced Treatment on the Source Water of Taihu Lake

**Abstract:** Aiming at the problem of organic complex pollution in drinking source water of Taihu Lake, the art of techniques for treating drinking water with bio-filter and osmosis membrane is developed, which include the pre-treatment system with airing bio-filter, the combined treatment system with Ultra-filtration（UF）, Micro-filtration（MF）, the Reverse osmosis membrane（RO）and the Product water system with ultraviolet sterilization as well. The key part of the art design is concentrated and settled such as the pretreatment of bio-filter system, combined membranes treatment optimization, washing and backwashing system and automatic control system. The result shows that the technique is suitable and reliable for the organic substances polluted and eutrophic source water of Taihu Lake. The product of the output water is sound and qualified to the standard of direct drinking water. It is believed that the art could be an available technique on advanced treatment for drinking water with such kind of water as Taihu Lake.

**Key Words:** The Source Water of Taihu Lake; Reverse Osmosis Membrane; The Art of Technique

# 其他研究

◆ 渭河盆地的地质构造与构造地貌类型
◆ 废纸再生及造纸业循环经济激励政策研究
◆ 江苏省发展农业循环经济途径的初步探讨
◆ 以沙产业为基础的生态工业园——沙区经济发展的新模式
◆ 长江中下游地区湿地生态农业开发模式

# 渭河盆地的地质构造与构造地貌类型

**摘要：** 渭河盆地位于祁吕系、秦岭纬向构造体系、华夏系、陇西旋卷构造四大构造体系交汇地带，这种地质构造背景是形成盆地构造地貌的基础。按照构造—成因分类原则，对本区构造地貌划分为两级8个类型，又按新构造运动特点划分出相应的亚类。这些地貌类型分布具有东西延伸成带，南北对称，垂向成层具阶梯状的空间配置特点。渭河盆地在四大构造体系制约下，其地堑构造是决定地貌空间配置的主要原因。

**关键词：** 构造体系；构造地貌；渭河盆地

渭河盆地位于陕西省中部，西起宝鸡陇县，东止于韩城—潼关黄河西岸，北以嵯峨山、岷山、象山山前断裂连线为界，南以秦岭北坡断裂为界。东西长约360 km，东部宽70 km，西部南北宽 20 km，总面积为 22 000 $km^2$。盆地平面轮廓似三角形，为一复式断陷盆地，盆地地质构造复杂，断块山、断块台塬、断块平原构造地貌典型。

## 1 构造地貌类型

### 1.1 渭河盆地的构造体系

渭河盆地在大地构造体系中，位于祁吕贺山字形构造体系的前弧弧顶及东翼转折部位，秦岭纬向构造体系的北缘，华复系第三沉降带，陇西旋卷构造的外围。盆地处于四大构造体系的交汇地带，这四大体系相互交错、复合、反接，构成了一幅复杂的网络。它是盆地地貌的骨架，控制着地貌的发育。

如图1所示，与构造地貌发育关系密切和较密切的断层及隐伏断层，纬向构造体系有7条，新华夏系有6条，陇西系有5条，祁吕系有9条。

$\mathrm{I}_1$ 杜康沟断裂
$\mathrm{I}_2$ 口镇关山断裂
$\mathrm{I}_3$ 秦岭北坡断裂
$\mathrm{I}_4$ 渭南泾阳断裂
$\mathrm{I}_5$ 零口断裂
$\mathrm{I}_6$ 兰田断裂
$\mathrm{I}_7$ 余下断裂

$\mathrm{II}_1$ 禹门口华阴断层
$\mathrm{II}_2$ 永丰华县断裂
$\mathrm{II}_3$ 白水狄寨断裂
$\mathrm{II}_4$ 耀县马召断裂
$\mathrm{II}_5$ 岐山断裂
$\mathrm{II}_6$ 渭北阶梯断裂

$\mathrm{III}_1$ 县功西峡石断层
$\mathrm{III}_2$ 县功北宝鸡断裂
$\mathrm{III}_3$ 千阳东虢镇断裂
$\mathrm{III}_4$ 千阳陇县断裂
$\mathrm{III}_5$ 岐山马召断裂

$\mathrm{IV}_1$ 渭河断裂
$\mathrm{IV}_2$ 韩城象山断裂
$\mathrm{IV}_3$ 巴邑断裂
$\mathrm{IV}_4$ 党睦断裂
$\mathrm{IV}_5$ 尚村狄寨断裂
$\mathrm{IV}_6$ 斗门临潼断裂
$\mathrm{IV}_7$ 双泉临猗断裂
$\mathrm{IV}_8$ 礼泉梁村断裂
$\mathrm{IV}_9$ 乾县宝鸡断裂

本文发表于《地理研究》，1989，8（4）：56-64。

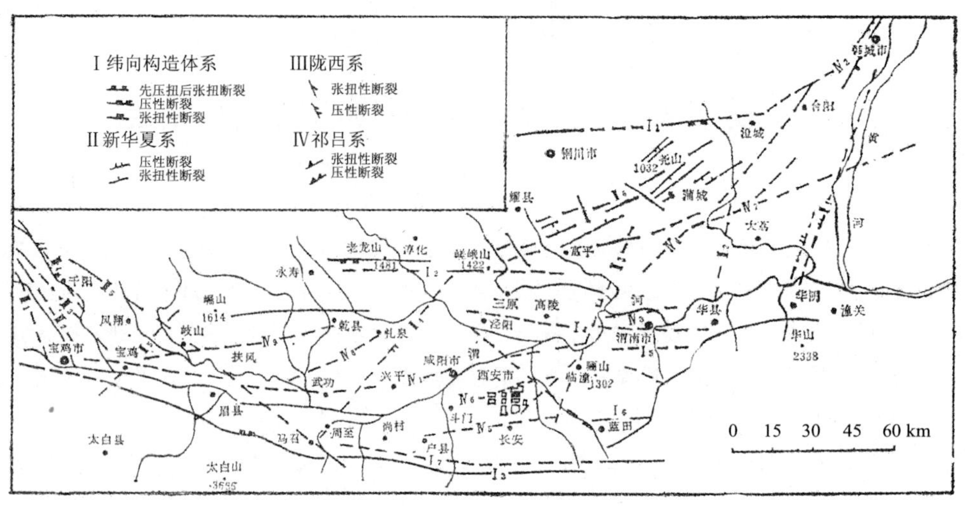


**图 1 渭河盆地构造体系（根据陕西省构造体系图编绘）**

## 1.2 构造地貌类型

渭河盆地构造地貌类型是按照构造—形态分类原则划分的。地质构造是形成地貌的基础，对于地貌有控制作用。上新世以来渭河盆地新构造运动十分活跃，新构造运动对地貌的影响，一是继承性，即加深强化各地貌类型的差异性，加大地貌反差，使一些地貌类型发生变形变位。二是新生性，即产生一些新地貌类型。从以上两点出发，兼顾地貌形态一致性，渭河盆地构造地貌分类如下：

断块构造地貌（Ⅰ级单位）

- Ⅰ$_1$ 断块山
  - Ⅰ$_1^1$ 褶皱断块山
  - Ⅰ$_1^2$ 断翘断块山
  - Ⅰ$_1^3$ 地垒断块山
- Ⅰ$_2$ 断块台塬
  - Ⅰ$_2^1$ 断块高台塬
  - Ⅰ$_2^2$ 断块低台塬
- Ⅰ$_3$ 断块平原
  - Ⅰ$_3^1$ 下沉断块平原
  - Ⅰ$_3^2$ 强烈下沉断块平原

断层线构造地貌（Ⅱ级单位）

- Ⅱ$_1$ 断层崖
  - Ⅱ$_1^1$ 高断层崖
  - Ⅱ$_1^2$ 低断层崖
- Ⅱ$_2$ 断层峡谷
  - Ⅱ$_2^1$ V 型谷
  - Ⅱ$_2^2$ 多重套谷
- Ⅱ$_3$ 构造洼地
- Ⅱ$_4$ 黄土塬陡坎
  - Ⅱ$_4^1$ 高黄土塬陡坎
  - Ⅱ$_4^2$ 低黄土塬陡坎
- Ⅱ$_5$ 断层河谷

## 1.3 主要构造地貌类型特征及分布

$\mathrm{I}_1$ 断块山　渭河盆地周边及盆地内部，有不同性质不同走向的断裂，它们相互切割基岩形成断块山。以盆地周边断裂为界，划分为盆内断块山与盆缘断块山。盆缘断块山北部有关山、黄梅山、崛山、嵯峨山、象山等断块山。南部有大散关、太白山、终南山、华山等断块山。盆内有尧山、骊山等断块山。对其中典型的断块山描述如下：

骊山断块山　海拔 1 302.2 m，是前震旦纪石英岩、正片麻岩、片麻状花岗岩及基性侵入岩为基底，上覆黄土的断块低山。骊山是由北、西、南三面断层围限的地垒断层山，骊山北侧大断层走向 N80°E，西部有一系列平行的北北东向的正断层，主要有马坪沟-石瓮寺正断层、牡丹沟正断层、老君殿西侧正断层、红土沟正断层等，南侧有一隐伏正断层。

尧山断块山　海拔 1 302 m，系奥陶系薄层灰岩组成的断块低山。岩层北倾，倾角 3°～5°，山脉走向受断层控制呈 N60°E 延伸，山体南坡陡、北坡缓。南部以断层崖和洪积台地相接，北坡上覆黄土。尧山是蒲城阶梯断层形成的地垒构造的一部分，南部上翘 3°～5°，为一南仰北俯的地垒构造山。

嵯峨山断块山　高 1 422.7 m，主要由寒武奥陶系灰岩、二叠系石千峰统红色砂岩组成，上覆黄土，起伏和缓，是燕山运动形成的褶皱断块山。在南北强烈挤压下形成逆断层，走向东西。

渭河盆地断块山可分为 3 类，以嵯峨山为代表的褶皱断块山，以尧山为代表的断翘断块山，以骊山为代表的地垒式断块山。这 3 种类型断块山反映了盆地新构造运动褶皱上升、掀斜式上升和差异性断块升降 3 种形式，亦反映了盆地新构造运动性质的区域差异性。

$\mathrm{I}_2$ 断块台塬　渭河盆地断块台塬以四大构造体系相互交切的断块为基础，为第四纪中更新世-晚更新世风力搬运的黄土所超覆，形成平缓的台状地-断块台塬。

黄土台塬分布于渭河南北，北部塬面宽而连续，南部窄而不连续。按照自然界线和人们习惯称呼，大小有 14 块台塬，形态特征见表 1。

由表列塬面平均高度，可以看出盆地断块塬具有成层性，以平均高度 700 m 为界限可分为高台塬与低台塬。断块塬面坡度平缓和成层的特征，反映了新构造运动具有缓慢差异上升的特点。

**表 1　渭河盆地黄土台塬形态特征**

| 编号 | 形态特征 / 塬名 | 平均高度/m | 塬面相对高度/m | 塬面平均坡度/(°) |
|---|---|---|---|---|
| 1 | 合阳塬 | 667.5 | 391.00 | 0.45 |
| 2 | 韩城塬 | 42 065 | 138.70 | 0.65 |
| 3 | 大荔寺前-黑池塬 | 322.55 | 237.00 | 0.56 |
| 4 | 白水塬 | 750.65 | 193.30 | 1.17 |
| 5 | 蒲城塬 | 483.85 | 216.00 | 1.27 |
| 6 | 咸阳礼泉塬 | 502.50 | 183.00 | 0.50 |
| 7 | 凤翔岐山塬 | 651.00 | 264.00 | 0.56 |

| 编号 | 形态特征 / 塬名 | 平均高度/m | 塬面相对高度/m | 塬面平均坡度/(°) |
|---|---|---|---|---|
| 8 | 宝鸡贾村塬 | 824.00 | 190.00 | 1.45 |
| 9 | 五丈塬 | 681.00 | 72.00 | 0.10 |
| 10 | 神禾塬 | 532.50 | 137.00 | 2.10 |
| 11 | 少陵塬 | 551.50 | 133.00 | 1.10 |
| 12 | 白鹿塬 | 718.50 | 91.00 | 1.13 |
| 13 | 渭南塬 | 601.40 | 171.80 | 0.53 |
| 14 | 潼关塬 | 647.90 | 391.80 | 1.47 |

$\text{I}_3$ 断块平原　渭河盆地断块平原分布于盆地中部东部。平原西部狭窄，中部由于洛河、石川河、泾河冲洪积物汇入，平原面变宽。渭河断块平原以秦岭北坡断裂、祁吕系的渭河断裂、双泉-临猗断裂块断而形成断块构造，随着渭河地堑的形成，这一断裂强烈断陷，其上沉积了深厚的新生代沉积层。

渭河断块平原沉积厚度是不相同的，周户一带上新世以来沉积厚度 3 359 m，固市 3 100 m，为强烈下沉的断块平原。咸渭一带沉积厚度 1 631 m，为下沉的断块平原。宝鸡一带沉积仅有 66 m，亦属下沉的断块平原。

$\text{II}_1$ 断层崖　在渭河盆地周边和盆地内断块山前存在着大断裂，断裂活动形成断层崖。断层崖主要分布于秦岭北坡，北部的崛山、嵯峨山、象山山前。盆地中的尧山、骊山山前亦有分布。断层崖的排列形式因地而异，眉县-兰田间基本为直线连续分布，兰田-华阴间呈之字形分布。北部象山-禹门口直线连续分布。秦岭北坡断崖是高角度正断层形成的新构造运动强烈，因而断崖坡度陡，平均 60°～80°。由于间歇性构造运动，在崖面上有明显的坡折点。北山诸山断层崖多以小三角面出现，崖面坡度缓，高度小，断层面上无明显的坡折。

$\text{II}_2$ 断层峡谷　秦岭大散关断块山、终南断块山、华山断块山均为北仰南俯的掀升断块山。发育于这些断块山上的河流，分水岭以南的汇入汉江，源远流长；分水岭以北的汇入渭河，短小流急。由于新构造运动间歇性上升，河流下切，形成 V 形谷和多重套谷。秦岭北坡发育典型，素有秦岭“七十二峪”之称。

$\text{II}_3$ 构造洼地　在礼泉-咸阳塬上，沿礼泉-粱村断层有一北东向洼地。蒲城县城西南，沿荆姚镇、施家镇一线有一宽凹地。这些凹地长轴方向与隐伏断层走向一致。

$\text{II}_4$ 黄土塬陡坎　黄土陡坎是隐伏断层在黄土塬边的地貌显示。有些黄土陡坎是前第四纪断层形成后，黄土被覆其上，形成陡坎。另一些是已经形成的陡坎，经第四纪新构造运动使断层复活，形成更大反差的黄土陡坎。

$\text{II}_5$ 断层河谷　渭河的某些支流是沿断层发育的，如千河、石川河、灞河等。

## 1.4 构造地貌空间配置特点

渭河盆地构造地貌空间配置具有以下两个特点：

（1）类型分布东西延伸成带，南北对应　渭河盆地地貌类型，东西方向呈带状延伸，共有 5 个地貌带。Ⅰ北部断块山地貌带，主要受祁吕系控制，它和北部断块台塬地貌带的界线，以属于祁吕系的北山山前断裂为界。Ⅱ北部断块台塬地貌带，西部受陇西系控制，中部和东部受祁吕系、华夏系控制。它和中部断块平原以祁吕系在盆地外围的断裂——渭河断裂划界。Ⅲ中部断块平原地貌带，北以渭河断裂双泉临猗断裂与北部断块塬为界。眉县—长安间以秦岭北坡断裂与秦岭断块山为界，西安—渭河间以零口断裂与黄土南塬为界。Ⅳ南部断块台塬地貌带，塬面不连续，主要集中于西安—渭南段。Ⅴ南部断块山地貌带，与南部断块台塬地貌带以秦岭北坡断裂为界。这 5 个地貌带南北对称，以渭河为轴线，南北断块台塬地貌带对应，南北断块山地貌带对应（图 2）。

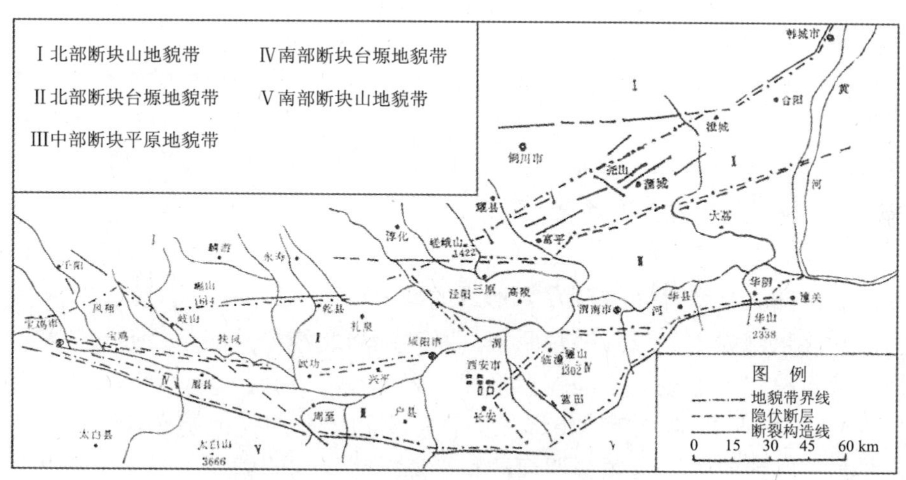


**图 2　渭河盆地构造地貌带**

（2）垂向地貌成层，具有阶梯状　从渭河盆地周边山地最高的太白山跑马梁夷平面到盆地中部的断块平原，共有四大地貌面。最高的是以太白山跑马梁、拔仙台为代表的夷平面，海拔 3 300～3 500 m。次一级夷平面以华山三峰所成的联面，以及玉皇山、首阳山、终南山等山顶为代表，海拔 2 200～2 800 m。这两级夷平面是第三纪及以前形成的同一剥夷面，经过喜山运动断裂成不同高度夷平面。第 3 个地貌面是断块台塬面，最高 824 m，最低 426.6 m。第 4 个地貌层面是断块平原面，平均高度 400 m。不但整个盆地及周边存在 4 个地貌层面，而且每个地貌类型中也存在着阶梯状地貌层面。例如渭南断块台塬中有头道塬、二道塬，岐山五丈塬中有一塬二塬三塬之分。这些都是断块台塬中次一级断裂形成的梯面。断块平原中有渭河 4 级阶地。渭河盆地存在着大尺度的 4 个地貌层面和小尺度的地貌层面，它们互相结合构成了多级多层的垂向地貌结构（图 3）。

## 2　构造和地貌的关系

构造是地貌发育的基础，控制着地貌的发育和分布特点，地貌是构造的外在表现形式。以下从两个方面分析渭河盆地构造与地貌的关系。

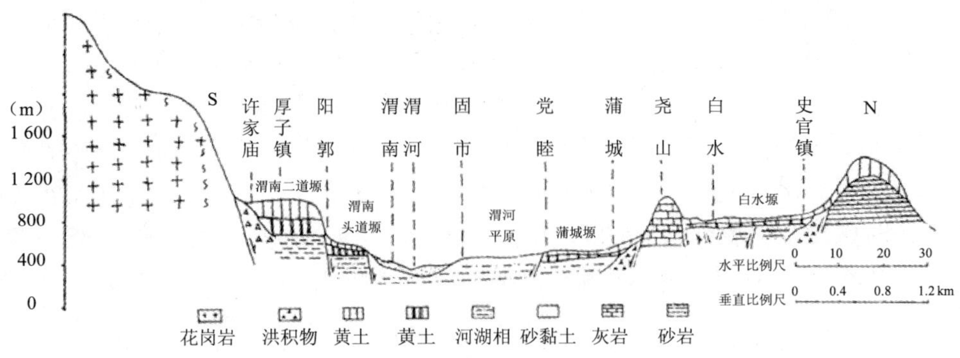


图 3　渭河盆地地质地貌

## 2.1 构造特点与地貌空间配置关系

渭河盆地是由四大构造体系控制发育形成的地堑构造。地堑有三大特点：堑中有垒为一复式地堑；断层东西为主，呈阶梯状断裂；断裂南深北浅，基底呈“簸箕”状。渭河盆地的这些构造特点决定了地貌的空间配置规律，表现在以下几点。

（1）“堑中有垒”是盆地内断块山形成的直接原因　渭河盆地是个断陷盆地，第四纪沉积深厚，发育了广阔的黄土台塬和渭河冲积平原，在广阔的塬面上有少量突兀其上的断块山，如前述的尧山、骊山等，这些断块山是“堑中垒”构造的地貌表现。

（2）盆地北浅南深的簸箕状基底决定了断块台塬的分布特征　渭河盆地北部断块台塬地貌带宽而连续，最宽处 44 km，平均 24 km。南部断块台塬地貌带窄而不连续，最宽处 30 km，平均 12 km。这种分布特点是由于盆地南深北浅的“簸箕状”基底决定的。渭河盆地是个不对称的地堑构造，南部由于秦岭强烈上升，断层活动性很大，北山诸山上升幅度小，断层活动性小，不等量的断陷形成南深北浅的“簸箕状”基底。与此相应盆地基底形成一个北部斜坡区与南部拗陷区。盆地北部以寒武奥陶纪石灰岩为基底，形成一个由北向南缓倾斜的基岩面。在这一斜面上黄土停积，发育了广阔的黄土台塬。盆地南部周至—户县是个强烈沉陷区，不利黄土堆积，仅在宝鸡-眉县、兰田-华县、潼关相对隆起区发育了窄而不连续的黄土台塬。

（3）阶梯状断裂是层状地貌的构造基础　最明显的例子是大荔与郃阳之间有两级黄土台塬面，它们分别受双泉-临猗断层和韩城-郃阳断层梯级断裂控制。渭南的头道塬、二道塬是受一组梯级断裂控制形成的。

## 2.2 构造格局与盆地平面轮廓形成的关系

渭河盆地东以黄河为界，平面轮廓似三角形。盆地西起宝鸡渭河峡谷向东逐渐展宽，蒲城白水一带逐渐向北东方向变窄。这种平面轮廓是由盆地构造格局所决定的。如前所述，渭河盆地除西部受陇西系影响外，大部分受纬向构造控制，祁吕系和华夏系对东部控制作用大，宝鸡天水间是祁吕山字形构造体系的弧顶，在这一带祁吕系和纬向构造强烈复合。向东祁吕系和纬向构造带逐渐偏离，蒲城白水一带祁吕系东翼急剧向北东转向，在这两个构造体系断裂断块作用下，使盆地自西向东逐渐展宽。盆地东部，北东向祁吕系断裂和北东东向新华夏系断裂共同控制，使盆地宽度向北东方向变窄。整个盆地形成三角形轮廓。

## 3 构造地貌形成与发育机制

渭河盆地构造地貌的形成，不仅取决于该区域断裂构造的特点，而且与区域构造应力场有很大关系。

盆地构造应力场变化经过 3 个阶段：

（1）中生代应力场　渭河盆地蔡家坡渭 4 井、三塬渭参 3 井、富平渭 3 井表明，渭河盆地普遍缺失中生代地层。陕西宜君一带白垩系底部以石英岩为主的砾岩，与秦岭古老的变质岩成分相同，说明当时砾岩通道并未阻断。秦岭中有大量燕山期花岗岩侵入体。这些事实说明中生代渭河盆地处于挤压上升状态。根据秦岭走向推断压应力为南北方向。

（2）第三纪应力场　盆地始新世-中新世有深厚的沉积，根据渭深 10 井资料，户县始新统中新统总厚度 1 855.71 m。据沉积物分布分析其时盆地总体走向北东-南西。这些说明盆地其时强烈拉张断陷，拉张应力为北西-南东向。盆地内渭河断裂东段、巴邑断裂、党睦南断裂是 3 个隐伏断裂。据电测资料，这些断裂整体错断第三系而被第四系覆盖。这 3 个断裂形成于上新世，它们均为走向北东东的正断层，对其进行应力图解分析，表明上新世盆地受北东东-南西西正压力场作用。上新世是盆地压力场转变时期。

（3）现代应力场　根据陕西省地震资料，渭河盆地现代压应力轴方向北东东-南西西。

渭河盆地构造应力场分为 3 期：中生代南北向压应力场；始新世-中新世北西-南东向拉张应力场；上新世至今北东东-南西西向压应力场。

与盆地构造应力场分期相应的地貌发育，经历 3 个阶段。中生代在南北向挤压力作用下，秦岭地槽强烈上升，渭河盆地一带及北山诸山随之隆升。在强烈上升的侧向压力作用下，形成一系列东西向压性断裂，这些压性断裂是盆地形成的基础。第三纪始新世-中新世，在北西-南东拉张应力作用下，盆地周边断裂由压性转变为张性，盆地强烈断陷，断陷南深北浅，形成南北不对称的复式地堑。断陷盆地以外为剥蚀区。这时地貌态势是剥蚀区围限的断块沉积区，盆地周围断块山地剥夷面形成。

上新世盆地在北东东-南西西压应力作用下，北东向断裂发育。在其控制下盆地沉积分布向郃阳韩城方向发展，渭河盆地三角形轮廓基本形成。第四纪盆地仍然在北东东-南西西压应力作用下，强烈的新构造运动使地貌反差加大。中更新世三门湖外泄，渭河河流地貌开始发育。南部和北部黄土台塬开始接受沉积。晚更新世河流地貌发育完善，5 个地貌带分异明显，盆地构造地貌发育完善。

### 参考文献

[1]　李春煜. 对于“渭河地堑”的质疑[J]. 地质学报，1956，36（4）.

[2] 王存成. 论渭河地堑[J]. 地质学报，1965，45（2）.
[3] 张仁甫. 西安附近新构造运动的地貌标志[J]. 科学与技术：理科版，1958（4）.
[4] 安三元，叶俭. 陕西渭南附近黄土塬的成因[J]. 西北大学学报：理科版，1959.
[5] 张伯声. 在断块构造的基础上说明秦岭两侧河流的发育[J]. 地质学报，1964，44（4）.
[6] 谢又予，李丙元. 从第四纪沉积相的分析探讨汾渭盆地新构造特征[J]. 地理集刊，10 号. 北京：科学出版社.
[7] 王景明. 关中平原新华夏系构造[J]. 西北地震学报，1981，3（2）.
[8] 中国科学院地理研究所. 渭河下游河流地貌[M]. 北京：科学出版社，1983.
[9] 张仁甫. 关中地区的断块构造地貌//第一次全国构造地貌讨论会文集[M]. 北京：科学出版社，1984.
[10] 齐矗华，甘枝茂，惠振德. 陕西秦岭构造地貌基本特征//第一次构造地貌讨论会文集[J]. 北京：科学出版社，1984.
[11] 国家地质总局第三普查勘探大队. 渭河盆地石油普查阶段地质成果报告. 1977.
[12] 陕西省地震局综合队. 陕西山西 1965—1967 年部分地震震源机制解.

## The Relationship Between the Tectonic Landforms and Structures in the Weihe River Basin

**Abstract:** The Weihe River Basin stands where the four tectonic systems of Qilu，Qinling，latitudinal direction，cathaysian and Longxi roll-up intersect，such tectonic characteristics lay a basis for the formation of tectonic landforms of the basin.

According to tectonic structures and formation cases，the tectonic landforms in the Weihe River Basin can be classified into eight types and each type can be divided further into correspondent based on new tectonic movement characteristics. These geomorphic sequences，which stretch into belt in east-west direction，have homologous features in north-south direction and possess terracing spatial variations.

Under the control of major tectonic systems in the Weihe River Basin，the graben structure with its own features serves as main cause for establishment of the landform spatial arrangement.

The development of tectonic landforms in the Weihe River Basin underwent three stages，namely，preparation stage of Mesozoicera，Tertiary establishment stage and Quaternary completion stage.

**Key Words:** Tectonic System; Tectonic Landform; Weihe River Basin

# 废纸再生及造纸业循环经济激励政策研究

## 1 废纸再生及造纸业发展循环经济的意义

造纸是中华民族的四大发明之一，是我们引以为自豪的古代文明象征。然而，到了21世纪的今天，造纸行业却成了我国污染大户之一，草浆黑液成为环境杀手。白纸黑水，不仅仅严重污染淮河水系，而是严重污染七大重要水系。据统计，我国造纸工业每年污水排放量35.3亿t，占全国工业总排放量的18.2%，COD排放量287.7万t，占全国的40.8%。

要解决造纸业工业的污染问题，甩掉造纸行业污染大户的帽子，造纸业必须走循环经济的道路。

循环经济本质上是一种生态经济，要求运用生态学的规律指导人类的经济活动，循环经济倡导的是一种与环境和谐的经济发展模式。它要求把经济活动组织成一个“资源—产品—再生资源”的反馈式流程，其特点是低开采、高利用、低排放。循环经济是21世纪产业发展的总趋势，是传统的经济发展模式向可持续发展模式战略转变的理论框架，是解决环境与经济发展尖锐矛盾的根本出路。

一些发达国家以立法的形式积极推进循环经济的发展。德国1996年颁布实施《循环经济与废物管理法》。2000年日本国会通过了一系列与发展循环经济有关的法律：《推进形成循环型社会基本法》《促进资源有效利用法》《食品循环资源再生利用促进法》《绿色采购法》等多项法律。美国的一些州也着手制定地方性的循环经济法规。

生态产业园是循环经济最好的组织形式。国外已有一些非常成功的生态工业园案例。

我国从1999年开始，各个省市启动循环经济试点工作，建立了一批生态工业园。其中广西贵港国家生态工业（制糖）示范园区与广东南海国家生态工业园区，已经由国家环境保护总局挂牌。国家正在组织起草循环经济法，将以法的形式推进循环经济发展，实现循环社会。

造纸业循环经济的基本模式，在造纸生态工业园内，将制浆系统、纸品生产系统、白水利用系统、碱（木素）回收系统、污水处理系统、废纸资源化系统，这些工艺流程系统组建成横向耦合及资源共享，为废物找到下游“分解者”，建立生产系统的“食物链”。与此同时，建立虚拟生态工业园，营造林木生产基地，建立林纸一体化体系。建立纸制品回收系统，废纸回收利用。通过造纸生态工业园与虚拟生态工业园的组合，实现造纸生产系统的减量、循环、再生，达到零排放的目标。

废纸的资源再生是发展造纸业循环经济最直接、最经济的一环，是实现减量、循环、

本文发表于《环境保护与循环经济》，2010，30（5）：2-22。

再生，达到零排放目标的直接措施。废纸再生对发展造纸业循环经济有重要意义。

我国每年纸及纸板生产量 4 300 万 t，我国的废纸量 1 400 万 t，按照 1 t 废纸生产 0.8t 纸计算，可生产 1 200 万 t 纸，占我国纸生产量的 28%。废纸做原料生产再生纸，比木浆生产纸便宜一半，排放废水少 35%。据专家计算，生产 1 t 纸需要 3 $m^3$ 木材，需要砍伐 10 棵 20 年生的马尾松。充分利用我国废纸资源，经济效益、环境效益、生态效益十分可观。对于实现造纸生产流程中的减量、循环、再生，达到零排放的目标，具有重要意义。

现有的 1 400 万 t 废纸，回收量只有 30%。与世界其他国家废纸回收量相比，有很大差距。日本 2000 年回收废纸 3 071 万 t，废纸占纸与纸板生产原料的 58%。德国 2000 年废纸回收 1 375 万 t，回收率高达 71%。芬兰是纸浆出口国，但是仍然非常重视废纸的回收，每年回收 60 万 t，回收率达 81%。如果将我国废纸回收率提高到回收量比较高的国家水平，我国废纸资源利用潜力很大。

随着我国小康社会的不断发展，人民生活水平不断提高，对纸制品消费量不断增长，报纸、期刊、书籍人均占有量的增大，废纸资源量越来越大。废纸资源再生前景广阔。充分利用我国废纸的现有与潜在资源，大力发展废纸资源再生，促进社会领域纸品消费、回收、再生的社会大循环，推进生产领域中减量、循环、再生过程，完成资源—产品—再生资源生命周期，具有重要意义，是目前造纸行业应该解决的重要研究课题。

## 2 废纸再生造纸业循环经济激励政策

政策激励与科技创新是推进循环经济的两大有力抓手。政策激励是推进废纸再生造纸业循环经济的加速器。在这方面需要解决的问题很多：在公众与商家层面，对废纸回收意义认识不足，缺乏循环经济理念，还没有形成废纸回收的习惯。需要对消费行为进行宣传与政策引导；在生产厂家，长期受传统生产观念束缚，习惯于原料—产品—废物的直线式生产模式；在政府管理层面，还未从高能耗—高产值经济管理模式和政绩观解放出来，缺乏对资源再生、循环经济的足够认识；科技界，由于缺乏资金连续支持，还缺乏十年磨一剑的精神，攻克废纸再生与纸业循环经济关键技术；在金融界，缺乏投资倾斜政策。所有这些，为推进废纸再生纸业循环经济激励政策研究，提出全方位研究的新课题。

针对我国废纸再生纸业循环经济发展激励政策存在的主要问题，将从政府与企业管理、消费行为引导、科学研究、金融投资等方面，对废纸再生造纸业循环经济激励政策，进行探讨研究，提出一些粗浅看法，抛砖引玉。

### 2.1 对于资源再生产业，包括废纸再生产业，减、免资源使用税

1993 年国务院颁布了《中华人民共和国资源税暂行条例》。1993 年 12 月财政部发布了《中华人民共和国资源税暂行条例实施细则》。条例和实施细则对资源税征收的矿种、计税方法、税额征收幅度作了详细的说明。1993 年国家的资源税主要是资源开发税，资源税征收对象是“在中华人民共和国境内开采本条例规定的矿产品或者生产盐的单位和个人”。

随着我国经济的高速发展，对资源的消耗量越来越大，资源浪费严重。资料表明，我国消耗原油、天然气、煤炭、铁矿石、铜、铝资源分别相当于世界消耗量的 7.4%、31%、30%、27%、25%、40%，创造的 GDP 却相当于世界总量的 4%。针对高能耗低产值这一实际，建议国家对企业开征资源使用税，对高能耗的企业，以资源使用税为杠杆，调节、遏制高能耗低产值经济发展模式。

一旦在全国实行对企业征收资源使用税，对于资源再生产业，包括废纸再生产业，将减、免资源使用税。以资源使用税的优惠政策，鼓励资源再生产业的发展。

## 2.2 开征生态税，引导企业使用废纸原料，减少木浆使用量，保护森林资源

生态税是为了保护生态环境，对与生态环境受损有关的纳税人行为遏制，对生态环境受损的主权人利益补偿的新税种。具有用途专一、专业性强、覆盖面广的特点。生态税征收的基本原则，是生态环境破坏者付费、生态环境建设者补偿的公平原则。付费与补偿根据对生态环境破坏程度与生态环境建设贡献大小计量。

我国森林砍伐导致水土流失面积已达 179.4 万 $km^2$，占国土面积的 18.6%，植被破坏导致沙漠化面积已达 262.2 万 $km^2$，占国土面积的 27.3%，针对这些生态环境问题，建议国家尽快开征生态税，以生态税抑制对生态环境有负面影响的生产开发活动，对生态环境的建设者及主权单位予以生态补偿。

生态税将会对产业结构的调整起积极作用，促进循环经济的发展。生态税开征后，将对造纸业产生积极影响：将会引导企业大量使用废纸原料，减少木浆使用量，减少对林木砍伐，对森林生态系统保护产生积极的作用；将会促进造纸企业内部各工序原材料减量、循环、再利用，促进草纸企业与其他企业之间“生物链”关系的建立。

## 2.3 国家与地方优惠政策

在废纸再生及造纸业循环经济发展中，发挥国家与地方优惠政策的引导、影响作用，对扶持废纸再生纸业循环经济发展有积极意义。建议从以下方面着手。

（1）财政扶持政策　国家与地方政府对于废纸再生及造纸业循环经济发展，在财政方面予以扶持。对废纸再生及造纸业循环经济产业园，道路、通信、给排水、电力等公用设施建设，予以财政倾斜。为废纸再生及造纸业循环经济产业园建设，创造良好外围条件。

（2）投资优惠政策　国家与地方政府积极组织协调各种融资渠道，包括社会捐资、集资、股市上市等，为废纸再生及造纸业循环经济发展筹集足够的资金，建立资金保障体系。

（3）贷款优惠政策　国家与地方银行对废纸再生及造纸业循环经济发展，提供低息贷款，用于企业技术改造与设备更新。

## 2.4 科技创新激励政策

草浆黑液处理是世界性的技术难题，成为造纸业循环经济发展的瓶颈。为此我国关闭

了大量的以草浆为原料的小型造纸厂。废纸脱墨技术，对于废纸再生、减少环境污染具有重要意义，我国已经开展这方面的技术攻关研究。

对于造纸行业草浆黑液处理、废纸脱墨等技术性难题，应高额悬赏重奖，组织强有力的攻关团队，保障足够研究经费与人力资源配置，限期攻克这些关键技术，以解决造纸业循环经济产业链接点的关键问题。以科技进步推进废纸再生造纸业循环经济发展。

膜技术是国内、外广泛采用的废水处理回用成熟技术，应用于各个行业，在造纸废水处理方面也有应用研究。应出台政策，促进造纸废液膜技术的应用开发研究，以实现造纸工业园区废水的零排放。

## 2.5 建议起草“推进形成循环型社会基本法”，引导废纸回收、纸制品消费

2000 年 4 月日本内阁会议通过并经国会批准了《推进形成循环型社会基本法》。该法包括总则、建设循环社会基本计划、建设循环社会的基本政策三章。明确政府、生产者、消费者的责任与义务，在生产与消费领域确立了“废物减量化—废物再利用—废物再循环—焚烧处理余热回用顺序处理”的理念与模式。它是在日本循环社会立法体系中处于核心、主导地位的一部法。对于资源消耗抑制与环境负荷的削减起了积极作用。

建议在我国组织起草“推进形成循环型社会基本法”，对政府、生产者、消费者在推进形成循环社会中的责任与义务明确化，对生产、消费进行积极引导，使全社会从社会观念、政府管理、生产领域、消费环节全方位贯彻减量再生循环的原则。

“推进形成循环型社会基本法”的起草、立法与实施，将对全民废纸回收、纸制品消费引导起积极作用。将对于造纸行业的企业家、政府管理者“废物减量化—废物再利用—废物再循环”新理念的形成，起促进作用。将对造纸业上下游产业链形成，起到催生作用。将形成造纸业循环经济发展的很好的社会氛围。

### 参考文献

[1] 赵会芳，方程冉，张建英. 废纸再生的环境经济评价[J]. 西南造纸，2005，34（2）：7-8.

[2] 崔兆杰，宋薇，宋运涛. 废纸再生造纸废水的综合治理模式与方法研究[J]. 工业水处理，2003，23（8）：9-11.

[3] 钊华. 发达国家的废纸在新领域中的利用[J]. 湖北造纸，2004（3）：41-42.

[4] 翟莹雪. 废纸再生造纸综合废水的循环利用[J]. 黑龙江造纸，2001（1）：29-30.

[5] 肖闻. 废纸再生是保护森林资源的一条重要途径[J]. 轻工业论坛，2000（2）：16-17.

# 江苏省发展农业循环经济途径的初步探讨

**摘要：**论述了农业循环经济的含义，江苏省发展农业循环经济的必要性，国内、外农业循环经济发展的现状。探讨了江苏省发展农业循环经济的途径，以及农业循环经济发展所必需的保障措施。
**关键词：**江苏省；农业循环经济；途径

## 1　江苏发展农业循环经济势在必行

循环经济本质上是一种生态经济，要求运用生态学的规律指导人类的经济活动，循环经济倡导的是一种与环境和谐的经济发展模式。它要求把经济活动组织成一个“资源—产品—再生资源”的反馈式流程，其特点是低开采、高利用、低排放。所有的物质和能源要在这个不断进行的经济循环中得到合理和持久利用，以把经济活动对自然环境的影响降低到尽可能小的程度。发展循环经济是 21 世纪的总趋势，是传统的经济发展模式向可持续发展模式战略转变的理论框架，是解决环境与经济发展尖锐矛盾的根本出路。

生态农业是利用生态学、生态经济学原理，总结我国传统农业、现代农业经验，发展起来的新型生产体系。生态农业通过食物链关系，贯彻循环再利用的原则。充分利用农业资源，合理布局农、林、牧、渔业生产，高效利用农业资源，达到生产、社会、环境相协调。但是生态农业系统结构设计，侧重于大农业系统的范围，对种养系统与加工贸易服务等系统接口则考虑较少。农业循环经济模式是在生态农业模式的基础上，与以农工业、出口贸易、休闲旅游等产业相结合，组成以生态农业为龙头的产业群，形成纵向闭路循环，产业群之间横向连接，达到零排放、生产效益与环境效益双赢目标。农业循环经济模式，是对生态农业品位的提升，是生态农业内涵的扩大、外延的延伸，是走农业产业化的重要途径。

江苏省发展农业循环经济是农业持续发展的必由之路，是解决江苏省农业面源污染的根本出路，是苏北经济腾飞的必然选择，是提升生态农业品位实施农业产业化重要途径，是建立循环社会的重要板块。

据江苏省生态调查，江苏省农药施用量 9.15 万 t（2000 年），占全国同期农药用量的 15.1%（60.7 万 t）。化肥施用量 3 335.45 万 t，在全国仅次山东、河南，位居第三。平均每公顷施用量 668.55 kg，在全国居首位，超过全国平均施用水平 318.86 kg/hm$^2$ 的 1 倍。据调查，江苏省畜禽养殖业粪尿生产总量为 9 421 万 t，其中养猪业 4 349 万 t，占畜禽养殖业粪便生产量的 46.2%，其次是羊粪尿 1 470 万 t，鸡粪 1 197 万 t，分别占 15.6%、12.7%。

本文发表于《生态农业理论与实践》国际学术研讨会论文集. 徐俊如主编，江西科学技术出版社，2001：224-227。

农药、化肥、畜禽粪便的流失，污染土壤，污染水体，成为湖泊水域重要营养物质来源。据太湖地区调查资料，太湖地区农田排出的主要污染物量为氮 4 701.6 t、磷 84.34 t、$COD_{Mn}$ 5 151.3 t（1987—1988 年调查）。据 90 年代中期估计，太湖地区农村面源污染负荷占总负荷的比例在 50%以上。农业循环经济是解决江苏省农业面源污染的根本出路。

苏南利用改革开放初始阶段，国家百废待兴，工业发展的有利时机，充分利用当地人力、技术及区位优势，乡镇企业异军突起，快速完成资本原始积累，快步跨入现代化工业文明时代，工业化取得了显著成绩。以太湖流域为例，流域面积 34 732 $km^2$，占国土面积的 0.4%，人口 2 458 万，占全国总人口的 2.5%，而国民生产总值 5 577.62 亿元，占全国的 6.3%（2000 年数据）。苏南的经济实力在全国占有举足轻重的位置。

苏北能否步苏南之后，重走“资本积累—工业化”的道路，回答是否定的。原因有二，一是苏北错过了发展工业化的最佳时段。改革开放初期，捷足先登发展工业良好时机已经过去。目前已经进入知识经济时代，企业之间资本、人才、技术激烈竞争，企业兼并、资本重组，成为时代特征。在这种形势下，重新铺摊子起步工业化，已经过时。二是苏北经济底子薄、人才缺乏、技术水平低、区位优势差，是发展现代工业的严重制约因素。这些因素决定了苏北不能重走苏南路。苏北经济腾飞的必然选择，是充分利用农业资源丰富、无环境污染的优势，以循环经济为指导，走种养加、产销贸一条龙的绿色产业发展道路。

江苏省生态农业起步早，走在全国前边。1993 年由几个部委组成的全国生态农业试点领导小组，在全国批准建设 51 个首批生态农业示范县，当时大丰、江都由于出色的工作，被列入国家级生态农业示范县。1995 年江苏省成立生态农业建设领导小组，启动了 12 个省级生态农业试点以及太湖流域 6 个生态农业示范区。目前已经被国家批准的生态农业示范区 51 个，其中 14 个（市）县通过了国家验收。值得一提的是泰县的河横村，由于生态农业成绩突出，被联合国环境署授予全球 500 佳称号。江苏省生态农业必须上一个新台阶，以生态农业为龙头，建立农业性工业园，组建产业链，形成优势绿色产业群。走农业循环经济发展道路是必然选择。

21 世纪，知识经济、循环经济是两大特色。从生产、消费、社会伦理、法律全方位建立循环社会，是社会发展的总趋势。在江苏省循环社会的建立过程中，农业是重要板块。

## 2 国内外农业循环经济发展趋势

一些发达国家以立法的形式积极推进循环经济的发展。德国 1996 年颁布实施《循环经济与废物管理法》。2000 年日本国会通过了一系列与发展循环经济有关的法律：《推进形成循环型社会基本法》《促进资源有效利用法》《食品循环资源再生利用促进法》《绿色采购法》等多项法律。美国的一些州也着手制定地方性的循环经济法规。

生态工业园是循环经济的最好的组织形式。国外已有一些非常成功的生态工业园案例。70 年代，丹麦的卡伦堡建立世界第一座生态工业园。美国在国家环境保护局及可持续发展委员会组织下，已经建成 10 多个不同层次、不同行业、各具特色的生态工业园。加拿大在安大略省多伦多建立 40 多个生态工业园。其中 9 个很有特色。涉及造纸、钢铁、石油、水泥、化工等行业。日本在国内已建立 60 多个生态工业园。在一些发展中国家，例如印度、泰国、菲律宾，也建立了自己的生态工业园。中国在国家环境保护总局的组织下，建成了广西贵港第一个生态工业城。在新疆石河子市，规划了以城市废水处理利用、芨芨草种植、造纸为中心的生态工业园。

在农业生态工业园的建设方面，国外也有一些成功的案例。菲律宾 BUHAI 农业生态工业园组成：家畜饲养；无栅栏养鸡；饲料粉碎；屠宰场；冷冻设备；技术开发转化中心；再生资源生产系统；废水处理设施；灌溉蓄水设施等。

纳米比亚农业生态工业园，以农业种植业及酿酒工业为中心，组织以下的副产品闭合循环：把酒精废液通过发酵变成为可利用的有机肥；使用酿酒厂的下脚料种蘑菇，蚯蚓作为猪饲料；利用蚯蚓提高土地肥力；酿酒的废水冲洗猪圈；发酵池中含有机成分的水引入养鱼池。

## 3 江苏省发展农业循环经济途径探讨

江苏省发展农业循环经济应着重抓：无公害、绿色、有机农业资源调查和区划；农业生态工业园模式和区域配置；保障农业循环经济关键技术筛选、集成。

### 3.1 无公害、绿色、有机农业资源调查和区划

在江苏省农业区划的基础上，以农业区为单元，进行无公害、绿色、有机农业资源普查。按照徐淮区、里下河区、沿江区、宁镇扬区、太湖区，进行土壤环境、水环境、大气酸沉降调查。按照无公害食品、绿色食品、有机食品基地评价指标体系评价，选择无公害、绿色、有机食品适宜发展区，建立规模性无公害食品、绿色食品、有机食品生产基地。为农业循环经济发展奠定坚实的基础。

### 3.2 农业性生态工业园模式和区域配置

江苏省生态农业走过了漫长的发展道路，有了丰富的积累，总结出了成功的生态农业模式。江苏省生态农业主要模式有：农林立体结构生态农业技术模式；农—渔—禽水生生态农业技术模式；桑基鱼塘、果基鱼塘技术模式；稻—渔—禽共生生态农业技术模式；以沼气为纽带多层次循环利用技术模式；庭院经济生态技术模式；山地立体开发生态农业技术模式；山地复合生态农业技术模式；沙地果园立体利用生态农业技术模式；沿江湿地开发利用模式；农副工结合的生态农业模式。

这些生态农业发展模式是农业循环经济模式构建的基础。在这些模式的基础上，进一步扩展、延伸，与农业性工业、出口贸易、生态旅游等接口，建立以生态农业为基础，以主导农产品加工业为龙头的产业群。

根据江苏不同农业区的区位优势，建立不同特色的农业性生态工业园结构模式。即以无公害、绿色、有机农业基地为主体的支持功能区，以生态农业产品深加工产业群为主体的核心功能区，以外贸出口、生态旅游、信息、服务等为主体的扩展功能区。

在江苏省农业区划和无公害食品、绿色食品、有机食品基地规划的基础上，选择、配置适宜于苏北、苏中、苏南、沿海、太湖区的五大农业性生态工业园模式，形成江苏省五大绿色产业带格局，即：苏北绿色生态产业带；苏中绿色生态产业带；沿海绿色生态产业带；宁镇扬、茅宜溧山区绿色生态产业带；太湖水网区绿色生态产业带。

### 3.3 保障农业循环经济关键技术筛选、集成

技术支撑是发展农业循环经济的重要条件。为保障江苏省农业循环经济的发展，应加大科技投入，对国内外成熟的技术筛选、组装、配套，形成适合江苏五大区域农业循环经济发展的技术体系。

根据农业性生态工业园需要，拟进行以下农业循环经济关键技术调研：有机复合肥生产技术；农作物病虫害生物防治技术；农副产品深加工技术；再生能源开发技术；农村废弃物资源化利用技术；农业性生态工业园产业链内部纵向闭合、废物零排放技术；各产业链间横向耦合、共生组合技术；上下游企业匹配、废弃物资源化技术。

## 4 江苏省农业循环经济发展的保证措施

### 4.1 建立政府引导、公司推进、农户参与组织管理形式

政府引导、公司推进、农户参与是在市场经济下，推行农业循环经济的重要组织形式。政府实行职能转变，由领导变为引导、服务新职能，大胆扶持公司积极推进农业循环经济。形成公司出资金、农户广泛参与的“公司带农户”的运作模式。

### 4.2 制定优惠政策保障农业循环经济实施

政府在贷款、税收、土地使用等方面制定一定的优惠政策，鼓励企业向农业性生态工业园投资，以政策引导农业循环经济的发展。

### 4.3 建立多渠道筹资、融资机制

建立国家、企业、个人多渠道融资机制，多方筹措资金。积极争取国际合作基金，争取国际组织的捐助、援助。

### 4.4 建立健全省、地、县三级技术推广、管理、服务体系

利用 GIS 技术建立农业循环经济数据库及信息网络，进行农业循环经济数字化管理。建立、健全省、地、县三级技术推广体系，进行技术咨询和技术培训。完善无公害、绿色、

有机食品认证指标体系，加强质量认证的规范管理。

### 4.5 着手关于推进农业循环经济发展的立法预研究

一些发达国家以立法推动建立循环社会的进程，是值得借鉴的经验。在中国以农业为起点，着手关于推进农业循环经济发展的立法预研究，对于加速建立循环社会进程，是非常有意义的。应该组织人力着手研究。

## Preliminary Study on Develop Channel of Agriculture Circular Economy in Jiangsu Province

**Abstract:** The author take up Introduce that contents of Agricultural Circular Economy，Necessary for Develop of Agricultural Circular Economy in Jiangsu Province，and Practice of Agricultural Circular Economy both abroad and at home. Take up Study on Develop Channel of Agricultural Circular Economy in Jiangsu Province，and Essential Guarantee Measures.

**Key Words:** Jiangsu Province; Agricultural Circular Economy; Develop Channel

# 以沙产业为基础的生态工业园
## ——沙区经济发展的新模式

**摘要**：简述了循环经济、生态工业园国内外发展趋势。循环经济是运用生态学规律，把人类的经济活动组织成“资源—产品—再生资源”的反馈形式，贯彻“减量化、再利用、资源化”的原则，达到低开采、高利用、少排放的目的。生态工业园是循环经济的具体体现。

20世纪80年代丹麦的卡伦堡，建立了世界上第一个生态工业园。美国、加拿大、日本等发达国家以及印度、泰国等发展中国家，相继建立了自己的生态工业园。许多发达国家以立法的形式，推进循环经济、循环社会的发展。

在国家领导高度重视，有关部门组织、支持下，我国已经创建了广西贵港、新疆石河子、天津经济技术开发区、广东南海等国家生态工业示范园。

以沙产业为基础生态工业园，是以沙产业及其产品深加工为龙头，以循环经济理念，组织产业链，形成以沙产业为基础的共生工业群。它是农工贸一体化农业工业化的具体形态，是沙产业发展的扩展和延伸。

我国已经规划建立一些以沙产业为基础的生态工业园。新疆石河子规划建立中国第一个以沙产业为基础的生态工业园。该生态工业园以种植芨芨草为契机，发展造纸工业，带动种植业、养殖业、畜产品加工业、生态旅游业。江苏射阳双灯生态工业园从高起点集约化孵化新一代工业群战略原则出发，利用海滨沙地丰富的芦苇资源，以造纸工业为龙头，将孵化一批新型工业，形成共生工业体系，建立新型的生态工业园区。内蒙古达拉特旗恩格贝虚拟生态工业园，由恩格贝治沙示范基地和总公司在东胜市的乳产品加工、羊绒制品生产厂组成，形成沙漠改造、草业基地建设、优良畜种繁育、生态旅游、畜产品加工一条龙生态产业链。以沙产业为基础，综合集成种植业、畜牧业、加工工业以及服务业于一体，形成具有特色的优势产业群。

在沙产业发展的基础上，利用不同区域资源优势，以农牧产品深加工为轴心组建生态工业园，使农、工、贸一体化，资源开发、经济快速发展、环境保护兼顾，是西部沙区经济发展的新模式。它对于打造沙区生态产业群、走新型农业工业化道路，对于提升西部的国际竞争力，对于加快建立小康社会进程，具有重要意义。

发展沙产业为基础的生态工业园，需要技术、政策、资金保障条件。

**关键词**：沙产业；循环经济；生态工业园

本文发表于《中国治沙暨沙产业研究》. 中国治沙暨沙业学会编. 中国石油工业出版社，2003。署名的还有：缪旭波，梁斌。

# 1 循环经济、生态工业园国内外发展趋势

循环经济是运用生态学规律，把人类的经济活动组织成“资源—产品—再生资源”的反馈形式，贯彻“减量化、再利用、资源化”的原则，达到低开采、高利用、少排放的目的。生态工业园是循环经济的具体体现。生态工业园以循环经济思想为指导，改变传统工业“资源—产品—污染排放”线性发展模式，通过不同产业的组合，形成工业共生体系，充分利用资源，最大限度地减少污染排放，实现环境效益与社会经济效益双赢目标。

20 世纪 80 年代丹麦的卡伦堡，建立了世界上第一个生态工业园，该园由发电厂、炼油厂、石膏厂等 5 家工厂，组成了工业共生体。美国、加拿大、日本等发达国家纷纷建立了各具特色的生态工业园，印度、泰国等发展中国家也建立了自己的生态工业园。

20 世纪 90 年代以后，许多发达国家以立法的形式，推进循环经济、循环社会的发展。德国制定了《循环经济与废物管理法》，日本制定了《推进形成循环型社会基本法》，美国一些州制定了地方性的促进循环经济的法规。

我国党和国家领导人对循环经济发展非常重视。2002 年 10 月 16 日，江泽民主席在全球环境基金第二届成员国大会讲话中指出：“只有走最有效利用资源和保护环境为基础的循环经济之路，可持续发展才能得到实现”。

在国家高度重视，国家环境保护总局组织下，地方政府支持下，科技工作者已经创建了一些成功的生态工业园，主要有：广西贵港国家生态工业示范园；石河子国家生态工业示范园；天津经济技术开发区生态工业园；南海国家生态工业示范园。

广西贵糖公司对制糖、造纸、酒精、热电等生产厂排放的污染物，进行综合治理、合理利用，初步建成制糖、造纸、酒精、水泥、轻质碳酸钙、复合肥的工业共生体系。天津经济开发区与日本联合国大学合作，规划设计生态工业示范园区。广东南海市规划建设生态工业园，以华南环保产业为核心，分别建立资源再生园、零排放园、虚拟生态园。

# 2 以沙产业为基础生态工业园个例

生态工业园有各种类型。以沙产业为基础生态工业园，是以沙产业及其产品深加工为龙头，以循环经济理念，组织产业链，形成以沙产业为基础的共生工业群。它是农工贸一体化、农业工业化的具体形态，是沙产业发展的扩展和延伸。

## 2.1 西部荒漠第一个以沙产业为基础的生态工业园

在国家环境保护总局支持下，由国家环境保护总局环境科学研究院设计，新疆生产建设兵团、农八师石河子人民政府领导组织规划，在石河子将建立中国第一个以沙产业为基础的生态工业园。

石河子生态工业园由核心功能区、扩展功能区、支持功能区 3 个功能区，以及种植系统、造纸系统、养殖系统、畜产品加工系统、生态旅游系统、污水处理系统 6 个系统组成。

核心功能区由种植系统、造纸系统组成，扩展功能区由养殖系统、畜产品加工系统、生态旅游系统构成。污水处理系统担负支持功能。这6大系统不但纵向自成闭合生态链，而且相互连接形成横向生态链。这一生态工业园以沙漠中大面种植芨芨草、发展饲料种植为契机，芨芨草为造纸工业提供原料，造纸工业尾水经过污水处理系统后，灌溉沙漠中的芨芨草以及人工饲草。人工饲草地为舍饲畜牧业提供牧草，牲畜粪便为芨芨草及人工饲草提供有机肥料。由于造纸工业与芨芨草及人工饲草种植业的互动，带动了畜牧业、生态旅游业，与此同时促进沙漠景观的美化和人居环境的优化。

石河子生态工业示范园，从新疆区域优势与特色资源出发，建立了以沙产业为基础，农工贸一体化区域经济发展的新范式，指出区域资源合理整合、经济高速发展、沙漠环境保护三位一体的社会经济持续发展的新途径。

## 2.2 黄海海滨沙地拟建的生态工业园

在江苏省环境保护局、盐城市政府、射阳县政府支持下，双灯纸业有限公司积极策划，南京环境科学研究所规划，以循环经济的设计思想为指导，在江苏射阳海滨滩涂沙地，拟建一个以芦苇种植、开发为基础的生态工业园。

双灯纸业有限公司多年来，与有关科研院所联合，开展了造纸尾水资源化利用灌溉海涂芦苇，造纸工艺碱回收、木质素回收的研究，攻克了造纸尾水处理及资源化利用的关键技术，为生态工业园的建设提供了坚实的技术保障。

双灯生态工业园从社会经济自然复合性原则，以及高起点集约化孵化新一代工业群战略原则出发，利用海滨沙地丰富的芦苇资源，以造纸工业为龙头，将孵化一批新型工业，形成共生工业体系，建立新型的生态工业园区。以生态工业园拉动生态农业、生态畜牧业、海涂养殖业、生态旅游业，形成完整的纵向闭合、横向耦合的产业链。

双灯生态工业园由核心功能区、扩展功能区、支持功能区组成。

核心功能区由造纸工业系统、芦苇种植系统组成，两个系统相互促进，形成良性循环的经济自然复合体，是生态工业园的主体部分。扩展功能区由生态农业系统、生态林业系统、海涂养殖系统、加工工业系统组成。主要功能为：速生海涂防护林、生态农业的稻麦草为造纸工业提供原料；以农副产品、水产品生产为主，建立绿色食品基地；以加工工业及港口物流系统组成外贸创汇基地；以田园观光、造纸文化为主，形成生态旅游业。支持功能区由造纸尾水生化处理系统、信息服务等组成，其功能是为核心功能区、扩展功能区提供支持保障，使其正常运转和经济转化。

双灯以海滨沙地芦苇种植为中心的生态工业园建成后，经济目标是建成2万 $hm^2$ 芦苇种植基地，1万 $hm^2$ 的速生防护林，形成年产10万t纸浆生产能力。生态环境目标是贯彻减量、再利用、循环的3S原则，力争实现污染物的零排放。通过生态工业园建设，扩大海滨芦苇湿地，恢复、增强芦苇湿地的生态功能。

### 2.3 恩格贝——以沙产业为基础的虚拟生态工业园

虚拟工业园是指在不同地点的具有一定生态链关系的企业。内蒙古达拉特旗恩格贝虚拟生态工业园，由恩格贝治沙示范基地和总公司在东胜市的乳产品加工、羊绒制品生产厂组成。形成沙漠改造、草业基地建设、优良畜种繁育、生态旅游、畜产品加工一条龙生态产业链。以沙产业为基础，综合集成种植业、畜牧业、加工工业以及服务业于一体，形成具有特色的优势产业群，占领了国内乳制品、羊绒制品一定的市场份额。

位于库布齐沙漠东北的恩格贝治沙示范基地建立以前，五里明沙带的流沙每年以 200 m 的速度，向东南方向移动，压占大量的草场、农田，迫使 140 多户农牧民搬迁。与此同时每年秋季河流泛滥，洪水危害草场、农田。针对风沙、洪水的危害，恩格贝示范区采取了“以洪水治沙害”治理措施。在五里明沙区营造了 36 km 的堤坝，利用丘间凹地形成带状滞洪区，引洪淤灌，改造 700 $hm^2$ 沙地成农田、牧草地。在改造后的农田、牧草地，营造防护林，植树 70 万株，栽植灌木百万丛，对农田、牧草地进行了有力的防护。建立了畜牧业饲草基地。在此基础上，采取公司养、公司带农户、农户联养等方式，大力发展畜牧业。为了保障畜牧业持续发展，与内蒙古一些科研单位合作，培育出优质白绒种山羊，向周围牧民提供优质羊种。在治沙示范基地，各个产业之间已经形成良好的循环代谢关系。畜牧业为种植业、草业提供大量的有机肥料，既解决了大型畜禽养殖污染问题，又解决了农牧业的肥源问题，避免了大量使用化肥引起的面源污染。种植、养殖与畜牧业物流的良性代谢循环，促进了生态环境的优化、美化，为生态旅游创造了良好条件，吸引了大批的旅游者，促进了沙漠猎奇的休闲旅游。在恩格贝形成了饲草种植业、畜牧业、生态旅游业为主环的生态产业链。

恩格贝治沙示范基地为总公司的乳制品加工、羊绒制品厂，提供了充足的生产原料，保障企业的稳定发展。企业的发展为治沙基地的建设提供了可靠的资金来源。治沙基地与企业的相互依赖、互动发展，带动周围农牧民脱贫致富，促进了库布齐沙漠绿洲化。

## 3 以沙产业为基础的生态工业园是沙区经济发展的新模式

自从 1984 年钱学森先生提出沙产业概念以来，在以刘恕教授为首的科学家倡导、组织下，在各级政府的支持下，沙产业在我国北方沙区迅速发展。综合集成实用技术，创造了很多成功的沙产业开发模式，涌现了一批示范典型。

在沙产业发展的基础上，利用不同区域资源优势，以农牧产品深加工为轴心组建生态工业园，使农、工、贸一体化，资源开发、经济快速发展、环境保护兼顾，是西部沙区经济发展的新模式。它对于打造沙区生态产业群、走新型农业工业化道路，对于提升西部的国际竞争力，对于加快建立小康社会进程，具有重要意义。

以沙产业为基础的生态工业园，立足西部的区域和资源优势，把沙产业与现代化加工工业相结合，以此为孵化器，孵化产业群。将走出独具特色的农业工业化道路。根据西部的区域特色，拟建立以优质果品、乳制品、毛制品、中药材生产加工为中心的不同类型生态工业园。以这些生态工业园为龙头，拉动种植、养殖、餐饮、旅游、信息等产业，形成绿色产业群。

加入 WTO 以后中国西部的农牧业面临严峻的挑战，应对挑战的主要对策是实施名牌战略，培育名、优、特产品。瞄准国际市场，实施“你无我有，你有我优，你优我特”策略，增加世界市场占有份额，提升西部地区的农牧业产品国际竞争力。

以沙产业为基础的生态工业园，从名、优、特产品的设计理念，初级生产到深层加工，直到产品的绿色包装，产品的整个生命周期全过程培育，保证其质量和市场竞争力。这是提升西部地区的农牧业产品国际竞争力的有力途径。

党的十六大提出了建设小康社会的目标。西部是贫困人口的集中分布区，开发沙产业，组建以沙产业为基础的生态工业园，发展循环经济、循环社会，是建设西部小康社会的重要途径。

## 4 发展沙产业为基础的生态工业园必要的保障条件

发展沙产业为基础的生态工业园，需要一些必要的保障条件，主要有：技术保障；政策保障；资金保障。

在技术保障方面，围绕沙产业发展、农副产品加工、废弃物资源化利用关键技术。由国家组织有关科研院所，联合攻关。制定激励机制，鼓励科研人员投身于发展沙产业，投身于生态工业园建设。广泛吸收国外生态工业园建设成功技术经验，结合我国实际，吸收引进。

在政策保障方面，从税收、贷款、资金投入等方面，制定优惠政策，鼓励沙产业发展，鼓励创建以沙产业为主的生态工业园。

在资金保障方面，以国家投资为主渠道，并建立国家、企业、个人多渠道融资机制，多方筹措资金。积极争取国际合作基金，争取国际组织的捐助、援助。

### 参考文献

[1] 钱学森. 创建农业型的知识密集产业——农业、林业、草业、海业和沙业[J]. 农业现代化探讨，1984（36）.

[2] 刘恕. 对钱学森沙产业理论的学习和理解[J]. 中国工程科学，2002，4（1）：9-14.

[3] 刘恕. 沙产业——跨世纪的沙漠利用战略[M]. 北京：中国环境科学出版社，1996.

[4] 解振华. 生态工业理论与实践[M]. 北京：中国环境科学出版社，2002.

[5] 邓南圣，吴峰. 工业生态学——理论与应用[M]. 北京：化学工业出版社，2002.

[6] 段宁. 清洁生产、生态工业和循环经济[J]. 环境科学研究，2001，14（6）：1-8.

# 长江中下游地区湿地生态农业开发模式

**摘要**：在调研的基础上，初步总结了长江中下游地区典型的湿地生态农业开发模式：根据湖垸地形、水热组合差异性，梯级圈层状开发模式；垸田洼地稻-鱼-麻合理配置、种植业渔业结合模式；鱼畜禽立体复合养殖模式；畜牧水产结合洲滩开发模式；多林种、多功能湖区防护林模式；以水稻生产为中心农林牧协调模式；海涂湿地种养加结合贸工农一体化综合开发模式。对一些模式物质、能量转换及互补关系，作了初步分析。这些模式对于该地区湿地生态农业开发，具有一定的借鉴意义。

**关键词**：长江中下游地区；湿地；开发模式

## 1 研究区域自然概况

长江中下游地区包括湖北、湖南、江西、安徽、浙江、江苏、上海六省一市。面积 92 万 $km^2$，占全国总人口的 28.97%。耕地面积 1 964.5 万 $hm^2$，占全国耕地总面积的 20.7%。

长江中下游地区属于亚热带季风气候，年平均气温 14～20℃，夏季普遍高温，冬季气温温和。全年平均降水量 1 000 mm 左右，降水多集中在 5—9 月。

长江中下游地区河网纵横，湖泊密集，形成江湖一体的洪涝平原景观。是我国湿地分布最集中的区域。著名的鄱阳湖、洞庭湖、太湖、洪泽湖、巢湖五大淡水湖均分布于此。

目前国内外关于湿地的定义及相应的分类系统有多种。根据长江中下游地区湿地成因、地理分布，湿地划分为以下类型：湖泊湿地系统；河流湿地系统；海岸湿地系统；人工湿地系统。分类系统见表 1。

**表 1 长江中下游地区湿地分类系统**

| 系 | 类 | 系 | 类 |
|---|---|---|---|
| 湖泊湿地系统 | 水体类<br>沼泽类<br>洲滩 | 海岸湿地系统 | 海滩湿地<br>潮间带湿地 |
| 河流湿地系统 | 水体类<br>河漫滩 | 人工湿地系统 | 水库<br>池塘<br>稻田 |

本文发表于《生态农业与可持续发展——2001 年生态农业与可持续发展国际研讨会论文集》. 农业部科技教育司编. 中国农业出版社，2001：198-203。署名的还有：刘鲁君，陈良燕。

# 2 湿地生态农业开发模式

## 2.1 湖北江汉湖群区湖垸梯级开发模式

湖垸是江汉湖群区广泛分布的微地貌单元，它是劳动人民在长期的生产实践中，依湖筑堤御水，形成的周高中低“碟”式人为微地貌。盆底到周边垸堤，可以划分为：水体梯段；易涝梯段；渍田梯段；良水田梯段；庭院梯段；旱田梯段。不同的梯段以盆底的水体为中心，形成圈层结构。随着坡度的变化，水热组合具有较大差异。因此，不同的梯段，生态农业开发措施不完全相同。

在垸底水域，采用网箱养鱼和开发精养鱼池的开发方式。对水体深不便投饵捕捞的水体，采用网箱养鱼。对垸底湖中不适宜种稻的成片浅水体，可开挖成精养鱼池。对于灌溉功能较差的塘堰，也可改造成为精养鱼池。对长年水深 1 m 以上，水质良好的渠道和老河故道，可实行拦渠（河）养鱼。用钢丝网板拦渠（河），拦鱼不拦水。

在湖滨易涝梯段可开发梯级池田、回形池田，即半开挖池养鱼，半抬田种稻，形成梯级池田。或者在四周挖池养鱼，中间抬田种稻，四周做埂种草，形成回形池。种养结合，鱼稻互济，达到稳粮增鱼，增产增收的目的。这是改造易涝低产湖田的一种有效方式。

或者在这一梯段进行耐涝适种栽培。主要是选择耐涝的水生经济植物，如莲藕、双白等，进行适种性栽培。并采用“藕田养鱼”“菱田养鱼”生态模式。

在渍害田梯段，可采用就地起垄，半旱式栽培。在渍害田起垄栽培耐渍的水稻品种，或者采用垄稻沟鱼形式，即挖沟起垄，垄上栽稻，垄沟养鱼，鱼稻互济。

良水田采用暗管除渍栽培。为解决双季稻田存在的土壤次生潜育化问题，在田间间距 10～12 m 埋设砂浆管道，埋深 80 cm，田间排水沟的水位一般保持在 80 cm 以下，保证田间渍水滤田。滤出的渍水再由底水回收泵站，抽到灌渠中，灌田养稻。形成农田用水小循环，使农田水利排、灌结合。

在庭院梯段，发展庭院经济。在旱田梯段发展旱作农业。

## 2.2 湖南洞庭湖群区湿地开发模式

### 2.2.1 垸田洼地稻-鱼-麻生态开发模式

该模式是在低洼地区单一低产稻田，将稻田、鱼塘、麻园按一定比例配置，充分利用稻田、鱼塘、麻园之间的物质能量交流，互利共生关系，形成水、陆复合生态系统，取得综合增产效果。

在稻田中，利用晚秋、冬季和早春的光热资源，套种绿肥，移栽油菜，播种大麦。采用早稻-晚稻-绿肥、早稻-晚稻-油菜、早稻-晚稻-大麦等耕作制，实行 3 年一轮换的轮作制。

在鱼塘中，每亩[①]放养鱼苗 500～600 尾，养鸭 10～20 只，养猪 2～3 头，建立起以鱼为主的鱼、畜、禽相结合的复合养殖结构。麻园在苎麻收剥后，于晚秋套种绿肥、蔬菜，实行以苎麻为主的夏用冬养耕作制。

这一模式，稻田轮作、麻园夏用冬养，使土壤养分持续利用。猪、鸭粪肥水，促进水生植物及浮游生物生长，为鱼类提供饵料。麻叶、谷糠为猪、鸭提供饲料。形成水陆生态系统的物流循环。

### 2.2.2 鱼畜禽复合养殖生态模式

这种模式是合理利用养殖空间、食物链关系，利用鱼畜禽互利共生关系，发展高效立体养殖。

具体形式为：将猪舍、鸭棚建在塘边，鸭在池塘水面圈养；水体实行多品种鱼类分层放养；每亩鱼塘配养 2～3 头猪和 10～15 只鸭；用相当于水面 30%的塘基，种植苏丹草、黑麦草等饲草。使水陆各生态位分布有相应的生物种群，形成相互联系的食物链和养分关系。

这一模式形成以饲料、饵料食物链为主线，水生生态系统的物质、养分循环圈，即饲草→猪、鸭粪便→浮游动物→鱼饵。

## 2.3 江西鄱阳湖群区湿地开发模式

### 2.3.1 畜牧水产结合湖滩草洲生态开发模式

鄱阳湖的湖滩草洲，由于湖水季节性变化，使不同的高程具有不同的生境特征。17～19 m 高程的洲滩地，汛期被洪水淹没的时间短，枯水期出露水面的时间长，发育草甸土，适合于荻、芦苇、蒌蒿的生长。15～17 m 洲滩地，发育潜育草甸土，适于苔草等草甸植物生长，具有丰富牧草资源。14～15 m 洲滩地出露水面时间短，不适于草甸植物生长。根据这一特征，可采用畜牧水产结合湖滩草洲生态开发模式。利用高程 17 m 以上的洲滩发展苇、荻、蒌蒿生产，17 m 以下发展畜牧业，洲滩间的浅碟形凹地和湖汊，种植水生植物如菱、莲、芡实等，菱田、莲田发展渔业。这样因地制宜，多途径、多层次利用湖滩草洲资源，最大限度地发展生产力，以获得较好的综合效益。

### 2.3.2 多林种、多功能配置的湖区防护林系统

鄱阳湖区防护林这一模式的基本特征：（1）多林种、多树种、多层次结合，针叶林、阔叶林合理搭配，防护林和薪炭林、用材林、经济林合理搭配，乔、灌、草合理搭配。（2）营林方式，可片状林、带状林、网状林，根据湖面风速、风向及土地粒状决定。（3）护岸防浪林、防风护田林合理配置，水、田、林、路结合，综合设计、全面规划。

① 1 亩=1/15 公顷。

#### 2.3.3 农林牧渔工协调的水田生态农业模式

鄱阳湖群区农林牧渔工协调的水田生态农业模式，其基本内涵是：以土壤培肥、良种繁育、科学管理为主要措施的稳产高产农田系统；以排灌、防护林工程为主的农田防护体系；以稻田养鱼、莲田养鱼、河塘养鱼为主要方式的渔业系统；以稻田绿肥、作物秸秆、洲滩草地为主要饲草来源的畜牧业系统；农副产品深加工的工贸系统。

这些系统配置，以水田为中心，水利、林业保证外部环境，牧业提供土壤肥力保障条件，渔业作为水田的补充，加工业提高农副产品附加值。形成以农业为龙头，带动林牧渔工的格局。

### 2.4 江苏洪泽湖水面综合生态开发模式

洪泽湖水面开发以渔业为重点，兼顾养禽及湖特产品开发。在渔业开发中，养殖、捕捞结合，种植、养殖结合，使渔业持续稳定地发展。与此同时，利用湖周挺水植物和丰富的底栖动物，发展水面养禽，鱼鸭混养。与此同时开发芦、莲、菱等湖特产品。

### 2.5 江苏海涂湿地种养加结合贸工农一体化综合开发模式

江苏省拥有 954 km 海岸线，海涂 980 万亩，相当于全省耕地面积的七分之一。海涂开发具有很大潜力。江苏沿海滩涂 14 个县（市）的群众，在省政府统一组织、统一规划下，利用潮上带、潮间带、辐射沙带不同的湿地类型，大力发展农、林、牧、渔业。在潮上带进行滩涂围垦，充分利用光热资源，发展粮、棉、油、西瓜、蔬菜为主的“三高”农业。发展海涂防护林及桑、果经济林。人工种草，发展畜禽养殖。在潮间带，大力发展水产养殖。已建成规模性的淡水鱼、鳗鱼、甲鱼、河蟹、紫菜养殖基地。在此基础上，大力发展农副产品、水产品加工业，发展商贸服务及旅游业。已形成了种养加结合贸工农一体化，一、二、三产业齐进的出口创汇基地，成为江苏省新的经济增长点。

#### 参考文献

[1] 林业部野生动物与森林植物保护司. 湿地保护与合理利用——中国湿地保护研讨会文集[M]. 北京：中国林业出版社，1996.

[2] 项国荣，罗志强，谭征. 四湖区湿地农业持续发展研究[M]. 北京：科学出版社.

[3] 全国农业资源区划办公室. 长江中下游地区大中型湖库资源调查与综合开发研究[M]. 北京：气象出版社，1998.

[4] 王洪道，窦鸿身，颜京松，等. 中国湖泊资源[M]. 北京：科学出版社，1989.

[5] 朱松泉，窦鸿身，等. 洪泽湖——水资源和水生资源[M]. 合肥：中国科学技术大学出版社，1993.

[6] 国家环境保护局. 中国生态农业实用模式与技术[M]. 北京：中国环境科学出版社，1995.

# Wetland Eco-Agriculture Exploitation Mode in the Lower and Middle Reacts of the Yangtse River

**Abstract:** The article, on the ground of research, primarily summarizes some typical wetland eco-agriculture exploitation modes in the region of the middle-and-lower reaches of Yangtse River, and they are: circle-layer and step exploitation mode, according to hydrothermal combination and forms of "Huyuan"; the mode with paddy-fish-hemp properly collocated and plantation industry combined with fishery in "yuantian" and lowland; fish-livestock-fowl multiple breeding mode; exploitation mode combining stock raising and fishery with lake beach exploitation; protective belt mode with multiple forest species and multiple function in lake district; eco-agriculture mode assorting farming, forestry, stock raising revolving around paddy field production ; synthetic exploitation mode combining breeding-planting-manufacture with business-industry-agriculture in the seabeach areas. And the article also analyzes the transformation and mutual supplement relationship between substance and energy. These modes are of some meaning for reference for mash eco-agriculture exploitation.

**Key Words:** The Lower and Middle Reacts of the Yangtse River; Wetland; Exploitation Mode

## 1 The natural general situation

The region of the middle-and-lower reaches of Yangtse River includes six provinces, Hubei, Hunan, Jiangxi, Anhui, Zhejiang, Jiangsu and Shanghai city. Total area is 920 000 $km^2$, taking 28.97 percent of the total population in China. The plantation area is 19 645 000 hectare, about 20.7 percent of total plantation area.

This region is one of the sub-tropic monsoon climate distributions; the annual average temperature is about 14～20℃, hot in summer and moderate in winter. The annual average rainfall is about 1 000 millimeters and it rains from May to September frequently.

There are a lot of rivers and lakes here, which form the river-lake-integrated waterlogging plain landscape. So this is the most concentrative distribution for wetland. The famous five freshwater lakes, Poyang Lake, Dongting Lake, Tai Lake, Hongze Lake, Chao Lake all lie here.

Now, there are various definitions and taxonomies on wetland. On the basis of the origin of wetland formation and geographical distribution, wetland can be categorized into lake-wetland system, river-wetland system, coast-wetland system and artificial-wetland system.

Table 1 Wetland classification in region of middle-lower reaches of Yangtse River

| Tree | Species |
|---|---|
| Lake-wetland system | Body water<br>Swamp<br>Beach |
| River-wetland system | Body water<br>River shoal |
| Coast-wetland system | Beach wetland<br>Intertidal wetland |
| Artificial-wetland system | Reservoir<br>Pond<br>Paddy field |

## 2 Wetland eco-agriculture exploitation mode

### 2.1 Step exploitation mode of "Huyuan" in Hubei Jianghan-lake-group district

"Huyuan" is a micro physiognomy unit widely distributing in Jianghan-lake-group district, people built dikes to defend flood so that a kind of artificial micro physiognomy with high perimeter and low center was formed. From the bottom to the perimeter, it can be categorized into: water terrace, easily-waterlogged terrace, waterlogged terrace, paddy field terrace, courtyard terrace and glebe terrace. Water of the bottom is in the center of different terraces, which forms sphere structure. Hydrothermal combination varies greatly with the variational gradient. Therefore the eco-agriculture exploitation mode differs in different terrace.

In the water area of bottom pond, meshy-box fishery and precise-fishery are used. Meshy-box fishery are used when water is so deep that it's hard to cast bait. Precise-fishery-pond is dug in the shoal water zone where it's not good to growing paddy. The weir with bad irrigation also can be changed to precise-fishery. Barrier-canal-fishery can be adopted in those ditches or old rivers with good water quality and water depth over one meter. That is using steel wire halftone to block fish but not water.

Trapezoid field and pond shaped "回" can be exploited in the easily-waterlogged-terrace of the shoal. The former is digging pond to breed fish and driving up some fields to plant paddy, which forms the step terrace. The latter is driving fields for planting paddy in the center and breeding fish around, which forms pond shaped "回".With the combination of growing and breeding, it's benefit for growing paddy and breeding fish and help to improve the quality and quantity. This is an effective way to improve easily-waterlogged and low-yield field. We can also grow adaptive seed which can resist waterlog in the easily-waterlogged terrace near the lake.

That is to grow the hydrophytic economic plant which can resist waterlog, such as lotus root, double blank and so on, with such ecotypic modes as lotus-fishery and water chestnut-fishery.

Ridge in a field to grow some breeds of rice-paddy which resists salinization in the soiled-field terrace. Another way, grow paddy in ridge of a field and cultivate fish in channel; by this means, it's good for both paddy and fish.

Grow paddy after removing flood by conduit in drained paddy field. To resolve the problem resulted from secondary gleyed soil in the paddy field, bury one conduit whose depth is 80 centimeters every 10～12 meters in the field. The water level of the barrel-drain in the field is usually below 80 centimeters to guarantee the soiled water crossing below the field. Then the water flows to the pumping station, then to the irrigation ditch, finally irrigates the paddy field. Thus water circulation in the paddy field forms, and irrigation and drainage combines well.

Develop courtyard economy in the courtyard terrace. Grow dry crop in the glebe terrace.

## 2.2 Wetland exploitation mode in Hunan Dongting Lake group district

### 2.2.1 Paddy-fish-hemp eco-exploitation mode in “yuantian” and lowland

The mode is collocating prorata paddy, fishpond and hemp garden in single low-field paddy of bottomland, making the best of energy circulation and mutualism among paddy, fishpond and hemp garden, then forming water-land multiple ecosystem to gain integrated production increasing.

In paddy fields, by virtue of hydrothermal resources in late fall, winter and early spring, interplant green manure, transplant cole, plant barley, adopt such cultivation methods as early paddy—late paddy—green manure, early paddy—late paddy—cole, early paddy—late paddy—barley, carry out such winter rotation of crops that alter once every three years.

In fishponds, breed 500～600 fries, 10～20 ducks and 2～3 pigs per unit of area, and then form a fish-livestock-fowl multiple breeding structure. Plant at intervals green manure and vegetables after harvesting hemp in late fall and adopt the cropping system of clean summer fallow in hemp gardens.

The mode, which is rotation of crops and the clean summer fallow, makes nutrient in soil can be used continually. Shit of pigs and ducks nourishes the water and help the growth of hydrophyte and plankton, meanwhile, it becomes the bait for fish. Thus the circulation of material stream in the ecosystem of the land and water comes into being.

### 2.2.2 Fish-livestock-fowl multiple breeding structure

This mode is to make proper use of breeding space and food chain, and to develop effective solid breed aquatics by virtue of fish-livestock-fowl symbiosis.

The idiographic way: set up piggery and duck shed near the pond, foster duck on the pond, cultivate different breed of fish at different level of water，meanwhile breed 2～3 pigs and 10～15 ducks additionally，and then plant such feed as Sudan grass，ryegrass in 30 percent of the pond-bank. Thus corresponding biologic species distributes in respective district，and forms a interactional food chain and nutrition relationship.

The mode，which based on feed and food chain，forms a substance and nutrition circulation of hydrophytic ecosystem，which is forage grass→pig，duck shit→zooplankton →bait.

## 2.3 Wetland exploitation mode in Jiangxi Poyang Lake District

### 2.3.1 Eco-exploitation mode combining stock raising and fishery with lake beach

The ecological niche at different altitude is different because of the seasonal change of the lake in the Poyang Lake beach. 17～19 meters high，which is submerged for a short time in flood season and coming out of water for long in low-water season，develops meadow soil，which is fit for the growth of bulrush and seleng wormwood. 15～17 meters intertidal zone develops gleyed meadow soil，which is fit for the bryophyte's growth. And lots of pasture resources are in there.14～15 meters intertidal zone is not fit for meadow's growth because it only comes out of water for a short while. Based on all the characteristics，ecotypic exploitation mode combining stock raising and fishery with lake beach can be adopted. Above 17 meters，bulrush and seleng wormwood can grow，below 17 meters，stock raising can develop well，the hollows among the intertidal zone is fit for planting hydrophyte such as water chestnut and lotus and developing fishery. All these meanings，taking measures suitable to local conditions and utilizing resources in lake beaches by multiple approaches and arrangements，develop farthest the productivity and gain good integrated benefits.

### 2.3.2 Protective belt system with multiple forests and multiple functions in Lake District

The basic characteristic of the mode on protective belt in Poyang Lake district：①Multiple forest，multiple trees，multiple arrangements combine，conifer and broad-leaved forest arrange in pairs or groups properly，protective belt and forest for firewood，wood-used forest and economic forest arrange in groups properly，forest，shrub and grass arrange in groups properly. ②The management of lamellar forest，zonal forest，meshy forest is decided by wind speed and direction and soil's condition.③Arrange windbreak and wavebreak in groups properly .Water，field，forest，road combine，carry out integrated management and complete planning.

### 2.3.3 Paddy field eco-agriculture mode assorting farming，forestry，stock raising，manufacture and fishery

Paddy field eco-agriculture mode assorting farming，forestry，stock raising and fishery in Poyang Lake group areas，its elementary meaning is：steady-production and high-yield cropland system with soil cultivation, fine seed reproduction, scientific management being main measures; farming protection system with irrigation and drainage and protective belt projection being central means; fishery system with paddy field-fishery, lotusfield-fishery, pond-fishery being essential means; stock raising system with paddy field green manure, crop straw and shoal meadow being central fodder source; and manufacture-and-trade system with farming byproduct deeper-manufacture.

Farming being central, irrigation works and forestry guarantee exterior surroundings, stock raising providing soil fertilizer guarantee condition, fishery being supplement of paddy field and manufacture raising append values. The system collocation forms a mode in which farming is central and it also brings along forestry, stock raising fishery and manufacture.

## 2.4 Surface integration eco-exploitation mode in Hongze Lake in Jiangsu Province

It emphasizes on fishery, and give attention to stock raising and special lake product exploitation. In fishery exploitation, it combines breeding and fishing, planting and breeding, and has fishery develop steadily and continually. Meanwhile in it people can make use of abundant benthic animals and emerged plants around lakes, to develop surface-fowl-raising i.e.breeding ducks as well as fishes, and at the same time exploit special lake product such as bulrush, lotus and water chestnut and so on.

## 2.5 Synthesis exploitation mode combining mash breeding-planting-manufacture and business-industry-agriculture integrity in the shoal areas in Jiangsu Province

There is 954 kilometer long seacoast and shoal areas of 9 800 thousand units of area which covers one-seventh infield area. And exploitation of shoal area takes on great potential. With the government's united organization and programming, the masses of 14 counties in shoal areas in Jiangsu Province make use of varieties of wetland such as supralittoral zone, intertidal zone and radiation sand zone to exploit farming, forestry, stock raising and fishery. Carry out inning in supralittoral zone, and make full use of light and heat to develop "three-high" farming mainly consisting of grain, cotton, oil, watermelon and vegetable. Develop shoaly land protective belt and economic forest of mulberry and fruit. Grow grass with manpower and develop livestock and fowl raising. In intertidal zone, develop aquatic production actively. Now sweeping breeding base of freshwater fishes, eel, crab and laver and so on has been constructed. And develop the manufacturing of farming byproduct and water product and business and tourism on the forward basis energetically. And now, there has set up bases of exporting and gaining foreign exchange by planting and breeding combined with trade and manufacture and farming integrated, along with first and second industry and tertiary industry advancing all together, which has been the new economy rising point of Jiangsu Province.

## References

[1] Protection Service for Wildlife and Forest Plants，Forestry Bureau. Wetland protection and reasonable utilization. Proceedings of wetland protection of China[M]. Beijing：China Forestry Press，1996.

[2] Xiang G R，Luo Z Q，Tan Z. Research on sustainable development of wetland-agriculture[M]. Beijing：Science Press.

[3] Office of Agricultural Resource Zoning of China. Probing and integrated exploitation research on great-and-medium lake-material in the lower and middle reacts of the Yangtse River[M]. Beijing：Meteorological Press，1998.

[4] Team Group of study on the synthetical development of Wetland Resources at Jianghan Plain in Hubei Province. Integrated exploitation research on wetland resources at Jianghan Plain. 1990.

[5] Wang D H，Dou H S，Yan J S，et al. Lake resources of China[M]. Beijing：Science Press，1989.

[6] Zhu S Q，Dou H S. Water resource and aquatic resource in Hongze Lake[M]. Hefei：China Science & Technology University Press，1993.

[7] State Environment Protection Administration. Eco-agriculture mode and technology of China[M]. Beijing：China Environmental Science Press，1995.

# 主持与参加科研活动成果

## 撰写专著

1. 胡孟春，马荣华. 工程生态学. 北京：中国环境科学出版社，2008.

2. 胡孟春，唐晓燕，沈海风，王文林. 反渗透膜在农村饮用水处理的应用. 北京：中国环境科学出版社，2008.

## 合作编著

褚君达，张永春，胡孟春，等. 城市人工水体水环境生态效应与保护. 北京：科学出版社，2008.

## 翻译专著

1. Ю.Г.西蒙洛夫 В.И.克鲁扎里. 工程地貌学. 胡孟春，邓百伶译. 兰州：甘肃科学技术出版社，1995.

2. И.С.佐恩. 土地荒漠化解释词典. 胡孟春译. 兰州：甘肃民族出版社，1996.

3. А.Г.巴巴耶夫. 苏联荒漠流沙的固定. 胡孟春译. 北京：海洋出版社，2001.

4. М.П.彼得罗夫. 世界荒漠. 胡孟春，李耀明译. 北京：中国环境科学出版社，2010.

## 参加编著

1. 王一谋主编，游先祥，申元村副主编. “三北”防护林甘青宁类型区再生资源遥感应用研究. 北京：科学出版社，1991.

参加编写第一章第四节 第二章第一、二节

2. 朱震达，陈广庭，等. 中国土地沙质荒漠化. 北京：科学出版社，1994.

参加编写第八章。

3. 夏训诚，杨根生，等. 黑风暴（科普）. 北京：科学出版社，1995.

参加编写第三部分。

4. 夏训诚，杨根生，等. 中国西北地区沙尘暴灾害及防治. 北京：中国环境科学出版社，1996.

参加编写第二章。

5. 刘新民，赵哈林，赵爱棼. 科尔沁沙地风沙环境与植被. 北京：科学出版社，1996.

参加编写第三章的第一节、第十章的第三节、第二章的第一节。

6. А.Г.БАБАЕВ С.К.ГОРЕЛОВ. 荒漠地貌学问题. 韩致文译. 兰州：甘肃文化出版社，

1998.

参加校对。

7. 《中国荒漠化（土地退化）防治研究》课题组. 中国荒漠化（土地退化）防治研究. 北京：中国环境科学出版社，1998.

参加定稿与校对。

8. 国家环境保护总局自然保护司. 中国生态问题报告. 北京：中国环境科学出版社，1999.

参加编写第二部分 1、2。

9. 吴正，等. 风沙地貌与治沙工程学. 北京：科学出版社，2003.

参加编写第十九章第 3、4 节。

## 编　图

1. “三北”防护林遥感综合调查，平泉县公共实验区系列图之三.

河北省平泉县土地利用现状图（1∶100 000），科学出版社，1988.

编稿：虞献平　胡孟春

编绘：虞献平　李澍荪　胡孟春　王喜鹏　郑晓时　陆俊元

编辑：王一谋　金瑾乐　冯毓荪　励惠国

清绘：王建华　杨　萍　姚发芬　马　宾

2. 科尔沁草原土地荒漠化图（1∶500 000），成都地图出版社，1991.

课题负责：朱震达　陈广庭

编辑：陆锦华

编图：胡孟春　陆锦华　哈　斯　张甲坤

# Achievements made in scientific research

**Writing monographs**

1. Engineering Ecology; written by Hu Mengchun and Ma Ronghua; Beijing; Chinese Press of Environmental Science; 2008.

2. Application of Reverse Osmosis Membrane to Drinking Water Treatment in Rural Areas; by Hu Mengchun, Tang Xiaoyan, Shen Haifeng and Wang Wenlin; Beijing; Chinese Press of Environmental Science; 2008.

**Co-edited monograph**

Ecological Effect and Protection of Water Environment of Urban Artificial Water Bodies; by Chu Junda, Zhang Yongchun, Hu Mengchun and Zheng Xiaoyu; Beijing; Science Press; 2008.

**Translated monographs**

1. Engineering Geomorphology; written by Y.G. Simonov and V.I. Kruzhalin; translated by Hu Mengchun and Deng Bailing; Lanzhou, Gansu Science and Technology Press; 1995.

2. Dictionary for Interpreting Land Desertification; written by I.S. Zonn; translated by Hu Mengchun; Lanzhou; Gansu Nationalities Press; 1996.

3. Fixation of Desert shifting sands of Former Soviet Union; chiefly edited by A.G. Babaev, translated by Hu Mengchun; Beijing; Ocean Press; 2001.

4. Deserts of the World; written by M.P. Petrov; translated by Hu Mengchun and Li Yaoming; Beijing; Chinese Press of Environmental Science; 2010.

**Attend compile write**

1. Type Area of Gansu-Qinghai -Ningxia of the Shelter Forest of "the Three Norths" —Research into the Remote Sensing Application of Renewable Resources; chiefly edited by Wang Yimou; jointly edited by You Xianxiang and Shen Yuancun; Beijing; Science Press; 1991.

Compiled Section Four of Chapter One and Section One and Section Two of Chapter Two

2. Sandy Desertification in China; written by Zhu Zhenda, Chen Guangting, et al; Beijing Science Press; 1994.

Compiled Chapter Eight

3. Black Windstorm（Popular Science）; written by Xia Xuncheng，Yang Gensheng; Beijing; Science Press; 1995.

Compiled Part Three

4. Sandstorm Disaster and Prevention in Northwestern China; Beijing; Chinese Press of Environmental Science; 1996.

Compiled Chapter Two

5. Wind-sand Environment and Vegetation of Korqin Sand Land; Beijing; Science Press; 1996.

Compiled Section One of Chapter Three，Section Three of Chapter Ten and Section One of Chapter Two

6. Issues of Desert Geomorphology; written by A.G. Babaev，S.K. Gorelov，translated by Han Zhiwen; proofread by Hu Mengchun; Lanzhou; Gansu Culture Press; 1998.

7. Study on Combating Desertification /Land Degradation in China; compiled by the Project Team of Research into the Prevention of Chinese Desertification; Beijing; Chinese Press of Environmental Science; 1998.

Finalized and proofread the manuscript

8. Report on Chinese Ecology; compiled by Department of Natural Protection of National Environmental Protection Agency; Beijing; Chinese Press of Environmental Science; 1999.

Compiled Item 1 and Item 2 of Section Two

9. Geomorphology of Wind-drift Sands and their Controlled engineering; written by Wu Zheng，et al; Beijing; Science Press; 2003.

Compiled Section Three and Section Four of Chapter Nineteen

**Compiled maps**

1. Synthetically Remote Sensing Survey of the Three North Shelter Forest.

The third of Thematic Series Maps in Pingquan County —Public experimental Region

Map of Land Use Status of Pingquan County，Hebei Province（1∶100 000）; Science Press; printed by Shanghai China Printing House; 1988.

Manuscript compiled by Yu Xianping and Hu Mengchun

Map compiled by Yu Xianping，Li Shusun，Hu Mengchun，Wang Xipeng，Zheng Xiaoshi and Lu Junyuan

Edited by Wang Yimou，Jin Jinle，Feng Yusun，and Li Huiguo

Drawing Map by: Wang Jianhua，Yang Ping，Yao Fafen and Ma Bin

2. Map of Land Desertification in Korqin Grassland（1∶500 000）; Chengdu Map Press; 1991.

Presides of the Research Programmer Zhu Zhenda and Chen Guangting

Editor Lu Jinhua

Mapmakers Hu Mengchun，Lu Jinhua，Ha S and Zhang Jiakun